わかりやすい 港湾・空港工学シリーズ

空港舗装
【設計から維持管理・補修まで】

港湾空港技術振興会 監修

八谷好高 著

技報堂出版

【カバー・表紙・扉の写真】
東京国際空港（羽田空港），2009年12月撮影
写真提供：国土交通省関東地方整備局東京空港整備事務所

序　文

　現代は科学技術が絶えず進歩を続けています．港湾空港の分野もその例にもれません．毎年，新しい研究論文が発表され，新しい施工法が開発されています．こうした最先端技術の進展に追随するのはなかなか容易ではありません．

　国土技術政策総合研究所（横須賀）と独立行政法人港湾空港技術研究所からも多数の論文と技術資料が発刊されています．こうした最新の技術成果を分かりやすく紹介するには，両研究所の研究部長・室長の各位にご専門の分野についてまとまった著作を発表して頂くのが好適ではないかと考えました．幸いにして技報堂出版株式会社にこの企画を取り上げていただき，シリーズとして刊行することになりました．

　この第1陣として2004年11月に「コンテナ輸送とコンテナ港湾」（高橋宏直著）を，第2陣として2006年に「海浜変形：実態，予測，そして対策」（栗山善昭著）を世上に送り出しましたが，このたび第3弾として「空港舗装」（八谷好高著）が出版されることになりました．

　著者各位が取り扱うテーマはそれぞれ異なりますが，分野ごとに貴重な情報が盛り込まれています．このシリーズが港湾空港の計画，建設，維持管理に携わる皆様方のお役に立つことを心から願う次第です．

2010年3月

港湾空港技術振興会

会長　野田　節男

「空港舗装」出版に寄せて

　本年（2010年）は，1910年に東京・代々木練兵場（現代々木公園）でわが国初の動力機による飛行が公開されてからちょうど100年目にあたる．1922年に大阪と徳島との間で始められた航空機による定期輸送事業は，その後発展を続け，2007年度の実績では国内旅客数9 500万人，国際旅客数（わが国発着）5 500万人に上るまでになっている．

　航空輸送における空と陸の接点が空港であるが，この空港(airport)なる用語が初めて使用されたのは1902年発行の"New York Times"の飛行船に関する記事であるとされる．ちなみに，世界最古の空港はライト兄弟により1909年に開設された米国メリーランド州カレッジパーク空港であり，わが国においては1911年に開設された所沢飛行場であるとされている．

　空港に関する技術，すなわち空港技術は，航空機・運航技術，管制・保安技術とともに航空技術を構成する重要な因子である．その対象は，空港の施設でみれば，基本施設（滑走路，誘導路，エプロン等），排水施設等の土木施設，旅客ターミナルビル等の建築構造物，航空保安施設，航空灯火といったものであり，また，施設の整備の過程からみると，計画，建設，運用・管理といったものとなる．航空輸送に関する国際的なルールを定める機関である国際民間航空機関(ICAO)は，国際民間航空条約の第14付属書において空港に関する規格を明示しているが，これらの規格を満足するために採るべき具体的な方策については各国にゆだねている．

　空港土木施設の中でも基本施設の舗装は，道路を走行する車両よりもはるかに大きい質量の航空機を安全に支持するとともに，その高速走行時の安全性も確保しなければならず，特に独自の技術が必要とされる分野である．わが国の空港舗

装技術に関する研究は旧運輸省港湾技術研究所において1965年に本格的に始められ，その成果は1970年発行の「空港アスファルト舗装構造設計要領」をはじめとして様々な技術基準に取り込まれている．本書は著者が同所等において30余年の長きにわたり研究開発を行ってきた空港舗装技術の集大成であり，空港舗装に関しては国内外をみても初めての著作となる．本書が今後の空港舗装技術のさらなる発展の一助となることを念じてやまない．

2010年3月

財団法人 港湾空港建設技術サービスセンター
理事長　広瀬　宗一

まえがき

　1903 年 12 月 17 日，米国ノースカロライナ州キティホークでライト兄弟は世界で初めて有人動力飛行に成功した．そのときの飛行機（航空機）は，全長 6.4 m，全幅 12.3 m，全高 2.7 m，12 馬力のエンジンを 1 基積んだ質量 318 kg の「ライトフライヤー号」であった．これに端を発する航空黎明期には，航空機の離着陸は草地や裸地の上で行われていたが，その後悪天候時にも離着陸可能なように滑走区間が舗装されるようになっていった．特に第一次世界大戦を機に航空機が大型化し，それに伴って十分な強度を有する飛行場（空港）舗装が必要になった．これらの舗装には，原地盤を締め固めただけのものや安定処理したもの，アスファルト，コンクリートといったものが使用されていたが，その後の第二次世界大戦中には鉄板・鉄網を使用した即席舗装も建設された．

　これら空港舗装の構成，材料，厚さといったものは，当初道路等での経験に基づいていたと思われるが，その後多くの空港が必要となるにつれ，空港舗装の構造設計法として統一的なものを整備することが必要となってきた．この場合，空港と道路では，同じ舗装とはいっても，活荷重が航空機と車両というように異なったものであり，それらの質量，走行速度，交通量も大きく異なっていることに加え，平面形状にも大きな違いがあることから，空港舗装としての独自技術が不可欠とされたのである．

　このような背景のもとで，アスファルト，コンクリート両方の空港舗装の構造設計法が米国で初めて定められた．アスファルト舗装の場合は，もともと道路を対象として米国カリフォルニア州道路局の O. J. Porter により 1930 年頃に開発された方法（CBR 法）が，第二次世界大戦中に米国陸軍工兵隊により数か月の検討を経て空港用に拡張されて暫定的に採用されたのが初めてのものである．また，コンクリート舗装の場合は，同時期に発表された H. M. Westergaard によるコンクリート版応力算定式を用いた米国セメント協会法（PCA 法）といったも

のが初めてのものである．

　わが国における空港舗装技術に関しては，1970 年，71 年にそれぞれ，アスファルト舗装，コンクリート舗装の構造設計要領が整備され，その後 2 度の改訂を経て，1999 年にはアスファルトとコンクリートの両舗装を統合する形で空港舗装構造設計要領が整備された．これらに示されている舗装技術は，上記の CBR 法と PCA 法を基本にしてはいるものの，地盤条件，気象条件などが米国と大きく異なるわが国に適するように改良が図られるとともに，新材料等の使用等，わが国独自の工夫が随所に盛り込まれたものとなっている．その後 2008 年には，従来の仕様規定に代わって，性能規定に基づく方法が採用され，現在では従来法によらない舗装の構造設計も可能となっている．また，既設舗装の評価を含めた維持管理・補修技術に関しては，1984 年にわが国独自の方法が大きく取り入れられる形で空港舗装補修要領（案）として整備されて以来，2 度の改訂が行われてさらなる充実が図られている．これらのことから，わが国の空港舗装技術は独自のものが結集されたといえる段階に到達しており，現時点で空港舗装技術の集大成を図る意義は大きいと考える．

　初飛行から 1 世紀が経過する間に航空輸送は急速な発展を遂げ，今日の社会では必要不可欠な交通機関として，わが国そして世界の高速交通の主役を担うまでになった．その間に，航空機は大型化を続け，現在では全長 73 m，翼幅 79.8 m，全高 24.1 m，最大質量 560 000 kg の A380-800 が出現するに至っている．このような大型航空機による航空輸送の信頼性，確実性を確保するために整備が進められてきた空港舗装ではあるが，舗装は他の社会基盤施設に比べて，面積が広く，しかもその表面に活荷重たる交通荷重が直接繰り返し作用するほか，日照，降水といった厳しい自然環境の作用も直接加わることから，他の社会基盤施設のような（超）長期にわたる耐久性を確保できるものではない．そのため，現在では建設のみならず将来の補修をあらかじめ考慮に入れて管理する空港舗装マネジメントシステムが提唱されて，さまざまな試みもなされ，一部では実用化レベルに達している．

　本書は，空港舗装に関する一連の技術的事項として標準化されている現行の技術をとりまとめることに加え，標準化に至っていないものにも言及して，空港舗装技術の最新のもの，すなわち state-of-the-art を紹介することを目的として

いる．

　第1章では，航空輸送ならびに空港について，その変遷と現状を簡潔に記した後，空港舗装の視点からの交通荷重たる航空機と空港を概述し，空港舗装についての概要を示す．

　第2章では，空港舗装が具備すべき性能についてまとめてから，舗装がその耐久性を長期的には保持できないものであるとの認識に立って，設計当初から将来の補修を考慮に入れて管理していくマネジメントシステムについてそのあらましを述べる．

　第3章では，空港舗装の構造設計に際して考慮しなければならない自然条件と外力についてまとめてから，舗装の下方に存在する地盤，すなわち路床について記述する．

　第4章では，空港舗装の構造設計法として，性能規定に基づくものを紹介した後，従来から用いられている仕様規定に基づくものをまとめる．また，現時点では標準的なものにはなっていないが，近年新たに要請されている課題に対処可能な構造設計法についても紹介する．

　第5章では，空港舗装の性能をその供用後に確認するために必要となる点検・評価手法について記述する．

　第6章では，空港舗装の評価の結果，性能が満足されていないと判断されたときに必要となる補修の方法を記述する．

　なお，本書は，著者が1979年に旧運輸省に入省して港湾技術研究所に配属されて以来，同所，国土交通省国土技術政策総合研究所，独立行政法人港湾空港技術研究所，財団法人港湾空港建設技術サービスセンターにおいて携わってきた空港舗装に関する調査，設計，施工，維持管理，補修に関する研究・開発の成果をとりまとめたものである．これも，故佐藤勝久氏をはじめとする研究所・センターの皆様，旧運輸省・国土交通省等の皆様のご指導とご支援あってのものであり，ここに深く感謝いたします．また，このような機会を与えて頂きました港湾空港技術振興会，特に本書執筆にあたり懇切丁寧なご指導を頂きました合田良實相談役に心よりお礼申し上げます．

2010年3月

八谷　好高

目　次

第 1 章　航空輸送と空港 1
　1.1　航空輸送の現状 1
　1.2　わが国の空港 4
　1.3　航　空　機 8
　1.4　空　港　舗　装 9
　　　1.4.1　空港の舗装施設 9
　　　1.4.2　アスファルト舗装とコンクリート舗装 13

第 2 章　空港舗装の性能とマネジメント 17
　2.1　空港舗装に対する要求性能 17
　　　2.1.1　土木学会による舗装に対する要求性能 17
　　　2.1.2　空港舗装に対する要求性能 18
　2.2　走行安全性能 20
　　　2.2.1　平面形状 20
　　　　　(1)　滑　走　路 20
　　　　　(2)　誘　導　路 22
　　　　　(3)　エプロン 23
　　　2.2.2　平　坦　性 24
　　　　　(1)　滑　走　路 24
　　　　　(2)　誘　導　路 27
　　　　　(3)　エプロン 28
　　　2.2.3　すべり抵抗性 28
　　　　　(1)　滑走路舗装表面のすべり抵抗性の表示 29
　　　　　(2)　舗装表面のすべり抵抗性の確保方策 30
　2.3　荷重支持性能 32
　　　2.3.1　舗装の荷重支持性能 32

          2.3.2　路床・地盤の荷重支持性能 35
    2.4　空港舗装のマネジメントシステム 36
          2.4.1　計画サブシステム 38
          2.4.2　設計サブシステム 38
          2.4.3　建設サブシステム 39
          2.4.4　評価サブシステム 39
          2.4.5　補修サブシステム 40

第3章　空港舗装構造設計における自然・外力条件 43
    3.1　地　　盤 43
    3.2　航空機荷重 46
          3.2.1　航空機荷重の大きさ 46
          3.2.2　交　通　量 53
              (1) 航空機走行位置の舗装横断方向分布 54
              (2) 性能規定型構造設計法における交通量の考え方 58
              (3) 仕様規定型構造設計法における交通量の考え方 59
              (4) 設計カバレージの設定 60
    3.3　環　　境 63
    3.4　路　　床 65
          3.4.1　路床の構成 65
          3.4.2　路　床　土 65
          3.4.3　路　床　改　良 66
          3.4.4　路床の荷重支持性能 67
              (1) アスファルト舗装 67
              (2) コンクリート舗装 69
              (3) 改良路床土の支持力 71

第4章　空港舗装の構造設計 75
    4.1　空港舗装の性能規定による構造設計 76
          4.1.1　設計の基本 76
          4.1.2　アスファルト舗装の性能照査 78
              (1) 荷重支持性能の照査 78
              (2) 走行安全性能の照査 81
              (3) 表層の耐久性能の照査 82

4.1.3　コンクリート舗装の性能照査 83
　　(1)　荷重支持性能の照査 83
　　(2)　走行安全性能の照査 84
4.2　アスファルト舗装の仕様規定による構造設計 85
　4.2.1　CE の設計法 85
　4.2.2　わが国の方法 89
　　(1)　基準舗装厚の算定 89
　　(2)　層　構　成 92
　　(3)　舗　装　材　料 94
　4.2.3　埋立地盤上のアスファルト舗装の構造設計 102
　　(1)　高地下水位下のアスファルト舗装 103
　　(2)　軟弱地盤上のアスファルト舗装 107
　4.2.4　諸外国の空港アスファルト舗装の構造設計法 108
4.3　コンクリート舗装の仕様規定による構造設計 114
　4.3.1　PCA の設計法 115
　4.3.2　無筋コンクリート舗装 115
　　(1)　無筋コンクリート舗装の概要 115
　　(2)　コンクリート版厚の算定 116
　　(3)　コンクリート版の材料・施工 120
　　(4)　無筋コンクリート舗装の目地 123
　　(5)　コンクリート舗装の路盤 131
　4.3.3　連続鉄筋コンクリート舗装 133
　　(1)　連続鉄筋コンクリート舗装の概要 133
　　(2)　連続鉄筋コンクリート舗装の構成 133
　　(3)　複合平板理論による連続鉄筋コンクリート版と上層路盤の
　　　　　構造解析 134
　　(4)　コンクリート版の縦方向鉄筋の算定 136
　　(5)　連続鉄筋コンクリート舗装の目地 139
　4.3.4　プレストレストコンクリート舗装 140
　　(1)　プレストレストコンクリート舗装の概要 140
　　(2)　プレストレストコンクリート舗装の構成 141
　　(3)　プレストレストコンクリート版の構造解析 142
　　(4)　PC　鋼　材 145

(5) プレストレストコンクリート舗装の目地 145
　　　(6) 沈下対策としてのプレストレストコンクリート舗装 147
　　4.3.5 不同沈下を考慮したコンクリート舗装の構造設計 148
　　4.3.6 諸外国の空港コンクリート舗装の構造設計法 152
　　　(1) カ　ナ　ダ 152
　　　(2) フ ラ ン ス 154
　　　(3) 米　　　国 157

第 5 章　空港舗装の点検・評価 165
　5.1 空港舗装の破損 166
　5.2 空港舗装の点検 166
　　5.2.1 巡 回 点 検 168
　　5.2.2 緊 急 点 検 170
　　5.2.3 定 期 点 検 171
　　5.2.4 詳 細 点 検 172
　　　(1) 舗装表面性状調査 172
　　　(2) 滑走路すべり抵抗性調査 173
　　　(3) 舗装構造調査 173
　5.3 空港舗装の表面性状の評価 175
　　5.3.1 舗装補修必要性の判定方法 175
　　5.3.2 破損の定量化方法 177
　　　(1) アスファルト舗装 178
　　　(2) コンクリート舗装 179
　　5.3.3 空港舗装の表面性状の実態 180
　　　(1) わが国の空港における舗装表面性状 180
　　　(2) わが国と米国における評価方法の比較 182
　5.4 航空機運行の安全性に関わる舗装の評価 185
　　5.4.1 航空機運行の安全性の評価項目 185
　　5.4.2 すべり抵抗性 187
　　　(1) すべり抵抗性の重要性 187
　　　(2) 滑走路舗装表面のすべり抵抗性の規定 188
　　　(3) 滑走路舗装表面のすべり抵抗性の確保方策 191
　　5.4.3 縦断方向平坦性 195

	(1) 航空機の乗り心地と走行安全性	195
	(2) TAXIによる航空機運動特性の検討	196
5.5	空港舗装構造の非破壊評価	204
5.5.1	FWD	204
5.5.2	アスファルト舗装の評価	206
	(1) 基本システム	206
	(2) D_0に注目した簡易評価	207
	(3) ひずみに注目した詳細評価	208
	(4) FWDを用いた非破壊評価システムの適用事例	211
5.5.3	コンクリート舗装の評価	212
	(1) 基本システム	212
	(2) コンクリート舗装の荷重支持力の評価	213
	(3) 目地・ひび割れ部の荷重伝達性能の評価	216
	(4) コンクリート版下の空洞の評価	217

第6章　空港舗装の補修 ... 221

6.1	空港舗装の維持	221
6.1.1	アスファルト舗装の維持	222
	(1) ひび割れ充填	222
	(2) パッチング	223
6.1.2	コンクリート舗装の維持	223
	(1) ひび割れ充填	223
	(2) パッチング	224
	(3) 角欠け修正	224
	(4) 目 地 修 正	224
	(5) プレキャスト版舗装の目地の修正	225
6.2	空港アスファルト舗装の修繕	225
6.2.1	修繕方法の選定	225
6.2.2	アスファルト舗装のオーバーレイ	226
	(1) アスファルト舗装のオーバーレイの設計	227
	(2) アスファルト舗装のオーバーレイの施工	229
	(3) 剥離ならびにブリスタリング事故への対応	231
6.2.3	アスファルト舗装の打換え	233

6.3　空港コンクリート舗装の修繕 233
　　6.3.1　修繕方法の選定 234
　　6.3.2　コンクリート舗装のオーバーレイ 234
　　　(1)　構造上問題のない場合のオーバーレイ 234
　　　(2)　荷重支持性能を増すためのオーバーレイ 235
　　6.3.3　空港コンクリート舗装の打換え 241
　　　(1)　コンクリート舗装による打換え 242
　　　(2)　プレキャスト版舗装による打換え 242
　　　(3)　PC舗装のリフトアップ工法 246

索　引 251

第1章 航空輸送と空港

遡ること1世紀の1903年，初飛行に成功した航空機は，2つの世界大戦を契機にして急速に発展を続け，今日に至っている．民間用航空機による人員，物資の航空輸送に関しても，1960年代に大型ジェット機が出現して，本格的な高速大量輸送時代を迎え，800人乗りの超大型航空機が就航するまでになっている．本章では，国内ならびにわが国に発着する国際線による航空輸送の現状を記してから空港の状況を概述し，空港舗装の概要をまとめる．

1.1 航空輸送の現状

わが国内外の航空輸送が活性化している状況[1]として，**図1.1**に航空輸送人員と航空輸送貨物量を示す（国際線については日本に発着したもののみのデータ）．これからわかるように，旅客，貨物とも，特に近年の産業の分業化，産業構造の変化，人的交流の拡大を反映して，航空需要の伸びは著しくなっている．最新の

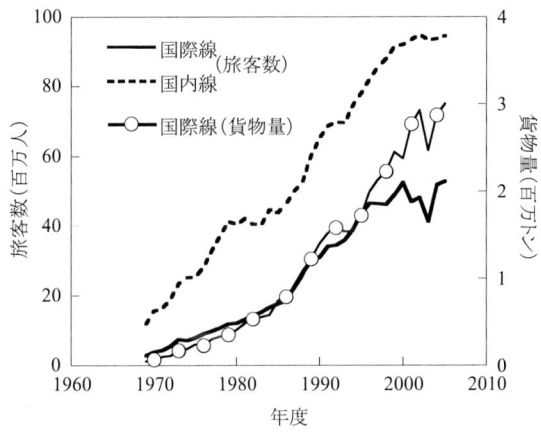

図1.1 航空旅客数ならびに貨物量の推移

データを 1975 年当時のものと比較すると，ここ 30 年での国際線の旅客数，貨物量は，それぞれ 7 倍，13 倍と大きく増加していることがわかる．また，国内線の旅客数についてもほぼ 4 倍に増加している．

　国内における旅客輸送量について，自動車，鉄道，旅客船といった他の輸送機関によるものと比較すると，旅客数のシェアは 1% 以下にすぎないが，人キロではそれが数十倍に増大することから，旅客の長距離の移動は航空機によることが多いことが明らかである．一方，航空機の着陸回数は，**図 1.2** に示すとおり，空港全体でみればこの 30 年間でほぼ 2 倍になっているが，上述した旅客数の増加に相当するほどの伸びを示しているわけではない．このことから，航空輸送量の大幅な増加は航空機の大型化によって成し遂げられていることになろう．**図 1.3** でわが国の航空会社が保有する航空機数の変遷をみると，プロペラ機があまり変化していないのに比べ，ターボジェット機が著しく増加していて，このことが裏づけられている．

　国際航空に供するものと位置づけられる，いわゆる国際空港（旧第一種空港）の着陸回数ならびに乗降客数を空港全体のものに対する割合で示したのが，**図 1.4** である．国内線，国際線を合わせた着陸回数と乗降客数は，それぞれ 30%，50% 程度を占めていることがわかる．国内線に限ってもその比率が大きく異なることはないこと（2005 年度で 31% と 48%）から，航空機による旅客の移動は，これらの空港を起点あるいは終点にしたものが中心であること，しかもこれ

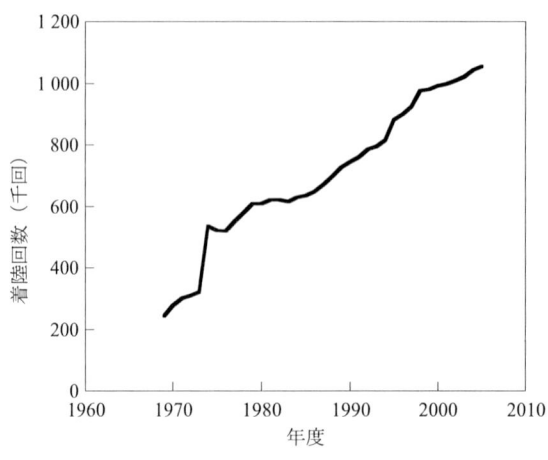

図 1.2　航空機の着陸回数の推移

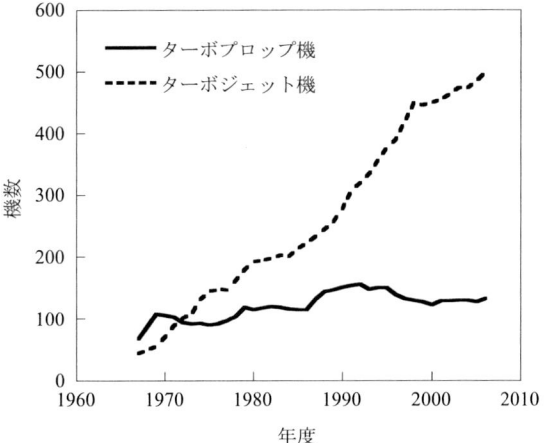

図 1.3 わが国航空会社の所有航空機数

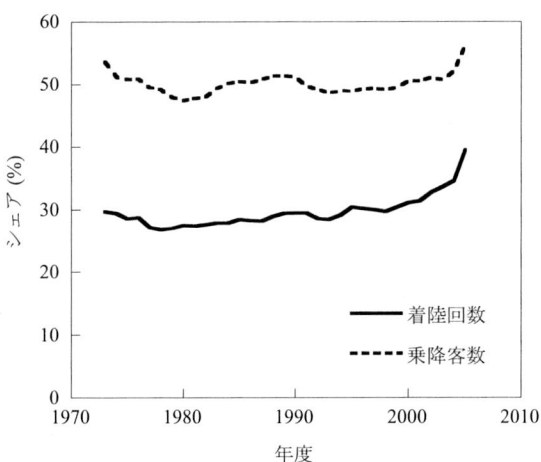

図 1.4 航空輸送における国際空港（旧第一種空港）のシェア

は大型機の運航によって支えられていることが明らかである．

1.2 わが国の空港

　航空機の離着陸に使用される飛行場は，使用目的により民間用と軍用に大別される．民間用飛行場のうち，国または地方公共団体，あるいは民間法人が公共用として設置ならびに管理し，旅客や貨物の定期的な輸送に供されているものが空港と定義される．

　航空機が物資や旅客の国際輸送に使用されるので，空港ならびに航行援助施設や航行方法には国際的な取決めが必要となり，1947年の国際民間航空条約の発効に伴って組織された国際民間航空機関 (International Civil Aviation Organization, ICAO) により国際基準が定められている．わが国では「航空法」を整備して，国際航空のみならず国内航空に関しても規定を設けており，空港に関しても種々の基準やマニュアル類により規定を定めている．空港の設置，建設，管理主体等は「空港法」によって**表 1.1**に示すように分類されている．空港は，表中にあるように，従来「空港整備法」により分類されていたが，今後の空港政策がその重点を整備から運営に移し，既存ストックを最大限活用する方向になっていくとの観点から 2008 年 6 月に「空港整備法」が「空港法」として改められたのに伴って，その分類も見直された[2]．

　空港数の推移は**図 1.5**に示すとおりで，前述の航空需要の伸びと軌を一にしている．空港数はこの 30 年で 30 程度増加しており，建設中のものも含めると 99 か所を数えるまでになっている（**表 1.2**）．空港はその位置を**図 1.6**に示すよう

表 1.1　わが国の空港の分類

空港法による分類	空港の設置管理	旧空港整備法による分類
国際航空輸送網または国内航空輸送網の拠点となる空港（拠点空港）	空港会社が設置管理	第 1 種空港
	国が設置管理（国管理空港）	第 2 種空港 (A)
	国が設置して，管理を地方自治体に委託（特定地方管理空港）	第 2 種空港 (B)
国際航空輸送網または国内航空輸送網を形成するうえで重要な役割を果たす空港	地方自治体が設置管理（地方管理空港）	第 3 種空港
その他の空港		その他飛行場
自衛隊等の飛行場を共用する空港	民間航空地区は国土交通大臣が管理（共用空港）	共用飛行場

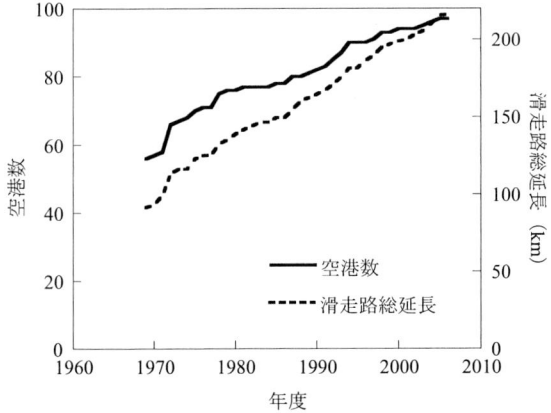

図 1.5 空港数ならびに滑走路総延長の推移

表 1.2 わが国の空港

空港法による分類		名称	数
拠点空港	会社管理空港	成田国際，関西国際，中部国際	3
	国管理空港	新千歳，稚内，釧路，函館，仙台，新潟，東京国際，大阪国際，広島，高松，松山，高知，福岡，北九州，長崎，熊本，大分，宮崎，鹿児島，那覇	20
	特定地方管理空港	旭川，帯広，秋田，山形，山口宇部	5
地方管理空港		利尻，礼文，奥尻，中標津，紋別，女満別，青森，花巻，大館能代，庄内，福島，大島，新島，神津島，三宅島，八丈島，佐渡，富山，能登，福井，松本，静岡，神戸，南紀白浜，鳥取，隠岐，出雲，石見，岡山，佐賀，対馬，小値賀，福江，上五島，壱岐，種子島，屋久島，奄美，喜界，徳之島，沖永良部，与論，粟国，久米島，慶良間，南大島，北大島，伊江島，宮古，下地島，新多良間，石垣，（新石垣），波照間，与那国	55 (1)
共用空港		千歳，札幌，三沢，茨城，小松，美保，徳島	7
その他の空港		調布，名古屋，八尾，岡南，但馬，広島西，大分県央，天草，枕崎	9

注）2010 年 3 月現在．( ) は未供用で，内数．

に，大都市圏からの遠隔地にはほぼ県ごとに設けられている（場合によっては複数）ほか，主要な離島にも設置されている．同様に，滑走路総延長も**図 1.5** に示すように増加しており，ここ 30 年で 1.7 倍となっている．

表 1.3 は，2008 年の旅客数の多い順に世界の空港を並べたものである[3]．東京国際空港（羽田空港）は第 4 位に位置づけられているが，他の主要空港と比較

図 1.6 わが国の空港の分布

表 1.3 世界各国の主要空港の状況

順位	空港名	国名	滑走路 本数	滑走路 延長 (m)	旅客数* (千人)
1	アトランタ	米国	4	2 743・3 048・3 624・2 743	90 039
2	シカゴ	米国	7	2 286・2 460・2 428・3 091・3 049・3 963・1 628	69 354
3	ロンドン	英国	3	1 962・3 902・3 658	67 056
4	東京（羽田）	日本	3	2 500・3 000・3 000	66 755
5	パリ	フランス	4	4 215・2 700・2 700・3 655	60 875
6	ロサンゼルス	米国	4	2 721・3 135・3 686・3 382	59 498
7	ダラス/フォートワース	米国	7	2 743・2 835・3 471・2 591・4 084・3 471・3 471	57 093
8	北京	中国	2	3 800・3 200	55 937
9	フランクフルト	ドイツ	3	4 000・4 000・4 000	53 467
10	デンバー	米国	5	3 658・3 658・3 658・3 658・3 658	51 245

＊旅客数は 2008 年のデータ

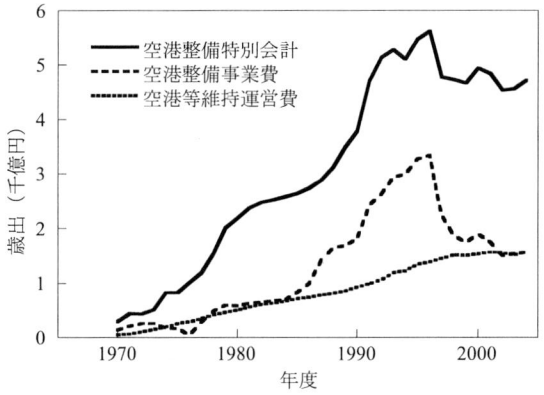

図 1.7 空港整備特別会計の推移

するとその用地は狭い．羽田空港を含めてわが国の空港，特に市街地近郊に位置する空港では，さらなる航空機の大型化・高頻度化に対処するための拡張が難しくなっている事例も多い．その解決策としては海上や山間地を造成して空港そのものを移転せざるを得ず，そのため用地造成に伴うさまざまな技術的問題も生じている．

わが国の場合，空港整備計画を策定したうえで空港の整備が進められている．これは 1967 年に第一次空港整備 5 箇年計画が開始されて以来，第七次空港整備 7 箇年計画を経て，2003 年からは社会資本整備重点計画に組み込まれ，現在まで継続されている．**図 1.7** には年度別の空港整備特別会計（歳出）を示している．これには空港の整備に関わるもののほか，環境対策や航空保安施設整備に関わるものも含まれているので，図中には空港整備に関わるものだけの分，すなわち空港整備事業費と空港等維持運営費についても示してある．空港整備特別会計は 1990 年代半ばまで増加していたが，その後わずかに減少に転じている．空港整備事業費は空港大規模プロジェクトの推進に代表されるように，1980 年代半ばから 10 年ほど急増した後，減少に転じたのに比べ，空港等維持運営費は既存の空港施設の維持管理の重要性の高まりを反映して着実に増加している．

1.3 航空機

わが国の空港に就航している主な航空機の一般的な諸元を**表 1.4** に示す（表中の記号は**図 1.8** にある）．

空港施設の設計にあたっては，航空機の運航特性，大きさ，質量といった特性が航空機の機種により異なったものとなるので，航空機をグループに分けている．**表 1.5** は航空機の運航特性による区分，**表 1.6** は航空機の大きさによる区分である．なお ICAO では，第 2 章の**表 2.4** に示すように，航空機を寸法により分類している（コード文字）[4]．

表 1.4　主要な航空機の諸元　　　　　　　　　　（単位：m）

航空機 コード	航空機	A	B	C	D	E	F	F′	G	H	I	J	K	L
F	A380-800	79.75	72.73	24.40	30.24	35.22	12.46	14.34	14.80	25.70	5.22	32.71	1.05	1.9
E	B747-400	64.92	70.67	19.51	25.60	33.35	11.00	12.60	11.68	20.83	5.11	26.16	0.71	1.32
	B777-300ER	64.80	73.86	18.85	31.22	37.11	10.97	12.90	9.61	–	7.29	25.95	0.75	–
	A340-600	63.45	75.36	19.32	33.26	39.84	10.68	12.61	9.37	19.27	5.93	25.42	0.52	1.56
D	B767-300	47.57	54.94	16.03	22.76	27.31	9.30	10.90	7.92	–	4.90	18.34	0.56	–
	A300-600	44.84	54.08	16.66	18.60	25.27	9.60	10.96	7.94	–	5.38	16.94	0.98	–
	DHC8-400	28.42	32.83	8.34	13.94	–	8.80	9.56	4.40	–	3.92	9.43	0.98	–
C	B737-800W	35.79	39.47	12.62	15.60	19.69	5.72	7.00	4.83	–	4.32	14.40	0.48	–
	A320-200	34.10	37.57	12.45	12.64	17.71	7.59	8.95	5.75	–	3.87	12.58	0.59	–
	DHC8-300	27.43	25.68	7.64	10.01	–	7.88	8.57	3.94	–	3.59	9.43	–	–
B	CRJ200/100	21.23	26.77	6.32	11.40	–	3.17	4.01	–	–	1.44	8.61	2.09	–
	Beech19000	17.67	17.63	4.57	7.25	–	5.23	–	–	–	–	–	–	–
A	BN-28	14.94	10.86	4.18	3.99	–	3.61	–	–	–	–	–	–	–

注）A：全幅，B：全長，C：全高，D：ホイールベース，F：ホイールトラック，F′：アウタートラック

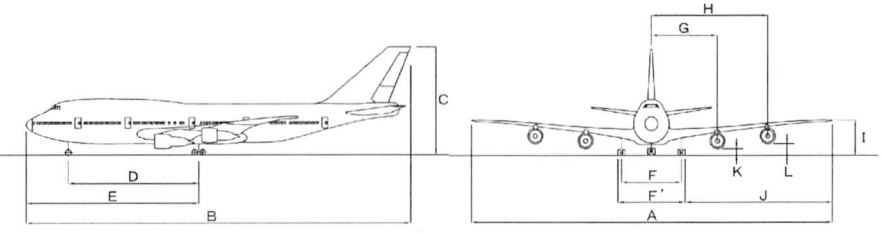

図 1.8　航空機の諸元の記号

表 1.5 運航特性による航空機の区分（国内線）

区分	航空機
大型ジェット機	B747，B777 等
中型・小型ジェット機	B767，A300，B737，MD81，MD90，A320 等
リージョナルジェット機	CRJ200，CRJ100 等
プロペラ機	DHC8，F50，SAAB340B 等
小型機	DO228，BN2B 等

表 1.6 大きさによる航空機の区分（国内線）

航空機コード	翼幅 (m)	外側主脚車輪間距離 (m)	航空機
F	65 以上，80 未満	14 以上，16 未満	
E	52 以上，65 未満	9 以上，14 未満	B747，B777 等
D	36 以上，52 未満	9 以上，14 未満	B767，A300，DHC8-400 等
C	24 以上，36 未満	6 以上，9 未満	B737，MD81，MD90，A320，DHC8-100，DHC8-200，DHC8-300，F50，SAAB340B 等
B	15 以上，24 未満	4.5 以上，6 未満	CRJ200，CRJ100，DO228 等
A	15 未満	4.5 未満	BN2B 等

1.4 空港舗装

　航空機荷重を直接支持する空港の舗装が具備すべき性能については，国際的にも国内的にも規定されている．以下では，まず空港舗装を機能別に分類して，それぞれについて概述した後，一般的に用いられているアスファルト舗装とコンクリート舗装の特徴についてまとめる．

1.4.1 空港の舗装施設

　空港は，その全体図を図 1.9 に示すように機能上からみると，航空機の運行，旅客・貨物の取扱い，航空機の整備に関わる施設に分類される．また，航空機荷重を支持するという観点からは，滑走路，誘導路，エプロン，着陸帯といった基本施設と，排水施設，照明施設等の付帯施設に分けることも可能である．

　空港基本施設のうち舗装されている施設は次に示すとおり，滑走路，誘導路，エプロンの 3 種類である．

① 滑走路――航空機の離着陸に供する．
② 誘導路――滑走路とエプロン等を結ぶ航空機の地上走行に供する．

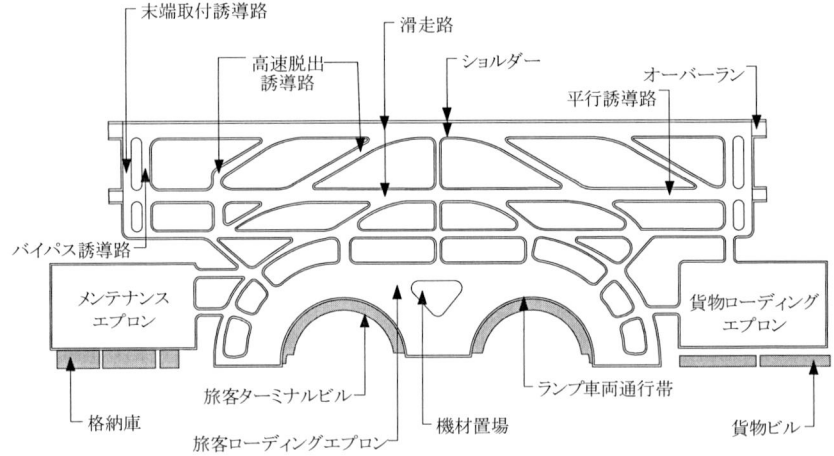

図 1.9 空港基本施設の全体図

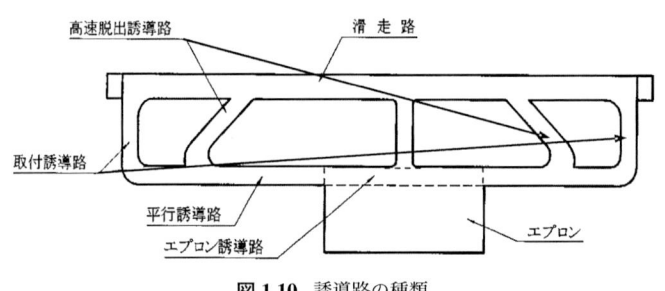

図 1.10 誘導路の種類

③ エプロン——乗客の乗降や貨物の積み降ろし，給油，整備などのための航空機の駐機に供する．

このうち誘導路は，以下に示すように4種類に分類される（**図 1.10**）．
① 取付誘導路
   航空機が滑走路とエプロンの間を移動するために滑走路に取り付けられる．航空機の滑走路占有時間を短縮するために複数設けられる場合には，航空機の必要着陸距離等を考慮して位置を設定する必要がある．
② 平行誘導路
   航空機の滑走路占有時間を短縮するために複数の取付誘導路が設けられる場合に，取付誘導路とエプロンを接続し，滑走路と平行に設置される．
③ エプロン誘導路

エプロン内の航空機の走行区域のうち，平行誘導路の機能をもつ区域．
④ 高速脱出誘導路
　着陸した航空機の滑走路占有時間をより短縮するために，航空機が高速で滑走路から脱出できるように取り付けられる．

　滑走路，誘導路，エプロンの整備にあたっては，それぞれの施設における航空機の利用（走行）特性を十分に考慮することが必要である．これらは，いずれもその形状（平面ならびに断面）に関して標準的な諸元が定められているが，航空機の安全運行の確保，空港の機能の向上，空港整備に関する費用の低減といった観点から，追加検討が必要となる場合もある．また，航空機荷重を支持するという観点から十分な荷重支持力を有するものとして標準的な構造も定められている．

　これら舗装施設の形状については次のように規定されている．滑走路は，就航する航空機の特性，空港の立地条件等によりその本数，長さ，方向等が定められ，乗り入れる航空機の大きさに基づいてその長さや幅が標準化されている．誘導路は，航空機の滑走路占有時間，走行時間，走行距離，走行導線等を考慮して配置が定められ，幅，滑走路や障害物との間にとるべき間隔といったものが航空機の走行特性等を考慮して標準化されている．エプロンは，航空機の大きさにより，航空機と航空機ならびに建物等の間のクリアランス，GSE（空港地上支援器材）車両通行帯等が標準化されている．

　舗装施設の構造は，空港をいくつかの部分に分けてそれぞれに応じて適切に定めることが合理的である．これは，滑走路，誘導路，エプロン舗装については，航空機が空港内の平面位置によって，その質量，走行速度，通行頻度等が大きく異なるため，必要とされる荷重支持力も異なることになるからである．わが国の場合，現行の構造設計法では規定が設けられていないが，従来は以下に示す A～E 舗装区域の 5 つのカテゴリーに区分することを標準としていた[5]．このカテゴリーを図示したものが **図 1.11** である．

① A 舗装区域——滑走路端部，離陸時質量程度の航空機が通過する誘導路，ローディングエプロン
② B 舗装区域——滑走路中間部，脱出誘導路，ナイトステイエプロン
③ C 舗装区域——メンテナンスエプロン，メンテナンスエプロンに通ずる連絡誘導路
④ D 舗装区域——オーバーラン，ショルダー
⑤ E 舗装区域——エプロン周辺，GSE 車両通行帯，機材置場

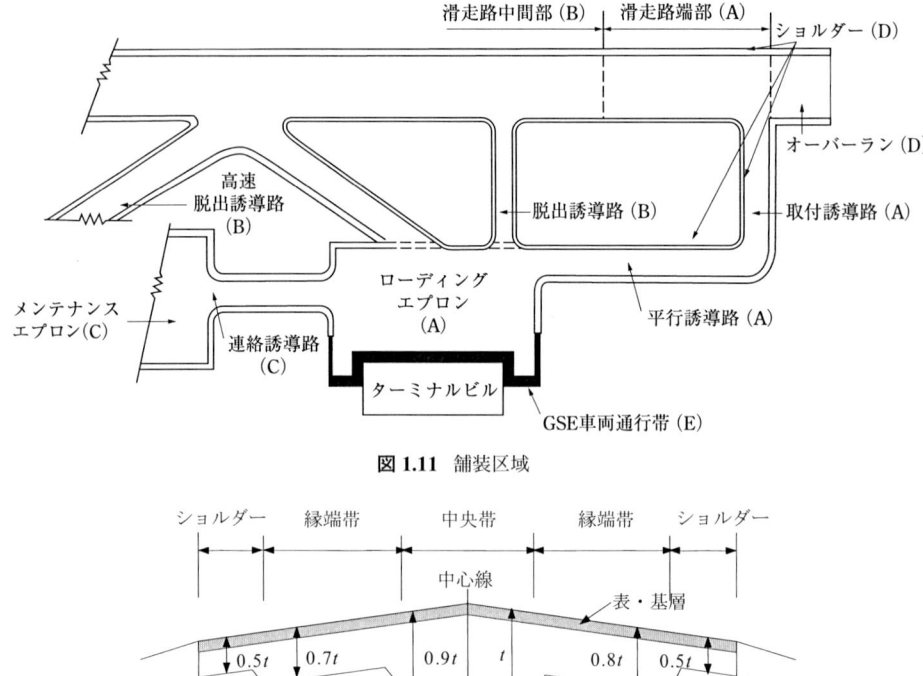

図 1.11 舗装区域

図 1.12 滑走路横断方向舗装断面

　なお，滑走路の場合は，後述するように，幅員が最大で 60 m と誘導路よりも広く，横断方向にみた場合航空機が中心線上に集中して走行することから，舗装構造は**図 1.12** のように中央部分（中央帯）を端部（縁端帯）よりも厚くすることとしている（図中の t は後述する基準舗装厚）．

　基本施設のひとつである着陸帯は，離着陸時に航空機が滑走路から逸脱した場合の安全確保を目的として設けられる矩形の区域であり，通常は植生が施されている．着陸帯の長さは滑走路の両端に 60 m を加えたもの，幅は**表 1.7** のとおりに定められている．また，縦・横断勾配にも規定が設けられている．

表 1.7 着陸帯の等級

着陸帯の等級	滑走路の長さ	着陸帯の等級	滑走路の長さ
A	2 550 m 以上	F	1 080 m 以上 1 280 m 未満
B	2 150 m 以上 2 550 m 未満	G	900 m 以上 1 080 m 未満
C	1 800 m 以上 2 150 m 未満	H	500 m 以上　900 m 未満
D	1 500 m 以上 1 800 m 未満	I	100 m 以上　500 m 未満
E	1 280 m 以上 1 500 m 未満		

1.4.2 アスファルト舗装とコンクリート舗装

　地盤に作用する航空機荷重の圧力を低減する目的で設けられる舗装は，その必要とされる荷重支持力が ICAO により具体的に示されている．ICAO は 1950 年代後半に舗装の荷重支持力を表す方法として LCN (Load Classification Number) 法を提示した[6]．その後 1980 年代には，ACN-PCN (ACN：Aircraft Classification Number, PCN：Pavement Classification Number) 法へと発展させている[4]．この方法は，対象となっている航空機の ACN が対象となっている空港の舗装の荷重支持力を表す PCN と等価か，または小さければ，その航空機の空港への乗入れは問題ないとみなすというものである．この ACN ならびに PCN については第 2 章で詳述する．

　空港舗装は，構造上から，たわみ性を有するアスファルト舗装と剛性を有するコンクリート舗装の 2 種類に分けられる．

　前者のアスファルト舗装は，アスファルト混合物からなる表層・基層，粒度調整砕石や安定処理材などからなる上層路盤，現地材料の切込砕石（クラッシャーラン）などからなる下層路盤などの多層構造となっている（**図 1.13**）．表層・基層は，厳しい自然環境下で交通荷重を直接支えるばかりでなく，荷重を路盤に分散させる役割を有する．特に，表層は交通荷重による摩耗に耐え，雨水の舗装内への浸入を防止しなければならない．上層路盤は表層・基層により分散された荷重をさらに下層路盤へ分散させ，下層路盤はそれをさらに路床へ分散させる．

　アスファルト舗装の特徴としては次のような点があげられる．
　① 施工後に供用可能となるまでの時間が比較的短い．
　② 交通条件の変化に対応した段階施工が容易である．
　③ 補修が比較的容易である．
　④ 乗り心地がよい．
　⑤ わだち掘れが発生することがある．
　⑥ 油や熱におかされやすい．

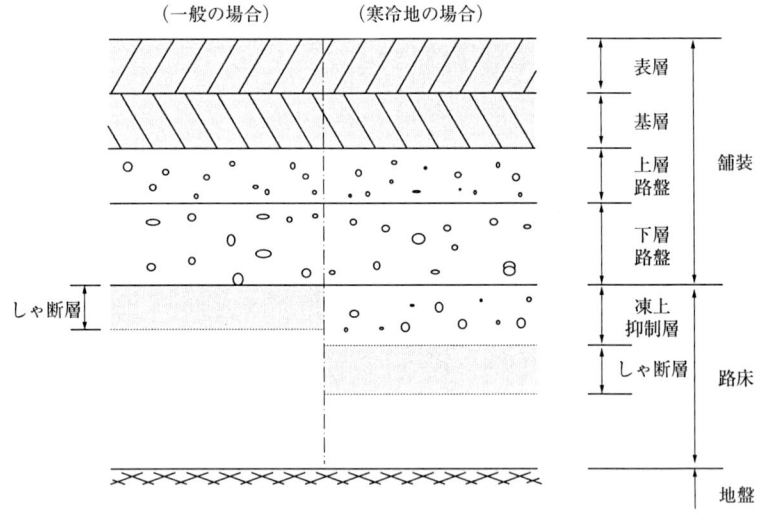

図 1.13 アスファルト舗装の構成

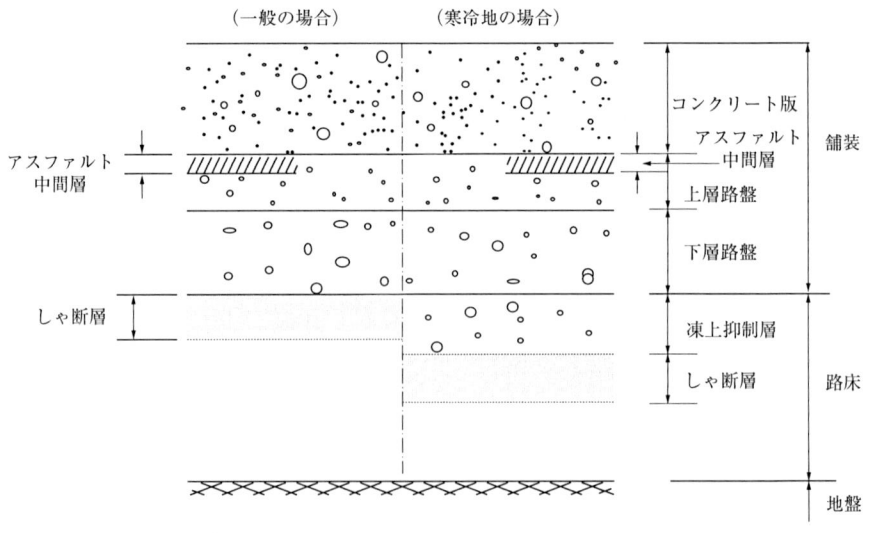

図 1.14 コンクリート舗装の構成

このようなことから，アスファルト舗装は航空機が比較的高速で走行し，燃料もれの危険性がほとんどない滑走路や誘導路に適している．

後者のコンクリート舗装は，その構成が基本的にはアスファルト舗装と同様で

あり，セメントコンクリート版とそれを支持する上層路盤，下層路盤により構成される（**図 1.14**）．コンクリート版と路盤の剛性が大きく異なることから，一般的には表層であるコンクリート版が基礎である路盤に支持されているものとみなされる．すなわち，交通荷重はコンクリート版の平板作用により支持され，路盤に広範囲にわたって分散される．

コンクリート舗装の特徴としては，次のような点があげられる．
① 交通荷重が繰返し載荷してもわだち掘れが生じにくい．
② 油や自然環境の作用の影響を受けにくい．
③ 舗装厚がアスファルト舗装よりも小さい．
④ コンクリート版の打設後に長い養生期間が必要である．
⑤ 補修工事がアスファルト舗装と比較して難しい．
⑥ 目地が必要であるため乗り心地が悪いことがある．また，目地では破損が生じやすい．

このようなことから，コンクリート舗装は航空機が静止もしくは低速で走行するエプロンや誘導路に適している．

参 考 文 献

1) 国土交通省航空局 監修：数字でみる航空，航空振興財団，2009 ほか．
2) 国土交通省航空局 監修：空港土木施設の設置基準・同解説，(財)港湾空港建設技術サービスセンター，2008.
3) Airport Council International : Media Release, 2008.
4) International Civil Aviation Organization (ICAO) : Aerodromes, Volume I - Aerodrome Design and Operations, Annex 14 to the Convention on International Civil Aviation, 2004.
5) 国土交通省航空局 監修：空港舗装設計要領及び設計例，(財)港湾空港建設技術サービスセンター，2008.
6) ICAO : Strength of Pavements, Aerodrome Manual, Part 4, 1960.

第2章 空港舗装の性能とマネジメント

空港は，航空機が旅客の乗降や貨物の積み降ろしを行うことを可能とする施設であり，空港の舗装は航空機が空港内を走行・停止することを可能とする地表面にあたる．空港舗装は航空機の運行に直接関係する基本的な施設（空港基本施設と称される）であり，想定される自然状況ならびに利用状況等を勘案して航空機運行の安全性を担保しなければならない[1]．

本章では，空港舗装に要求される性能についてまず記述し，そしてその建設から補修に至る空港舗装のマネジメントについてまとめる．

2.1 空港舗装に対する要求性能

社会基盤施設の整備に関わる設計・履行方式が，仕様規定に基づくものから性能規定に基づくものに移行する，という流れが加速されている．舗装の分野においてもそれは同様であり，さまざまな組織や機関によって基準類の整備が進められている．これを行う場合は，舗装の性能を明確にすることがまず必要になる．以下では，わが国の空港舗装構造設計法の基となる土木学会による舗装構造設計法に示された舗装に対する要求性能を簡潔にまとめ，次に空港舗装に対する要求性能についてまとめる．

2.1.1 土木学会による舗装に対する要求性能

2007年に土木学会から発行された舗装標準示方書では，舗装に対する要求性能として，荷重支持性能，走行安全性能，走行快適性能，表層の耐久性能，環境負荷軽減性能の5種類がとりあげられている[2]．それぞれについては次のように具体的に示されている．

① 荷重支持性能

文字どおり，舗装の構造健全性に関わる性能であり，アスファルト，コンクリートのどちらの舗装においても路床・路盤の支持性能および耐震性能

で表される．これに加えて，アスファルト舗装においては疲労ひび割れ，低温ひび割れ，縦表面ひび割れおよび凍上により，また，コンクリート舗装ではコンクリート版の疲労ひび割れおよびコンクリート版の施工段階におけるひび割れにより表される．

② 走行安全性能

車両，航空機等の走行時の安全性に関わる性能であり，すべり，段差，わだち掘れおよびすり減りで表される．

③ 走行快適性能

車両，航空機等の走行時における運転者，乗客の快適性に関わる性能であり，ラフネスおよび段差で表される．

④ 表層の耐久性能

舗装の表層を構成する材料の荷重に対する耐久性に関わる性能であり，それぞれの材料の劣化のほかに，アスファルト舗装でははく離と骨材飛散で，コンクリート舗装では交通・地震以外の荷重に対する安全性，すなわち鋼材およびダウエルバーの腐食で表される．

⑤ 環境負荷軽減性能

車両，航空機等の走行に伴う舗装の周辺環境に対する負荷の増加を抑制することに関わる性能であり，騒音と振動で表される．

実際の舗装の設計においては，これらの要求性能のうちから，その使用目的に応じて適切なものを選定する必要があるとしている．

2.1.2 空港舗装に対する要求性能

空港舗装は，滑走路，誘導路，エプロンに分けられる．それぞれにおいては，第1章で記述したように，航空機の利用形態が異なることから，要求性能も次のように異なったものとなっている．

① 滑走路

滑走路は，文字どおり航空機が離着陸のために高速走行する施設であり，それを可能とするために次のような性能が求められる．

- 十分な幅ならびに勾配を有する．
- 表面は舗装され，十分なすべり抵抗性を有するとともに，航空機の走行時の安定性ならびに雨水の排水性を有する．
- 交通荷重の作用やレベル1地震動等により損傷したとしても，機能を損なうことなく継続して使用できる．レベル2地震動等に対しても機能を

確保する必要がある場合は，軽微な修復により機能が回復できる．
② 誘導路
　誘導路は，滑走路とエプロンを連絡する施設であり，航空機が安全にしかも効率的に走行できるように次のような性能が求められる．
- 十分な幅ならびに勾配を有する．
- 表面は舗装され，航空機の走行時の安定性ならびに雨水の排水性を有する．
- 航空機の航行が安全に行えるように滑走路や他の誘導路との間に十分な距離が確保されているとともに，その接続点が適切な角度および形状を有している．
- 交通荷重の作用やレベル1地震動等により損傷したとしても，機能を損なうことなく継続して使用できる．レベル2地震動等に対しても機能を確保する必要がある場合は，軽微な修復により機能が回復できる．

③ エプロン
　エプロンは，旅客の乗降や貨物の積み降ろし，給油や整備のために航空機が駐機する区域であり，それらを可能とするために次のような性能が求められる．
- 十分な形状ならびに勾配を有する．
- 表面は舗装され，航空機の走行・駐機時の安定性ならびに雨水の排水性を有する．
- 駐機中の航空機や建築構造物等との間に十分な距離が確保されている．
- 交通荷重の作用やレベル1地震動等により損傷したとしても，機能を損なうことなく継続して使用できる．レベル2地震動等に対しても機能を確保する必要がある場合は軽微な修復により機能が回復できる．

　以上を総括すると，空港舗装は航空機荷重を確実に支持するとともに航空機に安全な走行面を提供しなければならないということになる．「空港舗装設計要領及び設計例」として2008年7月に発行されたわが国の空港舗装の構造設計法[3]にはその点が反映されている．すなわち，空港舗装の性能として，荷重支持性能，走行安全性能，表層の耐久性能がとりあげられ，それを照査するために必要となる項目と方法が記述されている．
　一方，航空法にも謳われているように，航空の分野では国際間の取決めが重視されている．1947年の国際民間航空条約の発効に伴って組織された国際民間航空機関(ICAO)は民間航空輸送に関わる事項について国際基準を定めており，こ

の条約の第 14 付属書 (Annex 14) には飛行場に関する規定が示されている[4]．わが国でも，これに対応する各種の基準が制定されている．

　そこで，以下では，空港舗装に対する要求性能を「空港舗装設計要領及び設計例」に示されているものよりも広い意味で捉えることにして，これら航空に関する基準に着目してとりまとめる．

　なお，道路を対象とした舗装構造設計法も性能照査型としたものが 2001 年に示されている[5]．それでは，必須の性能として疲労破壊輪数，塑性変形輪数ならびに平坦性があげられているが，それぞれ土木学会の舗装標準示方書に記されている荷重支持性能，走行安全性能，走行快適性能を舗装の具備すべき性能としてとりあげたときの照査項目に相当するものと考えられる．このほか，雨水浸透型の舗装に対する性能として浸透水量があげられているが，これは走行安全性能に関する照査項目になる．

2.2 走行安全性能

　空港舗装の主要な要求性能のひとつである走行安全性能として，平面形状，平坦性ならびにすべり抵抗性を具体的にとりあげる．

2.2.1 平 面 形 状
　滑走路，誘導路，エプロンでは航空機の使用形態が異なるため，それぞれで必要とされる性能も異なったものとなる．

(1) 滑　走　路

　滑走路の長さは空港を利用する航空機に応じて定める必要がある．具体的には，次の 3 点を満足できるような滑走路の長さが必要である．

　　① 離陸距離

　　　航空機が離陸滑走を開始してから，臨界速度に到達したときにエンジン 1 基が停止した状態のまま離陸して一定高度に到達するまでの距離．

　　② 加速停止距離

　　　航空機が離陸滑走を開始してから，臨界速度に到達したときにエンジン故障により離陸を中止して制動をかけた場合に停止するまでの距離．

　　③ 着陸距離

　　　航空機が着陸降下中に地上高さ 15 m になってから，着陸後完全に停止す

るまでの距離を 0.6 で除した距離．

航空機の離陸に必要となる距離，すなわち離陸必要距離は，①の離陸距離と②の加速停止距離をともに満たす距離と，すべてのエンジンが正常な状態で航空機が離陸して一定高度に到達するまでの距離の 115% のうちのどちらか長いほうとなる．通常，着陸距離がこの離陸必要距離よりも長くなるようなことはない．

ただし，これは空港の標高，気温，風，滑走路の継断勾配や表面状態により変化するので，必要となる滑走路長はこれらを十分考慮に入れて定めなければならない．**表 2.1** はわが国において定められている標準滑走路長である．このほか，滑走路の両端には航空機のオーバーランやアンダーシュートに備えて，60 m の長さの過走帯（オーバーラン）も必要となる．

滑走路の幅は航空機の種類，脚ならびにエンジン配置や滑走時横断方向位置分布を勘案して定める必要がある．わが国の場合は，**表 2.2** に示すように，着陸帯の等級（滑走路長）によって必要とされる幅員が異なっている．このほか，航空機のエンジンからのジェットブラストによる土砂等の飛散防止や緊急車両等の走行上，滑走路の両側にはショルダーが必要である．ショルダーの幅は，滑走路長が同一でも空港が位置する地域によって異なっている．これは除雪作業を考慮したものであり，**表 2.3** に示すとおりである．

ICAO では，滑走路の長さは就航する航空機に応じて適切に定めることが勧告されているのみである．また，その幅については空港の規模に応じて最小値が勧告されている．具体的には，**表 2.4** のように，空港を使用する航空機の性能と寸

表 2.1 滑走路の標準長さ

区分	航空機	滑走路の長さ
大型ジェット機	B747，B777 等	2 500 m 以上
中型・小型ジェット機	B767，A300，B737，MD81，MD90，A320 等	2 000 m 以上
リージョナルジェット機	CRJ200，CRJ100 等	2 000 m 以上
プロペラ機	DHC8，F50，SAAB340B 等	1 500 m 以上
小型機	DO228，BN2B 等	800 m 以上

表 2.2 滑走路の幅

着陸帯の等級	滑走路長	滑走路幅
A～E	1 280 m 以上	45 m 以上
F, G	900 m 以上 1 280 m 未満	30 m 以上
H	900 m 未満	25 m 以上

表 2.3 滑走路のショルダー幅

着陸帯の等級	滑走路長	ショルダー幅		
		温暖地域	準寒冷地域	寒冷地域
A, B	2 150 m 以上	10 m	10 m	15 m
C〜F	1 080 m 以上 2 150 m 未満	7.5 m	7.5 m	10 m
G, H	500 m 以上 1 080 m 未満	5 m	7.5 m	10 m

表 2.4 ICAO による空港コード

コード番号	滑走路長	コード文字	翼幅	外側主脚車輪間距離
1	800 m 未満	A	15 m 未満	4.5 m 未満
2	800 m 以上 1 200 m 未満	B	15 m 以上 24 m 未満	4.5 m 以上 6 m 未満
3	1 200 m 以上 1 800 m 未満	C	24 m 以上 36 m 未満	6 m 以上 9 m 未満
4	1 800 m 以上	D	36 m 以上 52 m 未満	9 m 以上 14 m 未満
		E	52 m 以上 65 m 未満	9 m 以上 14 m 未満
		F	65 m 以上 80 m 未満	14 m 以上 16 m 未満

表 2.5 ICAO による滑走路の幅の規定(単位:m)

コード番号	コード文字					
	A	B	C	D	E	F
1*	18	18	23	–	–	–
2*	23	23	30	–	–	–
3	30	30	30	45	–	–
4	–	–	45	45	45	60

＊精密進入用滑走路[†]の幅は 30 m 以上

法を表すコード番号(code number)とコード文字(code letter)によって分類し,両者の組合せにより空港の滑走路の長さと幅が規定されている(**表 2.5**).ショルダーは,コード D,E の空港で,幅員が 60 m に満たない滑走路と,コード F の空港の滑走路に設置すべきとされている.具体的なショルダー幅は,滑走路本体とショルダーの合計がコード D,E の場合で 60 m,コード F の場合で 75 m になるように定めればよい.

(2) 誘 導 路

誘導路は,その上を走行する航空機の速度が滑走路の場合に比べてかなり小さいという特徴がある.そのため,誘導路に必要とされる幅は,誘導路本体ならび

[†] 航空機の着陸時の進入方式のうち,計器着陸装置(ILS)を使用する等,接地点をめざして一定の降下角で進入を行う精密進入が可能となっている滑走路

表 2.6 誘導路の幅

着陸帯の等級	滑走路長	誘導路幅
A～C	1 800 m 以上	23 m 以上
D～G	900 m 以上 1 800 m 未満	18 m 以上
H	500 m 以上 900 m 未満	9 m 以上

表 2.7 誘導路ショルダーの幅

着陸帯の等級	滑走路長	ショルダー幅	
		温暖・準寒冷地域	寒冷地域
A, B	2 150 m 以上	7.5 m	10 m
C, D	1 500 m 以上 2 150 m 未満	5 m	10 m
E～G	900 m 以上 1 500 m 未満	5 m	7.5 m
H	500 m 以上 900 m 未満	3 m	5 m

にショルダーとも，滑走路ほど厳格ではないが，就航する航空機の脚ならびにエンジン位置を考慮して定める必要がある．わが国の場合には，誘導路の幅が**表 2.6** に，ショルダーの幅が**表 2.7** に示すように，着陸帯の等級に応じて規定されている．

ICAO では，誘導路の幅員として前掲の**表 2.4** の空港コードに応じて 7.5 m（コード A）〜25 m（コード F）が勧告されている．また，ショルダーに関しては，コード C〜F の場合の誘導路本体とショルダーの合計幅（コード C, D, E, F のそれぞれ 25 m, 30 m, 44 m, 60 m）を規定し，誘導路本体の幅がこれより少ないときの残りの範囲をショルダーとすることを勧告している．

(3) エプロン

エプロンにおいては，航空機が駐機して旅客が乗降したり貨物の積み降ろしをしたりするほか，航空機の整備も行われる．エプロンの形状としては，そのために必要となる航空機や GSE 車両の走行が円滑に行えるようなものが必要となる．具体的には，航空機とほかの航空機や隣接構造物との間に十分なクリアランスが確保できるようにすることが性能として要求される．わが国の場合は，その標準的なクリアランスとして**表 2.8** に示すものが規定されている．これに基づいてエプロンの標準形状は，転移表面†の制限を受ける場合，**表 2.9** のように規定されている（航空機コードは ICAO によるコード文字と同一）．

---

† 航空機の安全な航行を目的として空港の周辺空間に設定されている制限表面のひとつで，着陸帯（長辺）に接して外側に 1/7 の勾配をなす面（末端は水平表面と接する）

表 2.8 航空機の標準クリアランス

適用箇所	航空機コード				
	F	E	D	C	B	A
エプロン誘導路を移動する航空機と他の航空機・障害物とのクリアランス	15 m 以上	15 m 以上	14.5 m 以上	8 m 以上	9.5 m 以上	8.75 m 以上
スポット誘導経路上を移動する航空機と他の航空機・障害物とのクリアランス	10.5 m 以上	10 m 以上	10 m 以上	6.5 m 以上	4.5 m 以上	4.5 m 以上
航空機導入線上を移動中の航空機と駐機航空機・障害物，駐機航空機相互間ならびに駐機航空機と建物とのクリアランス	7.5 m 以上	7.5 m 以上	7.5 m 以上	4.5 m 以上	3 m 以上	3 m 以上

表 2.9 エプロンの標準形状

航空機コード	ノーズイン方式		自走式（45°駐機）	
	幅 A	奥行き B	幅 A	奥行き B
F	87.5 m	220 m	–	–
E	72.5 m	190 m	–	–
D	59.5 m	155 m	95 m	105 m
C	40.5 m	110 m	60 m	85 m
C, D（プロペラ機）	–	–	55 m	70 m
形状	ノーズイン方式		自走式	

ICAO の場合は，空港のコード文字別に最小のクリアランス距離を勧告しているのみ（コード A〜F で 3〜7.5 m）である．

2.2.2 平 坦 性

線状舗装である滑走路ならびに誘導路と面状舗装であるエプロンとでは，舗装の平坦性に関わる要求性能は異なる．前者は高速走行性，排水性の観点からのものであり，後者は排水性，駐機安定性の観点からのものである．

(1) 滑 走 路

滑走路の縦断方向の平坦性については，パイロットの操縦しやすさに関わる観

点からと，乗客も含めた乗り心地の観点からの2通りの要求性能がある．

a. 操縦しやすさ

操縦しやすさは，航空機の走行速度が大きい滑走路で厳しいものとする必要があることから，縦断勾配，視距離，縦断勾配の変化量と勾配変化点間隔といった項目により規定されている[4]．まず，縦断勾配は離着陸に必要な滑走路長や進入の際にパイロットが視認する滑走路形状に影響を及ぼすために，性能として規定することが必要となり，滑走路端部においては特に厳しいものが求められている．また，滑走路の見通しの程度を表している視距離 (**図 2.1**) は，航空機の走行速度が大きく，しかも操縦性が悪いために必要となる．そして，勾配変化量ならびに勾配変化点間隔 (**図 2.2**) は，航空機の離陸滑走時において，その走行速度が離陸速度に到達する前に航空機が離陸することを防止したり，ノーズギアと主脚間における機体縦方向の上下振動 (porpoising) を防止するとの観点から必要となっている[6]．

これらについてのわが国における要求性能は，**表 2.10** に示すとおり，滑走路長別に規定されている．視距離は，同一高さの点 (**表 2.10** の視点高さ) が滑走路上で視認できる距離 (**図 2.1** に示す A〜A′ ならびに B〜B′) のことで，滑走路全長にわたって滑走路の半分以上を確保することが規定されている．勾配変化量は勾配変化点における2つの勾配の差の絶対値と定義され，曲率半径は勾配変化点で設けなければならない縦断曲線の半径である．縦断勾配変化点間の最小間隔 D としては 45 m 以上が必要と規定されている．これは式 (2.1) により計算でき，

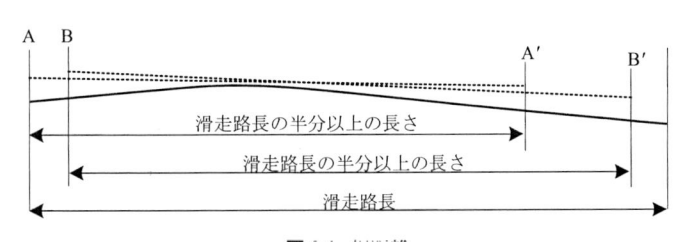

図 2.1 視距離

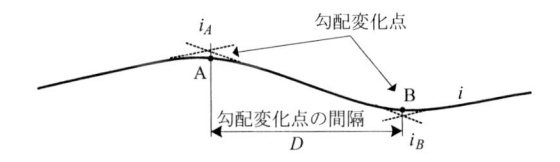

図 2.2 継断勾配の変化量と勾配変化点間隔

表 2.10 滑走路の縦断方向平坦性に関する規定

(a) 縦断勾配, 勾配変化量, 曲率半径, 勾配変化点間隔における α

着陸帯の等級	滑走路長 (m)	縦断勾配 (%)	勾配変化量 (%)	曲率半径 (m)	勾配変化点間隔における α (m)
A～D	1 500 以上	1.0 以下*	1.5 以下	30 000 以上	300
E～G	900 以上 1 500 未満	1.0 以下	1.5 以下	15 000 以上	150
H	500 以上 900 未満	1.5 以下	2.0 以下	7 500 以上	50

* 末端から滑走路延長の 1/4 以下の範囲では 0.8% 以下

(b) 視点高さ

航空機コード	視点高さ (m)
A	1.5
B	2
C～F	3

式中の α が滑走路長によって異なるものとなっている.

$$D = \alpha \cdot (i_A + i_B) \tag{2.1}$$

ここに, i_A, i_B は縦断勾配変化点 (A, B) における勾配変化量 (%) の絶対値である.

　勾配変化については, わが国の基準では滑走路長 900 m と 1 500 m を境に基準値を変えているが, ICAO の場合は, 空港コード番号により, すなわち 800 m, 1 200 m, 1 800 m を境にして 4 種類に区分されている点が異なっている (**表 2.11**). このほか, 滑走路長の半分以上を見通すことができる必要のある視距離

表 2.11 ICAO による滑走路縦断方向平坦性に関する規定

空港コード番号	縦断勾配*(%)	勾配変化量 (%)	曲率半径 (m)	勾配変化点間隔における α**(m)
1	2 以下	2 以下	7 500 以上	5 000
2	2 以下	2 以下	7 500 以上	5 000
3	1.5 以下	1.5 以下	15 000 以上	15 000
4	1.25 以下	1.5 以下	30 000 以上	30 000

* コード番号 3 (カテゴリー[†]II または III) とコード番号 4 の場合, 滑走路の両端における滑走路長の 4 分の 1 の部分は 0.8% 以下
** 勾配変化点間隔はこれにより計算される値以上でかつ 45 m 以上

[†] ILS の設置・運用精度の分類で, カテゴリーの数字が大きくなるほど着陸決心高度は低くなる, すなわち精度が上がる.

については，航空機の機種別，すなわち空港コード文字により視距離の測定高さが異なっており，コード文字 A，B，C〜F のそれぞれで，1.5 m，2 m，3 m となっている．

b. 乗 り 心 地

乗り心地に関する検討は，本来航空機の運動特性に注目して行われる必要がある．この点については，道路を対象として舗装の破損状況と車両の乗り心地を結びつけた PSI (Present Serviceability Index)[7] や，縦断方向の表面形状（プロファイル）に対する車両モデルの応答を表す IRI (International Roughness Index)[8] に基づいて性能が規定されている例はあるものの，空港を対象にしたものはみあたらない．ただし，舗装建設時の平坦性に関する要求性能としては，水たまり防止の観点から 3 m プロフィロメーターによる測定値の標準偏差をアスファルト舗装，コンクリート舗装のそれぞれで，2.4 mm，2.0 mm 以下と定めているものがある[9]．

滑走路の横断形状については，排水が十分に行われないと離陸滑走中の航空機が性能を十分に発揮できないばかりでなく，水たまりが生ずると走行時に安定性を欠くことから，保持すべき性能が定められている．一般的には，滑走路・誘導路においては中心線から左右両側のショルダーへ向かって勾配（横断勾配）がつけられており，わが国の場合は滑走路では 1.5 %（延長 900 m 以下の滑走路は 2.0 %）と規定されている（**表 2.12**）．ICAO では，滑走路ならびに誘導路の横断勾配について空港コード文字別に**表 2.13** のように規定されている．

表 2.12 滑走路ならびに誘導路の横断勾配の規定

施設	着陸帯の等級	滑走路長 (m)	横断勾配 (%)
滑走路	A〜G	900 以上	1.5
	H	900 未満	2.0
誘導路	−	−	1.5

表 2.13 ICAO による横断勾配に関する規定

空港コード文字	横断勾配 (%)	
	滑走路	誘導路
A，B	2.0 以下	2.0 以下
C〜F	1.5 以下	1.5 以下

(2) 誘 導 路

誘導路においては，航空機の走行速度が 30〜50 km/h と，200 km/h を超える滑

表 2.14 誘導路の縦断方向平坦性の規定

着陸帯の等級	滑走路長 (m)	縦断勾配 (%)	曲率半径 (m)
A〜D	1 500 以上	1.5 以下	3 000 以上
E〜H	500 以上 1 500 未満	3.0 以下	2 500 以上

表 2.15 ICAO による誘導路縦断方向平坦性に関する規定

空港コード記号	縦断勾配 (%)	曲率半径 (m)	視距離測定高さ (m)	視距離 (m)
A	3 以下	2 500 以上	1.5	150
B	3 以下	2 500 以上	2.0	200
C〜F	1.5 以下	3 000 以上	3.0	300

走路と比べて小さい[10]ため，縦断方向の平坦性に関する要求性能はそれほど厳しくない．この点は，**表 2.14** に示すように，縦断勾配が滑走路の場合より大きくていいことや，視距離が 3 m の高さから少なくとも 300 m 離れた地点の舗装面がみえればいいと滑走路の場合より緩くなっていること，しかも勾配変化量ならびに勾配変化点間隔が特に規定されていないことからもわかる．これらの性能についても，滑走路と同様，ICAO により国際的な規定が設けられている（**表 2.15**）．

このほか，横断勾配について滑走路と同様に規定が設けられている（**表 2.12, 2.13**）．

(3) エプロン

エプロンにおいては，航空機が低速で走行したり，停止ならびに駐機したりすることから，排水性の確保と水たまり防止，走行時・駐機時の安全性確保の観点からの性能が要求される．具体的には，航空機の停止や駐機が確実に行えるように，また片勾配や折れ勾配を導入することで排水溝へ雨水が速やかに流入できるように勾配が規定されている．ICAO では，勾配として表面の滞水を防ぐために十分となる大きさが必要ではあるものの，可能な限り水平に保つべきことが規定されている．わが国では，排水上から 0.5% が最小値，駐機中の航空機の移動防止の観点から 1.0% が最大値と規定されている．

2.2.3 すべり抵抗性

航空機が走行するときの空港舗装表面のすべり抵抗性は，舗装表面が湿潤状態になると低下し，駆動時にハイドロプレーニング現象が，また制動時にはスリップ現象が生ずる危険性が大きくなる．そのため，この問題を防ぐための性能が必要となり，航空機が高速走行する滑走路を対象として規定が設けられている．

(1) 滑走路舗装表面のすべり抵抗性の表示

　滑走路を含む舗装は降雨や降雪等によりその表面のすべり抵抗性が変化することから，ICAO はその状況について空港管理者が常時明らかにしなければならないことを規定している．具体的には，滑走路が湿潤状態にある場合には damp（湿っている），wet（濡れている），water patches（水たまりがある），flooded（水浸しになっている）のいずれかに分類して報告すべきこと，すべり摩擦係数を測定して slippery（すべりやすい）と判定される場合にはその旨を表示しなければならないことを規定している．この場合，情報の表示は NOTAM (Notice To Airmen) により行われ，すべりやすい状態が改善されるまで継続される．

　湿潤時の滑走路面がすべりやすいと判定されるのは，すべり摩擦係数が**表 2.16**に示す最小値を下まわった場合である．表中の測定装置は車両形式のものであり，Mu-meter（ミューメーター），Skiddometer（スキッドメーター），Surface Friction Tester（サーフェスフリクションテスター，SFT），Runway Friction Tester（ランウェイフリクションテスター），Grip Tester（グリップテスター）といった種類がある．いずれも，水深 1 mm での測定が可能な自動散水装置を有し，平滑なトレッドの測定車輪を有する測定装置である．なお，わが国においては，湿潤時における滑走路のすべり摩擦係数の目標値として**表 2.17** に示すものが提案されている（水深 1 mm）[11]．

表 2.16 ICAO による湿潤滑走路のすべり摩擦係数の規定値

測定装置	タイヤ 種類*	圧力 (kPa)	速度 (km/h)	水深 (mm)	新設時 目標	補修 計画	最小値
Mu-meter	A	70	65	1.0	0.72	0.52	0.42
	A	70	95	1.0	0.66	0.38	0.26
Skiddometer	B	210	65	1.0	0.82	0.60	0.50
	B	210	95	1.0	0.74	0.47	0.34
Surface Friction Tester	B	210	65	1.0	0.82	0.60	0.50
	B	210	95	1.0	0.74	0.47	0.34
Runway Friction Tester	B	210	65	1.0	0.82	0.60	0.50
	B	210	95	1.0	0.74	0.54	0.41
TATRA Friction Tester	B	210	65	1.0	0.76	0.57	0.48
	B	210	95	1.0	0.67	0.52	0.42
Grip Tester	C	140	65	1.0	0.74	0.53	0.43
	C	140	95	1.0	0.64	0.36	0.24

＊A：特殊ゴム使用，B・C：通常ゴム使用（C は小タイヤ径）

表 2.17 わが国の湿潤時すべり摩擦係数の目標値

装置	速度 (km/h)	タイヤ	すべり摩擦係数	
			グルービングあり	グルービングなし
ミューメーター	65	RL-2	0.60	0.50
SFT	95	RL-2	0.55	0.45
SFT	95	AERO	0.45	0.40

表 2.18 雪氷滑走路のブレーキングアクション情報

測定値	推定ブレーキングアクション*	コード
0.40 以上	Good	5
0.39〜0.36	Good〜Medium	4
0.35〜0.30	Medium	3
0.29〜0.26	Medium〜Poor	2
0.25 以下	Poor	1

＊ Good（良好），Medium（普通），Poor（劣悪）

このほか，ときとして，滑走路に雪やスラッシュ（水で飽和した雪），氷がある状態で，降雪等を十分に除去できず，滑走路の全体または一部が雪や氷で覆われてしまうこともある．その場合には，滑走路全体にわたってすべり摩擦係数を測定し，滑走路全体を 1/3 ずつ 3 区画に分けて**表 2.18** に従ってブレーキングアクションを判定し，SNOTAM (Snow Notice to Airmen) として公表することも規定されている．この表は締まった雪ならびに氷の場合の値である．

この場合のすべり摩擦係数の測定方法としては，車両形式と減速度計を用いるものがある．前者は湿潤舗装面における測定方法と同様のものであり，後者は Tapley Meter（タプレイメーター），James Brake Decelerometer（ジェームズブレーキ減速度計）といった車載型の小型測定装置を使用する方法である．いずれも締まった雪や氷の場合に適用可能であるが，特に後者はゆるく積もった雪やスラッシュの場合には対応が難しい．

(2) 舗装表面のすべり抵抗性の確保方策

舗装表面部分に使用されているアスファルト混合物やセメントコンクリートには，細かい凹凸が無数にある．このうち，航空機走行時のすべり抵抗性に大きく影響するのは波長が数 mm 以下のもので，骨材自体によりできる 0.1 mm より大きいマクロテクスチャーと，骨材表面のざらつきによりできる 0.1 mm より小さいミクロテクスチャーに分けられる．両テクスチャーは舗装面が湿潤状態のときのすべり抵抗性の保持上極めて重要な因子であり，マクロテクスチャーはタイヤ

と舗装の接触面からの水の排除に，ミクロテクスチャーはタイヤと舗装間における水のない接触面の確保に役立つ．これらのテクスチャーが十分であれば，すべり摩擦係数は乾燥状態での値に近づいたものとなり，すべり抵抗性が確保可能となる．このほか，**2.2.2** で示したように，テクスチャーに加えて舗装の表面形状も滑走路表面からの排水を確実なものとするためには重要な因子である．

　湿潤時における滑走路表面のすべり抵抗性はこのように3つの要因により大きく異なることから，それらに関する性能を確保するための規準が必要となる．ICAO による規定は次のようなものである．

① マクロテクスチャー

きめ深さとして規定している．具体的には，新設時の滑走路面のきめ深さを 1.0 mm 以上とすべきことを規定している．

② ミクロテクスチャー

特に規定は設けていない．ざらつきのある角張った骨材を使用するといった程度の対応しかしていない．

③ 表面形状

勾配，平坦性，表面処理方法等は **2.2.2** に示したように規定している．特に，横断形状として排水性を良好にするために，中央部分を高く，両端を低くすることを規定している（**表 2.13**）．また，表面形状として凹凸のないこと，滑走路面では 3 m 定規を用いた場合に 3 mm 以上の凹みがないことも規定している．これは不同沈下や変形により深さ 3 mm 程度の水たまりができればハイドロプレーニング現象が生ずる危険性があるからであり，凍結する可能性のある場合にも水たまりは禁物である．このほか，グルービングを設ける場合は滑走路中心線に対して直角とすることを勧告している．

わが国の規定では，上記のテクスチャーに関する規定はないものの，勾配や平坦性に関して規定が設けられている（**表 2.10** ならびに **表 2.12**）．このほか，排水性をより高めるために，滑走路表面には原則として **図 2.3** に示す形状のグルービングを横断方向に設けることとなっている．グルービングの施工は滑走路全延長にわたって幅の 2/3 としているが，寒冷地ではグルービング部分より外側へ流出する雨水等が滞留して氷結

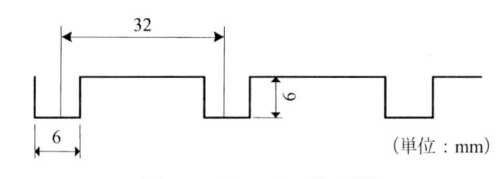

図 2.3 グルービングの形状（単位：mm）

することがあるので，滑走路全幅に設けることが望ましいと規定されている．このほか，寒冷地では必要に応じて誘導路にもグルービングが設けられる．

2.3 荷重支持性能

　空港舗装には，荷重支持性能，すなわち航空機がその上を安全に走行できる構造を有することも，もちろん必要となる．この場合，舗装が地盤上に建設されることから，舗装のみならず，それを支える路床を含めた地盤もその対象となる．以下では，まず航空機荷重を直接支持する舗装に対する要求性能としての荷重支持性能についてまとめてから，舗装を支持する地盤の荷重支持性能について記述する．

2.3.1 舗装の荷重支持性能

　舗装の荷重支持性能として，ICAO は，5.7 t 以上の航空機が利用する空港の舗装強度を AIP (Aeronautic Information Publication) として報告することを規定している．わが国の場合もこれは同様である．

　ICAO は，1.4.2 で一部記したように，1950 年代後半に舗装強度を表す方法として LCN (Load Classification Number) 法を提示した[12]．これは，航空機荷重と舗装強度を同一の尺度 (LCN) により比較可能とするものであったが，1980 年代初めには ACN–PCN (ACN：Aircraft Classification Number，PCN：Pavement Classification Number) 法へと発展させた[4]．ACN は航空機が舗装に与える影響を指標化した数値，PCN は舗装の荷重支持性能を指標化した数値，すなわち交通量を制限することなく運行可能となる航空機荷重を意味している．これによって，機種により主脚や車輪の異なる航空機荷重と舗装強度を統一的に表すことが可能となっている．対象となる航空機の ACN が乗入れを希望する空港の舗装の PCN と等価かまたは小さければ乗入れ可能と判定される．ただし，ACN が PCN を超過する場合であっても，アスファルト舗装では ACN が PCN の 1.1 倍以下，コンクリート舗装では 1.05 倍以下であれば舗装には影響を与えないとされており，そのような超過航空機の交通量が全体の 5% 未満であれば乗入れが認められている．

　ACN は，舗装の種類，すなわちアスファルト舗装，コンクリート舗装のどちらかであるかによって計算方法が異なる．アスファルト舗装の場合には，航空機

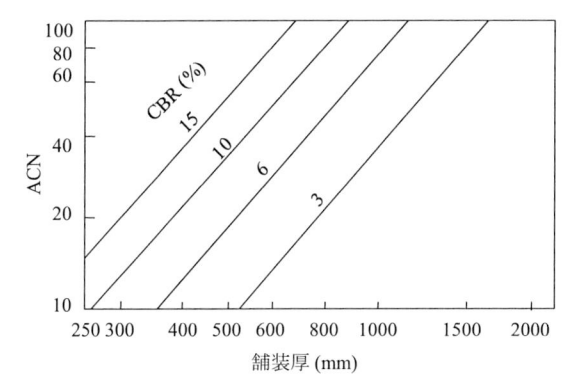

図 2.4 アスファルト舗装の ACN 算定図

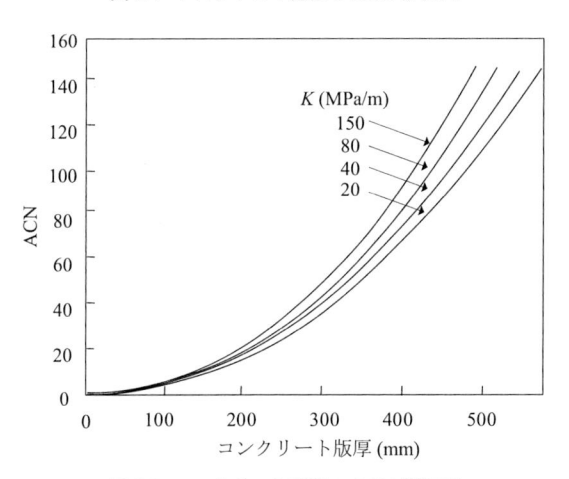

図 2.5 コンクリート舗装の ACN 算定図

の質量ならびに交通量（10 000 カバレージ），路床強度に対して CBR 法により求められた舗装厚から**図 2.4** を使用して求められる．コンクリート舗装の場合には，Westergaard（ウェスターガード）により示されたコンクリート版中央部に航空機荷重が載った場合の応力，いわゆる中央部載荷応力に基づく方法に従って**図 2.5** から求められる．

　PCN の求め方には，航空機運行上の経験に基づく方法と舗装構造の評価に基づく方法の 2 通りがある．前者の航空機の運行実績に基づく方法は，現在乗り入れている航空機の実態調査から各航空機の ACN を算出し，そのうちの最大値を PCN とするものである．これは現状追認型であり，将来交通量の増加が予測さ

れる場合にはPCNを低減する必要がある．後者の舗装評価に基づく方法には，舗装構造設計法の逆計算によるものと，荷重が加わった場合の舗装の応答を測定するものとがある．前者では舗装各層ならびに路床の厚さ，材料特性，交通量等を把握してから設計法を逆にたどることによって，また後者では非破壊試験によるたわみから破壊回数を推定することによって舗装の許容荷重を求めてPCNとしている．

このように，ICAOは検討する時点における舗装強度を必要性能として規定しているだけであり，舗装をどのように設計，施工して，補修しながら運用していくかについては言及していない．舗装は，後述するように，交通荷重の繰返しにより徐々に荷重支持性能が低下してくるので，航空機に対して十分な構造安定性を設計期間中常時保つように舗装を管理するためには，供用開始後の舗装の構造状態を適切に予測することが必要不可欠となる．

空港舗装の荷重支持性能に関しては，AIPとして次のような情報を表示しなければならない．

① PCN
② 舗装の種類
R（剛性舗装），F（たわみ性舗装）のいずれかのコードを選択する．
③ 路床の強度
高強度から超低強度までに分類された4つの路床強度に関するコードから選択する（**表 2.19**）．

表 2.19 路床強度のコード

コード	路床強度	支持力係数 (MPa/m)	CBR (%)
A	高強度	120 以上	13 以上
B	中強度	60〜120	8〜13
C	低強度	25〜60	4〜8
D	超低強度	25 未満	4 未満

④ 許容タイヤ圧
高圧から超低圧までに分類された4つの許容タイヤ圧に関するコードから選択する（**表 2.20**）．
⑤ 評価方法
PCNの評価方法として，T（技術的に評価），U（運行実績に基づく）のいずれかのコードを選択する．

表 2.20 許容タイヤ圧のコード

コード	許容タイヤ圧	数値 (MPa)
A	高圧	制限なし
B	中圧	1.5 以下
C	低圧	1.0 以下
D	超低圧	0.5 以下

　具体的なものとして低強度の路床上に構築されたたわみ性舗装で，その荷重支持性能が技術的に PCN140 と評価され，就航可能な航空機のタイヤ圧を 1.5 MPa までに制限する場合を例にとると，AIP としては PCN140/F/C/B/T と表示されることになる．

2.3.2 路床・地盤の荷重支持性能

　地盤に対する要求性能である荷重支持性能としては，舗装の場合と同様に航空機荷重そのものに対するものはもちろんであるが，舗装そのものが荷重として長期間継続して加わる場合に対するものもある．

　地盤に作用する荷重圧力は，いうまでもなく，その上部ほど大きいことから，この部分については特に路床と称され，厳しい性能規定がなされている．わが国の空港舗装の場合は，路床の厚さは深さ方向への荷重の伝播を考えると 1～2m で十分であるとし，アスファルト舗装で荷重が大きい場合にのみ 2m または 1.5m で，それ以外は 1m と規定されている．これは，第 1 章で述べたようにアスファルト，コンクリート両舗装の荷重支持機構が異なることがその理由となっている．路床の材質については，土質分類法に基づいて規定したり，強度や CBR といった土質材料の力学特性のほかに，粒度や塑性指数といった土質材料の物理特性により規定する方法がある．

　路床より下方の地盤に作用する荷重圧力は舗装と路床により分散されて小さくなるため，地盤の性能である強度特性については，それが軟弱な場合を除いて特に検討する必要はない．わが国の場合には**表 2.21** に示すような特性を有している軟弱地盤が性能の検討の対象となる [13),14)]．

表 2.21 軟弱地盤の例

土質	一軸圧縮強度 (MPa)	N 値
粘性土	0.05	4 以下
砂質土	ほとんど 0	9 以下

これに加えて，わが国では空港が山岳地や海上に建設されることも多く，前者では数十 m から 100 m にも及ぶような盛土を，後者では数十 m もの埋立を行わざるを得ないこともある．したがって，圧縮・圧密といった地盤の自重による変形に対する抵抗性も要求性能のひとつと考えられる．これは，空港を早期に供用するために地盤の圧密沈下が完了してから舗装を建設するという方法をとることが通常は許されないことから，舗装完成後も地盤沈下が継続する危険性の大きいことがその理由である．

供用開始後の地盤沈下，特に不同沈下は舗装に大きな問題を引き起こす．例えば，埋立地盤上の空港舗装では，縦断方向で 100 mm 程度の不同沈下により横断方向ひび割れが発生した事例がある[15]．また，不同沈下は舗装の表面勾配のみならず，構造にも影響を及ぼし，供用開始後の補修が避けられない状況となることもある[16]．空港のみならず道路等も含めて，舗装は通常，不同沈下が懸念される地盤上に建設されることはなく，構造設計法もそのような地盤を対象にしてはいない．しかし，上記のように供用開始後の沈下が避けられないという特殊な状況下での地盤ならびにその上の舗装に対しては，耐不同沈下性ともいうべき性能が要求される．

このほか，地盤には舗装の施工基面としての役割も求められるので，トラフィカビリティが性能として要求される．これは通常，地盤の上に材料をまき出して転圧することにより路床や路盤を構築するので，各種施工機械が効率よく使用できるようにするためである．特に路床の場合，路盤に使用する材料によっては，この性能を確保するためにその表面に良質材料からなる層を設けなければならない場合もある．

2.4　空港舗装のマネジメントシステム

空港のみならず，道路，港湾，上下水道といった社会基盤施設は建設後供用されていくにつれ，時間的な差はあれ性能が低下することは避けられない．そして，最終的に使用不可能となれば，その更新には膨大な費用が必要となる．このような事態は社会的に許容されがたいので，維持管理を適切に行って施設の長寿命化を図ることが肝要である．

舗装は，他の社会基盤施設に比べると，性能低下の進行度合いが早く，その建設から補修までの期間，あるいは補修から再補修までの期間が短く，しかも，補

修部位も舗装の上方部分のみですむ場合がほとんどであるという特徴がある．そのため，供用期間を通じて要求性能を満足できる舗装を最小の経費で提供するための方策についての研究開発が進められている．この方策は舗装マネジメントシステム（Pavement Management System, PMS）と称されており，舗装の初期建設費だけではなく，建設時から供用終了時までの間の補修計画をも考慮に入れて，最も経済的となる舗装の建設，補修方法を決定することを最終的な出力とするものである．

航空機が使用する空港舗装には，前述のように，非常に高い水準の性能を維持することが要求されている．そのため，舗装の設計，建設のみならず，評価と補修工法の選定が非常に重要なものとなっている．わが国の場合は，空港の新設に重点をおいてきたことや，航空機の大型化が継続していたこともあって，設計期間を10年あるいは20年として舗装を設計・建設するとの体系が整備されてきた．また，既存施設の性能を確保するために，補修についても基準の整備が進められているが，設計－建設－評価－補修と一体化されたものとはなっていないのが現状である．

PMSは，その一般的な概念を図2.6に示すように，5個のサブシステム，すなわち計画，設計，建設，評価，補修についてのサブシステムにより構成されていると考えられている[17]．このうち，計画サブシステムではプロジェクトの優先度が決定され，設計サブシステムでは最良の設計案が決定される．建設，補修サブシステムでは，工事についての詳しい規定が示されており，評価サブシステムでは，現時点での舗装の評価がなされるだけではなく，将来における舗装の状態についても判断される．

これらのサブシステムは相互に結びつく必要があるが，なかでも，評価サブシステムは補修サブシステムと密接なつながりをもつことが必須の要件である．それは，補修方策が評価サブシステムで得られた情報に基づいて決定されるからで

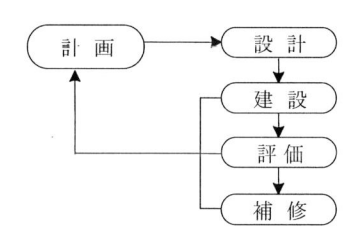

図2.6 PMSの概念

あり，評価方法が確立されて初めて合理的な補修が可能となる．

　以下に，PMSの主要な部分をなす，計画，設計，建設，評価，補修サブシステムについて考察を加え，空港舗装のマネジメントシステムについて概説する．補修は維持と修繕に分けられ，維持は乗り心地やすべり抵抗性を改善したり，舗装が将来劣化しないようにするための行為であるのに対し，修繕は舗装の構造的な改善を目的とした行為とみなしている．

2.4.1　計画サブシステム

　PMSは一般的にネットワークレベルとプロジェクトレベルに分けて考えられる．空港を対象にした場合，ネットワークレベルでのシステムはわが国全体または東日本，西日本といった範囲の空港の管理者がその対象区域内に存在する空港群を対象としたものになるのに対して，プロジェクトレベルでのシステムは個々の空港を対象にしたものということになる．ネットワークレベルでは航空あるいは空港ネットワークを維持していくうえでの新設ならびに補修行為のスケジュールづくりといったことが行われ，プロジェクトレベルではそれをどのように具体化するかといったことが決定される．

　計画サブシステムはこのネットワークレベルを対象としたものであり，各空港における航空需要，各空港の舗装の状態といったことを踏まえて，プロジェクトの優先順位や舗装の建設・補修計画を策定する．具体的には，ネットワークを構築・維持していくために必要な情報を収集し，経済性をも考慮したうえで，最適な予算配分計画を立案する．

2.4.2　設計サブシステム

　設計サブシステムは，プロジェクトレベルのものであり，各プロジェクトを具体化するサブシステムである．ここでは，上記の計画サブシステムにより決定されたプロジェクト計画を精査して，最適な舗装の設計あるいは補修方法を策定する．その場合，計画サブシステムと同様に，経済性評価を行うことはもちろんである．プロジェクトの経済性を評価する場合には，それに関わる費用と便益を算出して総合的に行う必要がある．舗装の分野では，プロジェクトの費用とその効果を定量化して現在価値での費用に対する効果の比率を算出し，これに基づいて経済性評価を行うという費用対効果策定手法が一般的に用いられている．

　空港の舗装施設は，前述のように滑走路，誘導路，エプロンの3種類に分けられる．わが国の場合は，航空機の質量，走行速度等を考慮して，滑走路と誘導路

ではアスファルト舗装が，エプロンではコンクリート舗装が一般に用いられている．その構造設計法としては，アスファルト舗装では米国陸軍工兵隊 (US Army Corps of Engineers, CE) 法が，コンクリート舗装では米国ポルトランドセメント協会 (Portland Cement Association, PCA) 法が採用されている．前者は CBR 法であり，後者は Westergaard のコンクリート版中央部載荷応力に基づく方法である．近年では，後述するように，これらに加えて，新しい構造や材料が導入された舗装を合理的に設計できる方法が開発されている．

2.4.3 建設サブシステム

建設サブシステムには，舗装の各種建設方法や施工管理規定等の整備が含まれる．これらの情報が設計サブシステムにおける舗装構造の設計案に反映されることはいうまでもない．また，このサブシステムは，施工費用の算定方法の見直し等を行ううえで重要なものと位置づけられる．

2.4.4 評価サブシステム

舗装は，その性能が使用開始後に低下することは避けられないため，必要に応じて性能を評価しなければならない．この評価とそれに引き続く補修のプロセスは**図 2.7**のように表すことができる．

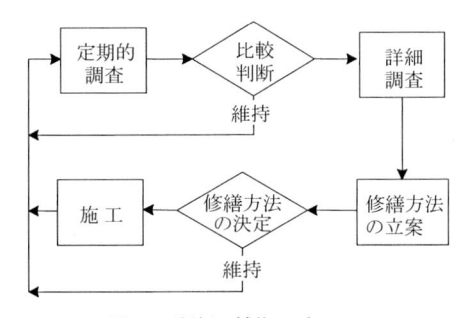

図 2.7 評価〜補修のプロセス

これは，定期的調査から比較までの前半部分と，詳細調査から補修方法決定・施工までの後半部分に分けることができる．舗装評価の点からみると，前者の目的は舗装が予期されたとおりの性状を示しているかを検査することであり，後者の目的は舗装の補修計画を立案するための情報を入手することである．すなわち，前者においては舗装の性能が維持できているかどうか，将来の構造劣化の可

能性があるかどうかが判断され，後者では主として具体的な補修方法の決定に資するための評価がなされる．したがって，前者は定期的調査による評価，後者はそれだけでは不十分なときに随時実施される評価に相当するといえる．

評価の対象は，いうまでもなく，**2.3** までに示した舗装に対する要求性能である．わが国の場合，空港舗装の評価は，

① 舗装のすべり抵抗性の評価
② 舗装の破損状態の評価
③ 舗装構造の評価

の 3 種類に分けて実施されている．①のすべり抵抗性は，**2.2** で記したように空港舗装に対する要求性能のひとつである走行安全性能の 1 項目である．②の破損状態は，ひび割れ，段差といった破損の程度と範囲に注目して評価が行われ，走行安全性能と荷重支持性能の両方に関係する項目である．③の舗装構造は，いうまでもなく，荷重支持性能であり，その評価は舗装全体に加え，破損のある部分を特定するとの観点からもなされている．①～③の評価内容を**図 2.7** に示した補修の全体システムからみると，①のすべり抵抗性の評価と②の舗装の破損状態の評価は前半に属し，③の舗装構造の評価は後半に属するものである．

2.4.5 補修サブシステム

舗装の補修サブシステムでは，**2.4.4** で示した評価サブシステムで得られた情報に基づいて補修方法が決定される．**図 2.8** には補修方法の概要を示してある[18]．設計期間中に舗装に構造上の問題が生じないと判断されるときは日常的な維持だけが必要となるが，これに対して，構造の強化が必要と判断されるときは経済性を考慮したうえで修繕方法を決定し，それを実行しなければならない．修繕方法として代表的なものはオーバーレイであるが，既設舗装の損傷程度が著しいときは打換えも選択される．

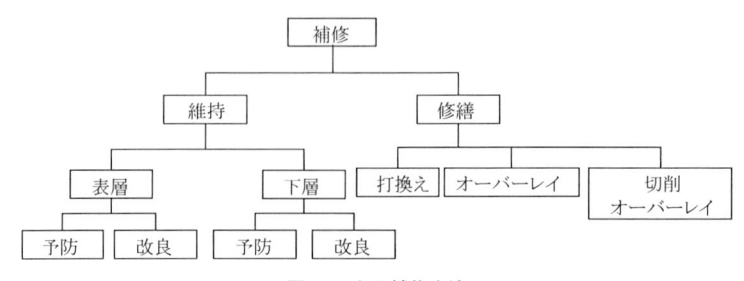

図 2.8 主な補修方法

参 考 文 献

1) 国土交通省航空局 監修：空港土木施設の設置基準・同解説，(財)港湾空港建設技術サービスセンター，2008.
2) (社)土木学会舗装工学委員会 編：舗装標準示方書，335 p.，2007.
3) 国土交通省航空局 監修：空港舗装設計要領及び設計例，(財)港湾空港建設技術サービスセンター，2008.
4) International Civil Aviation Organization (ICAO) : Aerodromes, Volume I - Aerodrome Design and Operations, Annex 14 to the Convention on International Civil Aviation, 2004.
5) (社)日本道路協会 編：舗装の構造に関する技術基準・同解説，91 p.，2001.
6) Horonjeff, R. : Planning and Design of Airports, McGraw-Hill Inc., 460 p., 1975.
7) Highway Research Board : The AASHO Road Test, Report 5, Pavement Research, Special Report 61E, 352 p., 1962.
8) Sayers, M. W., Gillespie, T. D. and Paterson, W. D. O. : Guidelines for Conducting and Calibrating Road Roughness Measurements, World Bank Technical Paper, No.46, The World Bank, 87 p., 1986.
9) 国土交通省航空局 監修：空港土木工事共通仕様書，(財)港湾空港建設技術サービスセンター，2009.
10) 笠原 篤，阿部洋一，片岡孝三，荻島 徹：大型航空機の誘導路における走行特性，土木学会論文集，No.420/V-13，pp.239-244, 1990.
11) (財)航空保安協会：グルービング滑走路の安全性に関する第二次調査研究報告書，101 p., 1986.
12) ICAO : Strength of Pavements, Aerodrome Manual, Part 4, 1960.
13) 運輸省航空局 監修：空港アスファルト舗装構造設計要領，(財)航空振興財団，86 p.，1982.
14) 運輸省航空局 監修：空港コンクリート舗装構造設計要領，(財)航空振興財団，105 p., 1977.
15) 林 洋介，佐藤勝久：地盤の不同沈下による空港舗装の破損，第19回土質工学研究発表会講演集，pp.1489-1490, 1984.
16) 早田修一，八谷好高：地盤の不同沈下を考慮した空港コンクリート舗装の構造設計，土木学会論文集，No.451/V-17，pp.313-322, 1992.
17) Haas, R. and Hudson, W. R. : Pavement Management Systems, McGraw-Hill Inc., 457 p., 1978.
18) Monismith, C. L. and Finn, F. N. : Conference Summary, 4 th International Conference on the Structural Design of Asphalt Pavements, Vol.2, pp.267-280, 1977.

第3章　空港舗装構造設計における自然・外力条件

　空港舗装の構造設計においては，まず第一に舗装の基盤である地盤条件と外力である荷重条件を適切に定める必要がある．

　このうち，地盤はその上に建設される舗装の性能に設計期間以上の期間にわたって悪影響を及ぼさないことが必要とされる．地盤のうちでも航空機荷重による作用を大きく受ける範囲である地盤の上部は路床と称され，舗装構造の検討時に重視されている．

　外力として地震等の偶発的なものは舗装の設計においては特に考える必要はなく，変動的な外力と永久的な外力のみを考えればよい．舗装の種類に応じてこれらを適切に組み合わせて検討の対象とする必要があり，アスファルト舗装では変動的な外力を，コンクリート舗装では変動的な外力と永久的な外力の両方を用いる．具体的には，変動的な外力としては航空機・車両の交通荷重が，永続的な外力としては環境作用がある．なお，環境作用は外力として直接考慮するほかに，例えば地盤条件への影響といったもののように間接的に考慮する場合もある．

　本章では，まず地盤条件について，次に外力たる航空機荷重と環境作用について記し，そして舗装の構造設計時に重視される路床について詳述する．

3.1　地　　盤

　空港では極めて広大で平坦な用地が必要となる．この点が道路や鉄道の線的構造物に対して特徴的なものである．近年は，都市近郊に平坦な土地を確保することが難しく，また騒音問題を避けるためもあって，都心からやや離れた山岳地や海上に空港が建設されることも多い．このことから，山岳地では数十 m から 100 m にも及ぶような高盛土も必要となり，海上では数十 m の埋立も必要となっている．このようにして確保された地盤上の舗装は，供用開始後の補修工事も可能なため，10，20年といった比較的短い期間を対象として検討できようが，地盤についてはより長期間を対象とした検討が不可欠である．

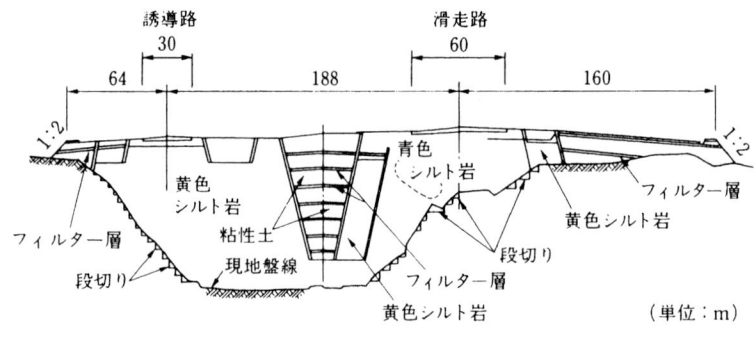

図 3.1 盛土上の空港における用地ゾーニングの例

　山岳地での空港用地造成では，盛土材料の優劣が地盤としての品質を左右するため，盛土材料としては良質な材料が望まれる．しかし，環境問題や経済性を考えると，現地の切土と盛土の土量を現場でバランスさせ，発生土をそのまま盛土材料として流用することが必要なため，あまり良質とはいえない土砂を使用せざるを得ないこともある．**図 3.1** はある地方空港の高盛土のゾーニングの例[1]であるが，滑走路・誘導路といった基本施設の地盤には比較的良質な材料が，着陸帯等には低品質の材料が用いられている．

　東京国際（羽田）空港，関西国際空港で代表される海上埋立地の造成においては，浚渫土砂により埋め立てる場合と陸上土砂により埋め立てる場合がある．両者とも土砂投入による荷重増加がもたらす海底地盤の圧密沈下が大きな問題となるが，浚渫土砂を埋立材料とする場合には埋立土層そのものの沈下も問題となる．**図 3.2** には大型空港の沖合拡張区域の地盤状況[2]を示したが，浚渫土砂層の厚さはかなり不均一となっていることがわかる．

　山岳空港，海上空港とも，このような地盤の不均一さに起因した不同沈下が生ずることとなり，沈下抑制対策として種々の方法が開発されている．しかし，経済性や工期の制約から沈下を完全に抑えることは現実的には難しい．このような不同沈下が空港の供用後にも継続した場合，これは舗装に大きな問題を引き起こす．例えば，盛土地盤上の空港舗装に地盤沈下により破損が生じた事例を解析した結果[3]を示した**図 3.3** では，縦断方向で 100 mm 程度の不同沈下により横断方向ひび割れが発生したことが明らかにされている．

　また，地盤の不同沈下は舗装の構造破壊のみならず，表面勾配にも影響を及ぼすことになる．この場合，空港では舗装表面勾配に厳しい規定が設けられている

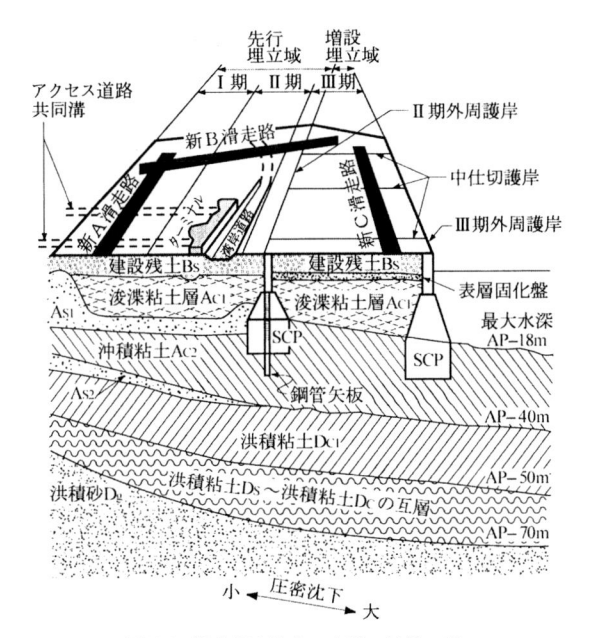

図 3.2 海上埋立地上の空港の地盤の例

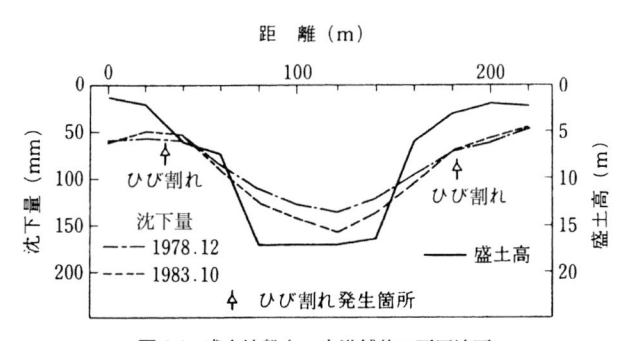

図 3.3 盛土地盤上の空港舗装の不同沈下

ので，供用後の補修が避けられない状況にもなりかねない．このようなことから，空港舗装では供用後の地盤沈下によりもたらされる影響を十分に考慮することが必要となる．

3.2 航空機荷重

 舗装に対する変動的な荷重として主たるものは，いうまでもなく交通荷重である．舗装はこのような交通荷重に対する荷重支持性能を常時満足できるように整備されなければならないが，管理者は交通荷重を適切に予測し，設計荷重として定量化することが必要である．この場合，交通荷重は大きさと作用回数によって表されることとなるが，空港舗装の場合にはその大きさが大型航空機から一般車両まで広い範囲に及ぶ反面，その作用回数は少ないという特徴がある．

3.2.1 航空機荷重の大きさ

 空港舗装の設計対象である航空機は，**表 1.4** と**図 1.8** で示したように，大型ジェット機から小型プロペラ機まで広範囲に及んでいる．

 航空機の設計荷重としては主脚が対象となる．1機当たりの主脚数は2～4脚であり，1脚当たり2～6個の車輪で構成されている．舗装の構造設計においては，主脚同士が十分離れているものとして，主脚1脚を荷重と考えるのが一般的である．この場合の設計荷重としては，通常対象となる空港に乗り入れる航空機のうち舗装に及ぼす影響が最大となるものを選択すればよい．具体的には，設計の便宜を図るために**表 3.1** に示すように区分されている航空機荷重を選択する．なお，この区分は，アスファルト舗装ではたわみが，コンクリート舗装ではコンクリート版応力がほぼ同じになるようにして決定されたものである．すなわち，アスファルト舗装では基準舗装厚（路盤がすべて粒状材料からなるとした場合の舗装厚）が，コンクリート舗装ではコンクリート版厚がほぼ同じになるようにして区分されたものである．表中の LSA-1 と LSA-2 は，コミューター航空用小型機に対応するためにアスファルト舗装にのみ使用される．

 表 3.1 に示した空港舗装の構造設計における主たる外力となる航空機荷重に関わる諸元は，**表 3.2** のようにまとめられる．これら航空機の脚配置は，**図 3.4** に示すように，2脚3輪車型，DC10型，B747型の3種類に分類される．

 航空機荷重としては，上記のように，1つの主脚のみを用いているが，例えば4つの主脚を有するB747のような航空機は他に比べて主脚と主脚の間隔が小さく，最も近接した場合で3.8 m となっているため，注目している主脚とは別のもの（他脚）の影響についても検討することが必要となる場合もあろう．**図 3.5** は，DC8型航空機の主脚を使用して745 kN の荷重をアスファルト舗装に加えたとき

3.2 航空機荷重 / 47

表 3.1 設計荷重の区分と航空機種

設計荷重の区分	機種	代表機種
LA-1	B747, B777, MD11, A380, A330, A340	B747-400
LA-12	A300, B767, B757	A300-B4
LA-2	A320, MD81, MD90	A320-200
LA-3	DC9-41, B737	DC9-41
LA-4	DHC8	DHC8-400
LSA-1	DO228-200	DO228-200
LSA-2	N24A, BN2A	N24A
LT-1	LA-1 用のトーイングトラクター	50 t トーイングトラクター
LT-12	LA-12 用のトーイングトラクター	35 t トーイングトラクター
LT-2	LA-2, 3, 4 用のトーイングトラクター	15 t トーイングトラクター

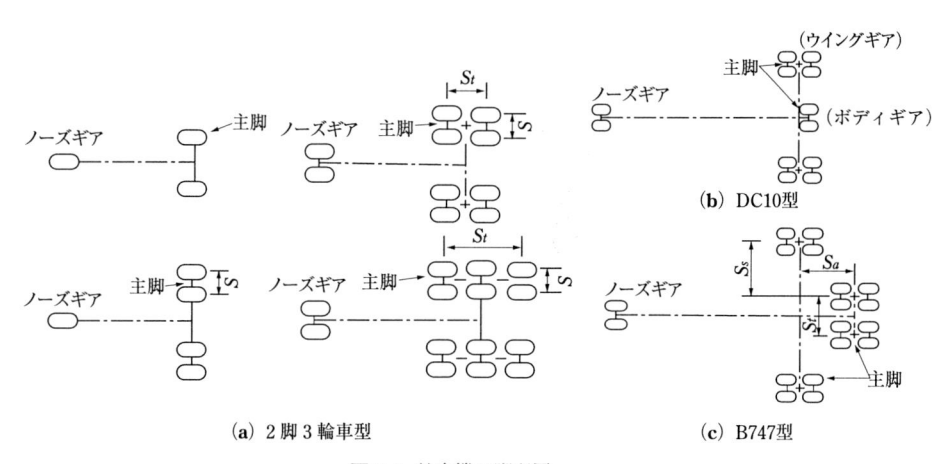

(a) 2 脚 3 輪車型　　(b) DC10 型　　(c) B747 型

図 3.4 航空機の脚配置

の路床たわみを主脚中心からの距離に対して表したものである．この場合の舗装は区画 1〜3 の 3 区画からなり，舗装厚はそれぞれ 160，150，130 cm であるが，区画 2 と区画 3 では安定処理材路盤が用いられている．主脚中心から 3.8 m 離れた点（B747 における最も近接した主脚の間隔）のたわみを主脚中心におけるたわみの比でみると，区画 1 と 2 では 5%，3 区画では 10% となっていることから，舗装がこの程度の厚さの場合には他脚の影響を考慮すべきであり，設計脚荷重を 5〜10% 程度増加すればよいと指摘されている[4]．

このほか，わが国の空港舗装構造設計法では，航空機主脚に取り付けられている複数個の車輪ではなく 1 個の車輪を設計荷重としている部分もある．この場合は，等価単車輪荷重 (Equivalent Single Wheel Load, ESWL) と称する複数の車

表 3.2 航空機荷重の諸元

(a) LA-1 ならびに LA-12

航空機		LA-1					LA-12	
		A380-800	B747-400	B747-400D	B777-300ER	A340-600	B767-300	A300-600
総質量 (t)	満載時	562.0	396.0	278.2	352.4	381.2	143.0	165.9
	着陸時	386.0	285.8	260.3	251.3	265.0	136.1	138.0
	燃料非積載時	361.0	242.7	242.6	237.7	251.0	126.1	130.0
脚荷重 (kN)	満載時	W：1049 B：1573	910	658	1597	W：1187 C：1076	666	757
	着陸時	W：720 B：1080	657	616	1139	W：825 C：748	630	630
	燃料非積載時	W：673 B：1010	558	574	1077	W：782 C：708	586	593
車輪の配置形式		W：複々車輪 B：1脚6輪	複々車輪	複々車輪	1脚6輪	W：複々車輪 C：複々車輪	複々車輪	複々車輪
横断方向の主車輪数		8	8	8	4	4	4	4
複車輪の横中心間隔 S (cm)		W：135 B：153, 155	111.8	111.8	140.0	W：139.7 C：117.6	114.3	92.7
縦車輪の横中心間隔 S_T (cm)		W：170 B：340	147.3	147.3	293.0	W：198.1 C：198.1	142.2	139.7
タイヤ内圧 (MPa)		W：1.50 B：1.50	1.38	1.04	1.52	W：1.61 C：1.61	1.10	1.25
タイヤ接地圧 (MPa)		W：1.50 B：1.50	1.38	1.14	1.52	W：1.61 C：1.61	1.21	1.25
タイヤ接地面積 A (cm^2)	満載時	W：1748 B：1748	1649	1443	1751	W：1843 C：1114	1376	1514
	着陸時	W：1200 B：1200	1190	1351	1249	W：1281 C：774	1302	1259
	燃料非積載時	W：1122 B：1122	1010	1258	1181	W：1214 C：733	1211	1186
満載時の車輪接地幅 (cm)		W：34.7 B：34.7	33.7	31.5	34.7	W：35.6 C：27.7	30.8	32.3
満載時の車輪接地半径 (cm)		W：23.6 B：23.6	22.9	21.4	23.6	W：24.2 C：18.7	20.9	22.0
脚配置形式		B747型	B747型	B747型	2脚3輪車型	DC10型	2脚3輪車型	2脚3輪車型
脚中心間隔 (cm)		S1=526 S2=360 S3=328	S1=384 S2=358 S3=307	S1=384 S2=358 S3=307	1097	1068	930	960

注) B747型, DC10型脚配置形式における W, B, C はそれぞれウイングギア, ボディギア, センターギアを意味する。

表 3.2 航空機荷重の諸元（つづき）
(b) LA-2, LA-3, LA-4, LSA-1, LSA-2

航空機		LA-2	LA-3	LA-4		LSA-1	LSA-2
		A320-200	B737-800	DHC8-400	DHC8-300	DO228-200	BN2A
総質量 (t)	満載時	67.0	79.2	28.7	19.5	5.7	3.0
	着陸時	64.5	66.4	27.4	19.1	5.5	2.9
	燃料 非積載時	60.5	62.7	25.1	17.9	5.3	2.8
脚荷重 (kN)	満載時	309	363	129	90	25.2	13
	着陸時	300	304	126	88	24.3	13
	燃料 非積載時	280	287	114	82	23	12
車輪の配置形式		複車輪	複車輪	複車輪	複車輪	単車輪	複車輪
横断方向の主車輪数		4	4	4	4	2	4
複車輪の横中心間隔 S (cm)		78.0	86.0	49.6	43.7	–	32.0
縦車輪の横中心間隔 S_T (cm)		–	–	–	–	–	–
タイヤ内圧 (MPa)		1.20	1.41	0.93	0.67	0.44	0.23
タイヤ接地圧 (MPa)		1.31	1.41	0.97	0.70	0.48	0.25
タイヤ 接地面積 A (cm^2)	満載時	1 179	1 287	664	645	525	241
	着陸時	1 145	1 079	650	630	506	230
	燃料 非積載時	1 069	1 019	588	591	488	246
満載時の車輪接地幅 (cm)		28.5	29.8	21.4	21.1	19.0	12.9
満載時の車輪接地 半径 (cm)		19.4	20.2	14.5	14.3	12.9	8.8
脚配置形式		2脚3輪車型	2脚3輪車型	2脚3輪車型	2脚3輪車型	2脚3輪車型	2脚3輪車型
脚中心間隔 (cm)		759	572	880	788	330	361

輪からなる主脚荷重が舗装に対して及ぼす影響と，等価な影響となる単一荷重を用いている．ここでいう影響の程度については，アスファルト舗装ではたわみ，コンクリート舗装ではコンクリート版の曲げ応力により判断される．例えば，**図 3.6** には B747 の場合（アスファルト舗装）を示したが，ESWL は舗装が薄い場合には車輪 1 個程度の荷重に相当するのに対して，舗装が厚くなれば主脚荷重とほとんど同じ大きさになることを示している．この ESWL は，アスファルト

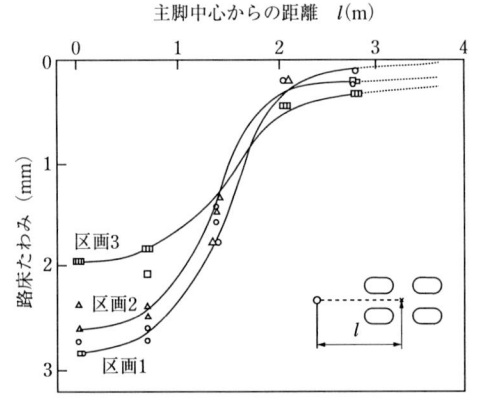

図 3.5 路床たわみの分布

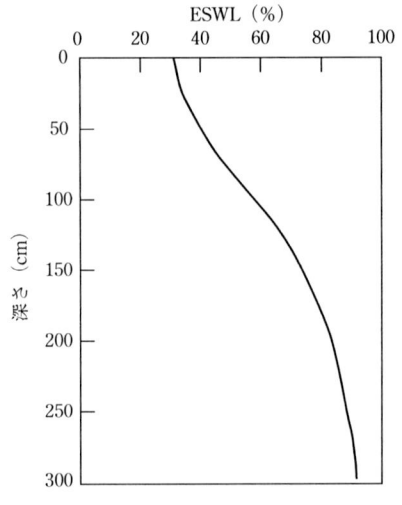

図 3.6 B747 の ESWL（アスファルト舗装）

舗装にあっては基準舗装厚の算定に，コンクリート舗装にあってはダウエルバー（スリップバー），タイバーの設計に使用される．

　航空機種が同一であっても，旅客・貨物，燃料の積載量といった航空機質量そのもののほかに，走行速度，駐機時間といった点に違いがあるため，航空機荷重の大きさそのものが舗装に及ぼす影響は空港内の位置によって異なったものとなる．また，誘導路やエプロン上の駐機位置（スポット）は通常複数であること，

表 3.3 航空機荷重の大きさと交通量

施設	舗装区域	荷重	交通量
滑走路	端部中央帯	離陸時および着陸時荷重	対象滑走路の離陸交通量と着陸交通量の合計に滑走路方向別利用比率を乗じた値
	端部縁端帯		横断方向の走行分布より計算される縁端帯の交通量
	中間部中央帯		対象滑走路の離陸交通量と着陸交通量の合計
	中間部縁端帯		横断方向の走行分布より計算される縁端帯の交通量
取付誘導路 平行誘導路		離陸時および着陸時荷重	対象誘導路を使用する離陸機の交通量と着陸機の交通量の合計
高速脱出誘導路 脱出誘導路		着陸時荷重	対象誘導路を使用する着陸機の交通量
ショルダー オーバーラン		就航機材の中での最大離陸時荷重	年間1回
ローディングエプロン		離陸時および着陸時荷重	対象エプロンを使用する離陸機の交通量と着陸機の交通量の合計
ナイトステイエプロン		燃料非積載時荷重	対象エプロンを使用する航空機の交通量

滑走路が1本であっても離着陸方向が一定ではないことから，厳密にいえば同一の基本施設であっても交通量は同じではない．この場合，通常は**表 3.3** に示すものが使用できる[5]．

従来用いられていた仕様規定型設計法では，空港内の将来の交通荷重（大きさと交通量）を見極めるのが難しいことから，実務上は簡易な方法によって交通荷重の違いを考慮することとしていた．具体的には，航空機を対象にした舗装区域を，**図 3.7**，**表 3.4** に示すように，A〜D の4つの区域に分けている．A，B，C 舗装区域は，それぞれ，出発時，着陸時，燃料非積載時の航空機が走行あるいは駐機する箇所であり，D 舗装区域は航空機が通常は通行しない箇所である．なお，滑走路中間部においても出発航空機が走行するが，そのときには両翼に揚力を受ける結果，舗装に加わる荷重は実質的に小さくなるので，この部分は B 舗装区域に含まれている．

A〜D 区域のいずれにおいても，離陸と着陸の違いはあるが，設計航空機の荷重区分は同一であるので，後述するように A，B，C，D の順に交通量は小さいものとなり，結果として舗装は順に薄いものとできる．具体的には，アスファルト舗装では B，C，D 舗装区域の舗装厚を A 舗装区域のものの 90，80，50% とできる．コンクリート舗装では B，C，D 区域のコンクリート版厚を A 区域のものの 90，80，60% とできる．

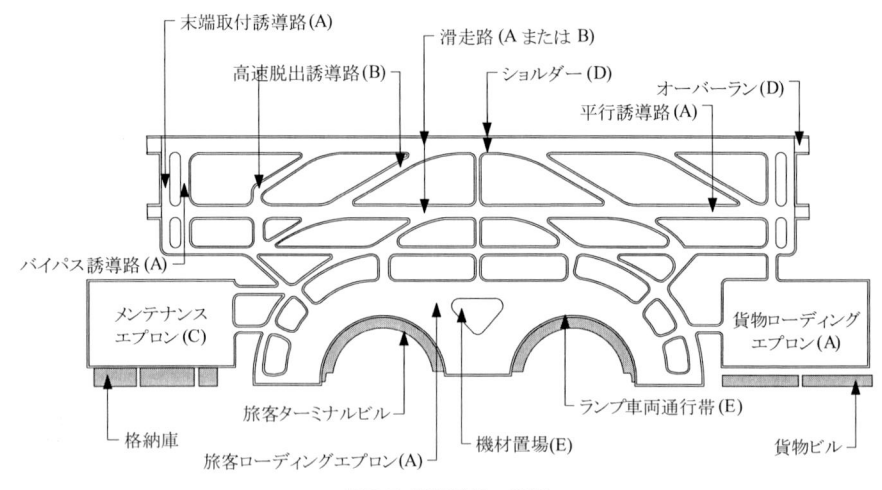

図 3.7 舗装区域の種類

表 3.4 舗装区域と分類

舗装区域	箇所	説明
A	滑走路端部（滑走路両端で，全長の 1/5 ずつ） 離陸時質量程度の航空機が走行する誘導路 ローディングエプロン	離陸時質量程度の航空機が低速走行あるいは駐機する
B	滑走路中間部 脱出誘導路 ナイトステイエプロン ナイトステイエプロンに通ずる連絡誘導路	着陸時質量程度の航空機が走行する
C	メンテナンスエプロン メンテナンスエプロンに通ずる連絡誘導路	燃料非積載航空機が整備のために通過あるいは駐機する
D	オーバーラン ショルダー	航空機は通常走行しない
E	GSE 車両通行帯 機材置場	トーイングトラクター等の各種車両が通行したり，諸機材がおかれる

　以上の考え方は，航空機がいわば静止している場合を対象としたものである．航空機の空港舗装の利用形態を考えると，荷重としては，静止荷重，着陸時の衝撃荷重，走行時の動的荷重の 3 形態が考えられるが，衝撃荷重と動的荷重についてはその定量化や舗装構造設計への取込み方に未解明な点が多いため，舗装構造設計には上記のように航空機の静止荷重が用いられているのである．

　航空機が滑走路に着陸するときの衝撃荷重については，現在の航空機はプロペ

ラ機の時代と異なって滑走路へは接線着陸を前提としているため，衝撃時の加速度は重力加速度を大幅に超えることはなく，静止時荷重に比べてさほど大きなものとはならないとみなされている．しかし，その一方で，航空機の固有振動数を 1.1 Hz，降下速度を 6 ft/s と仮定して，式 (3.1)[6] によって衝撃荷重 F を計算すると，静止荷重の 1.3 倍程度となること，実際にも重力加速度の 1.5 倍を超える衝撃荷重となる場合のあることが報告されている．後者の場合であっても，航空機の着陸時には燃料がだいぶ消費されているので，衝撃による荷重の増加分は旅客・燃料を満載した静止状態にある航空機荷重の最大でも 3 割程度となっている．

$$F = \frac{W_v}{g} p_v v_0 \tag{3.1}$$

ここに，W_v：航空機重量
　　　　g：重力加速度
　　　　p_v：固有振動数
　　　　v_0：航空機の降下速度

　動的荷重は，航空機が凸凹のある舗装上を走行するときに航空機に生ずる振動によって舗装に加えられることによるものである．そのため，これは舗装表面の凸凹と走行速度によって異なったものとなる．Gerardi は，簡単なモデルによりその定量化を図っている[7]．滑走路での高速走行時には翼に揚力が作用するため静止荷重より小さくなるので，舗装の構造設計に際しては低速走行である誘導路走行時がむしろ検討対象となるものと思われる[7]．

　なお，航空機の走行速度が空港舗装の構造設計に必要とされることもある．その場合には，施設に応じて航空機の走行速度を適切に設定する必要がある．特に，アスファルト混合物の強度ならびに変形特性は荷重の載荷速度の影響を受けることから，航空機の走行速度を滑走路では 160 km/h，誘導路では 32 km/h として，載荷速度を求めればよい[5]．また，荷重は通常垂直方向のみを考慮すればよいが，場合によっては水平方向のものも考慮する必要がある．

3.2.2 交 通 量

　交通荷重のもう 1 つの要因である航空機の交通量を定量化する際には，設計期間中に運航が予定されている航空機の種類とそれぞれの交通量を算定しなければならない．

交通量については従来の実績に基づいて定める方法と航空輸送需要を予測して交通量を算定する方法の2種類がある．具体的には，前者では他の同規模の空港の実績から推定すればよく，後者では通常対象空港についての路線ごとの航空輸送需要を予測して航空機の投入規準に従って航空機別交通量を算定すればよい．ただし，後者にあっては航空機の機種別便数の推定値があればそれを用いてもよい．

わが国では，航空機の大型化が急速に進展していること，航空需要の正確な将来予測が難しいことなどから，従来は設計期間として10年を考え，その期間に就航する航空機とその交通量を予測していたが，要求性能に応じて設計期間を設定するように変更された．具体的には，荷重支持性能とコンクリート舗装の走行安全性能の場合は10年から20年へと増加させている．

このほか，舗装横断方向の航空機の走行位置も検討要素に加える必要がある．これは，道路の場合と異なり，空港では航空機の走行位置が横断方向に広く分散するからである．これを具体化するものとしてカバレージの概念が導入されている．このカバレージは設計荷重が同一地点に繰返し作用する回数として定義され，同一交通量であっても横断方向の狭い範囲に交通が集中すれば大きくなり，広い範囲に分散すれば小さくなる．

(1) 航空機走行位置の舗装横断方向分布

空港では道路に比べて横断方向における走行位置の分散が大きく，その度合いを標準偏差で表すと，道路が0.3m程度であるのに対して，空港では0.6～6mとされている[8]．実際，航空機の横断方向における走行位置分布については，誘導路より滑走路のほうが，また小型機より大型機のほうが広くなっていることがわかっている[9]．これを舗装の構造設計に取り込むためには，まず種々の航空機の横断方向走行位置分布を把握し，それらによる舗装への影響度を明らかにする必要がある．走行位置分布の具体的な定量化方法としては，個々の航空機の影響を重ね合わせて最大となる値を用いるもの（ピーク法），横断方向にみたときの特定の範囲を均等に走行すると考えるもの（平均法）[10]の2通りがある．前者はノーズギアの横断方向位置分布のピーク位置における車輪1個の接地幅当たりの交通量をカバレージとするもので，正規分布とみなして計算している．これに対して後者の平均法とは，舗装幅員方向のある範囲を全航空機数のうち，ある割合のものが均等に走行するとみなす方法であり，滑走路，誘導路のそれぞれで37.5 ft (11.4 m)，7.5 ft (2.3 m) の範囲に全交通量の75%が均等に分布するとしている．わが国ではこのうち前者を採用している．

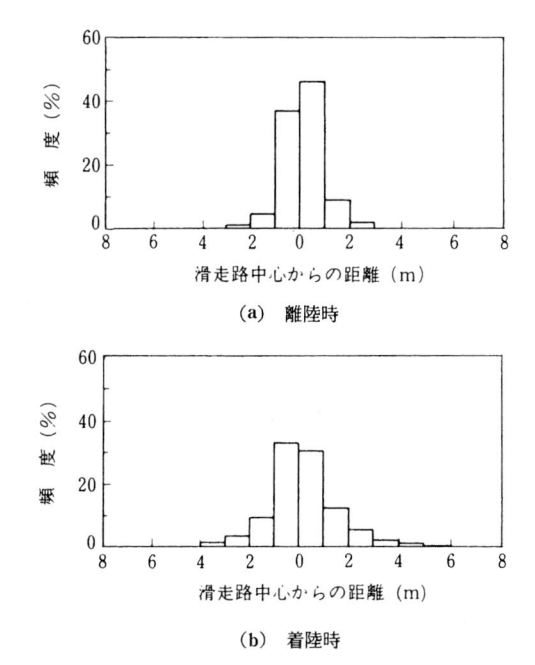

図 3.8 滑走路横断方向のノーズギア位置

表 3.5 ノーズギア位置分布の標準偏差

設計荷重 の区分	横断方向標準偏差 (m)			
	滑走路		平行誘導路	高速脱出 誘導路
	離陸時	着陸時		
LA-1	0.91	1.74	0.67	0.74
LA-12	0.74	1.10	0.57	0.63
LA-2	0.42	1.45	0.54	0.65
LA-4	–	1.31	–	0.60

　航空機の走行位置の横断方向の広がりについて調査した例がある．ある国際空港の滑走路上における全機種を対象にした離陸時，着陸時のノーズギア位置をまとめたものが**図 3.8** である．これより，離陸時のほうが滑走路中心線付近に集中していることが明らかである．この点は，走行位置分布を正規分布とみなして航空機の大きさ別に標準偏差を求めた**表 3.5** からも明らかである．この表には平行誘導路，高速脱出誘導路の場合についても示してあるが，滑走路に比べて走行速度の小さい誘導路では，走行位置が中心線付近により集中すること，特に平行誘

図中凡例:
- スポット誘導経路・航空機導入線
- 走行軌跡
- ⑳〜㉓ スポット番号

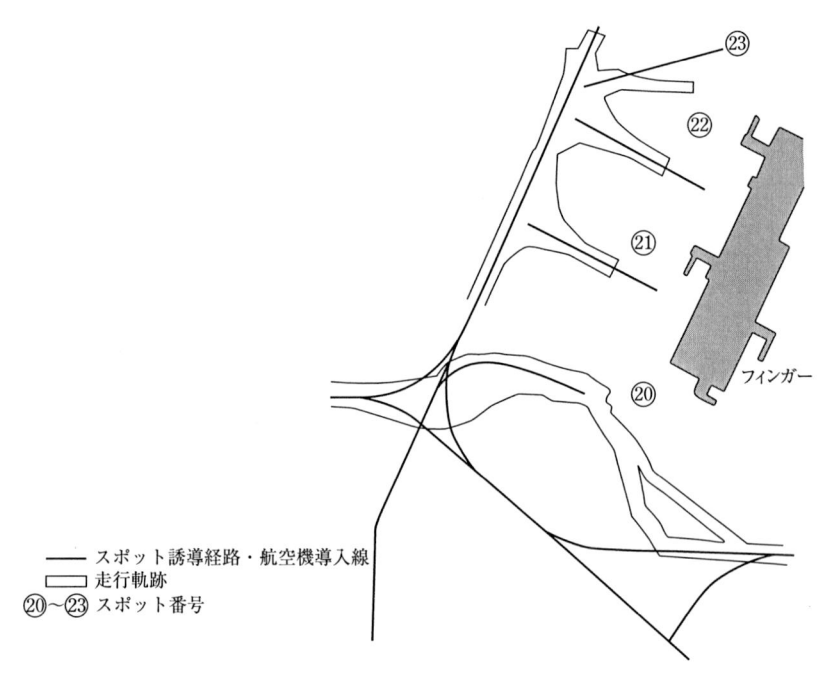

図 3.9 エプロンスポットにおける航空機の走行軌跡

導路において著しいことがわかる．なお，空港舗装設計要領では，航空機コード E，F についてはこの表にある LA-1 のものが，B〜D については LA-12 のものが採用されている．

エプロンのスポットへの進入時には航空機はスポット誘導経路ならびに航空機導入線上を走行するが，スポットからプッシュアウト方式（GSE 車両により後方へ押し出される方式）によって出る場合にはエプロン誘導路に入る部分でスポット誘導経路・航空機導入線から逸脱してしまうことが多い（**図 3.9**）．

空港舗装の構造設計においては，前述のように，主脚荷重を外力としているので，上記のノーズギア位置分布から主脚位置分布を明らかにすることが必要となる．図 3.10 は，ある国際空港と地方空港における滑走路離着陸時，平行誘導路と高速脱出誘導路走行時の主脚の横断方向走行位置分布を全機種について示したものである．機体中心に対する主脚の取付位置の関係が機種により異なっている影響でノーズギア位置の分布に比べて分散が大きいものとなっていること，国際空港では主脚を 4 脚有する航空機 (B747) が導入されているため左右の分布に 2

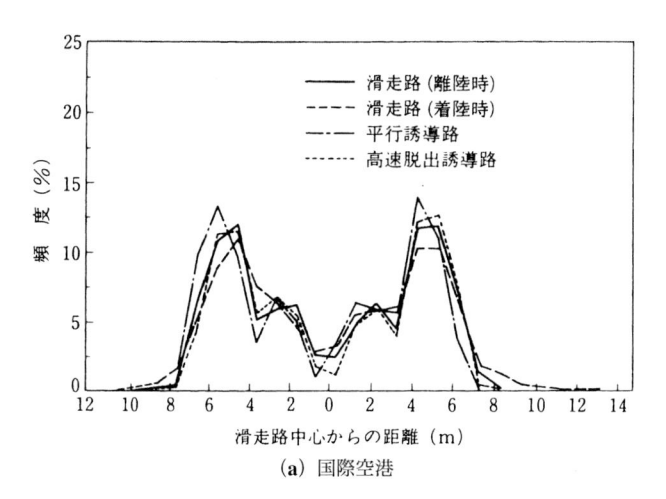

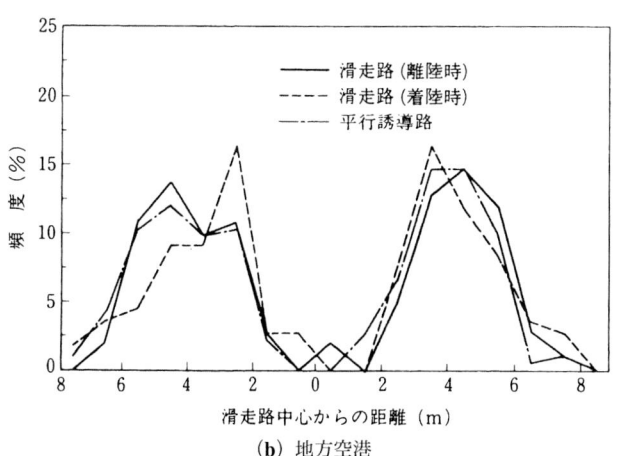

図 3.10 主脚の横断方向走行位置分布

つのピークがあることがわかる．

このような航空機の横断方向の走行位置分布を考慮したうえで設計期間中における航空機種別の交通量を設計に取り込む方法としては，個々の航空機荷重が舗装構造に及ぼす影響を検討するもの，標準的な航空機荷重（標準機種）の繰返し回数に換算して検討するものの2通りがある．わが国の性能規定型設計法では前者が，仕様規定型設計法では後者が用いられている．

(2) 性能規定型構造設計法における交通量の考え方

わが国の性能規定型構造設計法においては，上記のように，各航空機別の設計期間中の交通量と横断方向走行位置分布を考える．

航空機の横断方向走行位置分布については，パス／カバレージ率を導入してそれを定量化している．パス／カバレージ率とは，滑走路または誘導路内の任意点でのカバレージが1となるために必要な交通量（パス）を意味する．この場合，滑走路または誘導路を横断方向にみた場合の航空機の走行位置分布を正規分布と仮定することによりその標準偏差を算出し，機体中心が滑走路または誘導路の中心線と一致するとしたうえで，航空機の脚配置を考慮することによりパス／カバレージ率を算出している．

例として，単一の車輪が**図3.11**に示すような走行位置分布となっている場合の斜線部を考えると，車輪のパス1回当たりのカバレージは $C_x \times W_t$ で表される．したがって，パス／カバレージ率 (P/C) は次式で表される．

$$P/C = \frac{1}{C(x) \times W_t} \tag{3.2}$$

ここに，$C(x)$：滑走路・誘導路からの距離 x における車輪の横断方向位置分布の確率密度値 $\left(= \dfrac{1}{\sqrt{2\pi}\sigma} e^{-\frac{(x-\mu)^2}{2\sigma^2}}\right)$

μ：車輪の機体中心からの距離

σ：航空機走行位置の横断方向分布の標準偏差

W_t：車輪接地幅

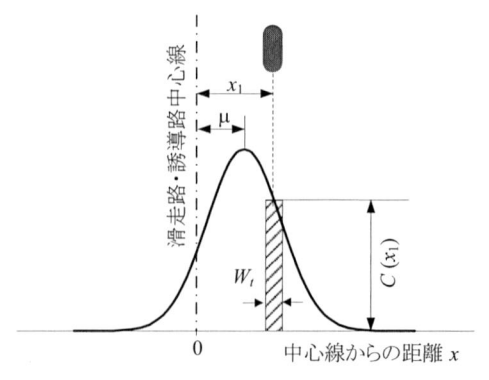

図3.11 単車輪のパス／カバレージ算定方法

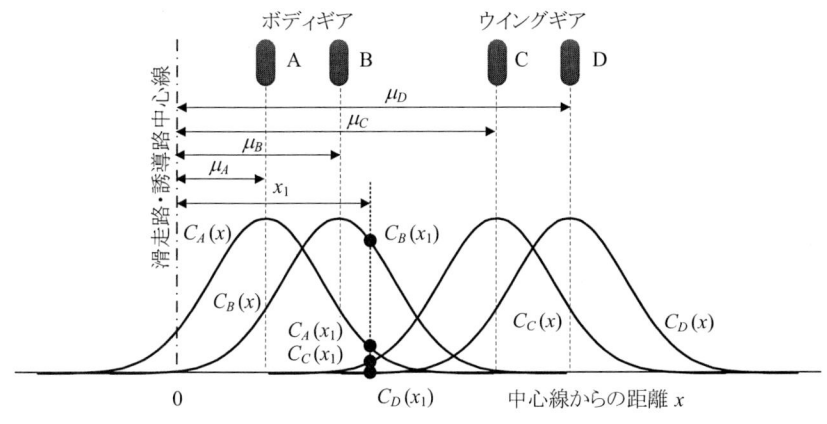

```
                          ボディギア      ウイングギア
                           A   B          C   D
```

図 3.12 複々車輪のパス／カバレージ算定方法

なお，複数車輪の場合は単車輪のものを重ね合わせることにより計算できる（**図 3.12**）．すなわち，滑走路または誘導路中心線から距離 x の地点におけるパス／カバレージ率 $P/C(x)$ は次式で求められる．

$$P/C(x) = \frac{1}{\sum_{i=1}^{m} C_i(x) \times W_t} = \frac{1}{\sum_{i=1}^{m} \frac{1}{\sqrt{2\pi}\sigma} e^{-\frac{(x-\mu_i)^2}{2\sigma^2}} \times W_t} \tag{3.3}$$

ここに，$C_i(x)$：車輪 i の x 地点における確率密度値
　　　　μ_i：車輪 i の機体中心からの距離
　　　　m：車輪数

以上の方法により設計期間中の航空機ならびにその交通量を定量化し，これに基づいて舗装の要求性能を満足できるように構造設計を実施すればよい．

(3) 仕様規定型構造設計法における交通量の考え方

わが国の仕様規定型構造設計法においても，各航空機別の設計期間中の交通量と横断方向走行位置分布を考えることは性能規定型構造設計法の場合と同様である．ただし，航空機の質量が機種により大きく異なるので，それぞれの航空機荷重が舗装に及ぼす影響を検討する方法を適用すると非常に煩雑になるとして，代表的な航空機を選定して他の航空機の交通量を代表機種の等価な交通量に換算するという方法がとられている．その定量化方法としては，① $\sqrt{P}\log N = $ 一定（P：荷重，N：破壊回数）[11]，② $N_5 = (P/49)^4 N$（P：荷重 (kN)，N：P の交通量，N_5：49 kN 換算交通量）[12] といった形式のものがあるが，わが国では①のほうを

採用している．

カバレージの算定においては，設計期間における航空機の交通量を機種別，離着陸別に集計してから，式 (3.4) により設計荷重の交通量に換算する必要がある．そして，得られた換算交通量にそれぞれの航空機の横断方向の主脚車輪数を乗じてその合計を求め，式 (3.5) によって算定する．

$$\overline{n_i} = n_i^{\sqrt{P_i/P_0}} \tag{3.4}$$

ここに，$\overline{n_i}$：代表機種に換算した交通量
　　　　n_i：考えている航空機の交通量
　　　　P_i：考えている航空機の ESWL
　　　　P_0：代表機種の ESWL

$$N = \alpha \sum_{i=1}^{m} (\overline{n_i} \times W_i) \tag{3.5}$$

ここに，α：交通量のカバレージ換算係数
　　　　m：機種数
　　　　W_i：考えている航空機の横断方向主脚車輪数

カバレージ換算係数は，前述した航空機の走行位置の横断方向の分布を定量化したものであり，**表 3.6** のようにまとめられる．

表 3.6 カバレージ換算係数

空港	α	
	滑走路	誘導路
大型ジェット機が就航	0.03	0.04
中小型ジェット機が就航	0.04	0.05
プロペラ機・小型機のみ就航	0.05	0.05

(4) 設計カバレージの設定

わが国の空港舗装の構造設計における交通荷重の定量化方法を具体的に示す．まず，設計期間を 20 年として，その間の機種別の交通量を推定し，次に，設計荷重（代表機種）を適切に選定して，種々の航空機の交通量を設計荷重による交通量へと換算する．そして，走行位置の横断方向分布を考慮に入れて，カバレージを計算する．前ページの**表 3.7** には，具体的なカバレージの計算方法をまとめている．

表 3.7 カバレージの計算例

(**a**) アスファルト舗装

機種	国際・国内別	離着陸別	n_i	P_i (kN)	P_0 (kN)	$\sqrt{P_i/P_0}$	$\overline{n}_i$	W_i	$W_i \times \overline{n}_i$
B747	国際	離陸	10 000	555	555	1	10 000	8	80 000
		着陸	10 000	401	555	1	2 512	8	20 095
	国内	離陸	80 000	421	555	1	18 646	8	149 170
		着陸	80 000	401	555	1	14 710	8	117 684
DC10	国内	離陸	23 000	390	555	1	4 520	4	18 080
		着陸	23 000	373	555	1	3 772	4	15 090
A300	国内	離陸	50 000	438	555	1	14 883	4	59 531
		着陸	50 000	389	555	1	8 571	4	34 285
A320	国内	離陸	35 000	275	555	1	1 581	4	6 325
		着陸	35 000	267	555	1	1 424	4	5 697
DC9	国内	離陸	60 000	218	555	1	991	4	3 962
		着陸	60 000	194	555	1	667	4	2 667
							$\overline{n} = \sum W_i \times \overline{n}_i$		512 586
大型ジェット機の就航する滑走路でのカバレージ（$\alpha = 0.03$） $N = \alpha\overline{n}$									15 380
大型ジェット機の就航する誘導路でのカバレージ（$\alpha = 0.04$） $N = \alpha\overline{n}$									20 500

(**b**) コンクリート舗装

機種	国際・国内別	離着陸別	n_i	P_i (kN)	P_0 (kN)	$\sqrt{P_i/P_0}$	$\overline{n}_i$	W_i	$W_i \times \overline{n}_i$
B747	国際	離陸	10 000	555	555	1	10 000	8	80 000
		着陸	10 000	401	555	1	2 228	8	17 827
	国内	離陸	80 000	421	555	1	16 101	8	128 808
		着陸	80 000	401	555	1	12 702	8	101 619
DC10	国内	離陸	23 000	390	555	1	4 430	4	17 720
		着陸	23 000	373	555	1	3 588	4	14 351
A300	国内	離陸	50 000	438	555	1	13 502	4	54 008
		着陸	50 000	389	555	1	7 527	4	30 110
A320	国内	離陸	35 000	275	555	1	4 550	4	18 198
		着陸	35 000	267	555	1	3 729	4	14 918
DC9	国内	離陸	60 000	218	555	1	2 912	4	11 647
		着陸	60 000	194	555	1	1 855	4	7 418
							$\overline{n} = \sum W_i \times \overline{n}_i$		496 624
大型ジェット機の就航する滑走路でのカバレージ（$\alpha = 0.03$） $N = \alpha\overline{n}$									14 900
大型ジェット機の就航する誘導路でのカバレージ（$\alpha = 0.04$） $N = \alpha\overline{n}$									19 860

注）ESWL は，設計カバレージを 10 000 回，路床設計 CBR ＝ 8%（アスファルト舗装），設計路盤支持力係数 ＝ 70MPa/m（コンクリート舗装）とした場合の舗装構造を対象として計算した．なお，P_0 は LA-1 の代表機種 B747-400（国際線仕様・離陸時）のものである．

以上のように求められたカバレージを，**表 3.8** に示すように，6 000 カバレージから 80 000 カバレージまでの 5 段階に区分されている設計カバレージとして定量化する．そして，この設計カバレージを**表 3.9** のように区分することにより，構造設計法へ取り込んでいる．設計カバレージの選定にあたっては，空港の規模や航空機の利用状況を考慮して各施設に同一の設計カバレージを用いてもよいが，滑走路や誘導路の設計カバレージが 40 000 回を超えるような場合でも，エプロンでは，最大でも 40 000 回を用いれば十分であることがこれまでの経験からわかっている．なお，国際空港等の大規模空港では，推定されたカバレージが 100 000 回以上になることもあるが，そのような場合には，性能規定型設計法によらざるを得ない．

表 3.8 計算から求める設計カバレージ

計算で求めたカバレージ	設計カバレージ
～　　 7 000 回未満	6 000 回
7 000 回以上～ 12 000 回未満	10 000 回
12 000 回以上～ 24 000 回未満	20 000 回
24 000 回以上～ 50 000 回未満	40 000 回
50 000 回以上～100 000 回未満	80 000 回

表 3.9 設計カバレージの区分

(a) アスファルト舗装

設計カバレージの区分	設計カバレージ
a	6 000
b	10 000
c	20 000
d	40 000
e	80 000

(b) コンクリート舗装

設計カバレージの区分	設計カバレージ
M	6 000
N	10 000, 20 000, 40 000
O	80 000

3.3 環　　境

　舗装の構造設計においては，3.2で示した交通荷重のほかに，温度，降雨（雪）量，地下水位といった環境作用という外力についても十分に考慮することが必要である[13]．

　温度条件は材料と構造の両面において重要な検討項目である．前者の材料面では，アスファルト混合物の力学特性が温度に依存して大きく変化するため，その材料や配合に配慮する必要がある．また，セメントや石灰による安定処理材料の強度発現速度も温度によって変わることに注意しなければならない．後者の構造面では，特にコンクリート舗装において温度条件が検討の対象となる．すなわち，コンクリート版の厚さ方向の温度勾配は交通荷重に匹敵する設計要因であり，平均温度変化量は目地間隔，連続鉄筋コンクリート舗装の鉄筋量，プレストレスコンクリート舗装のプレストレス量に関わる重要な設計要因である．このほか，寒冷地における舗装・路床の凍上ならびに凍結・融解現象には，いうまでもなく温度が関係する．

　降雨，地下水といった水の問題も重要な設計要因である．例えば，降雨は航空機・車両の走行安全性能に大きく影響を及ぼすばかりでなく，コンクリート舗装のポンピング現象の発生に直接関わっている．また，地下水位が高い場合も同様であるが，舗装内への雨水等の浸入により路床・地盤の強度が低下する恐れが大きいことから，速やかに排除したり，地下水を低下させる措置を講ずる必要がある．このほか，粒状材料など安定処理していない土質材料には水浸による強度低下がみられることもあるので，耐水性に優れた材料を用いるといった工夫も必要となる[14]．面積の広大な空港舗装では排水対策を確実なものとすることは現実的には容易でないので，米国の道路を対象に採用されている[15]ように，排水時間が長いときには路床強度を低減するといった水浸による強度低下を考慮できる設計方法を開発する必要性も高いといえよう．

　図 3.13 は，路盤に開粒度アスファルト混合物が排水層として用いられた海外で使用されている滑走路・誘導路における排水施設の例を示しているが，このような排水施設の設計にあたっても地下水位の位置を考慮する必要がある．排水が不備な場合は舗装破壊の原因となるので，降雨量の多い場合のみならず，地下水位の高い埋立地盤上の空港舗装においても排水工は適切に設けられなければならない．

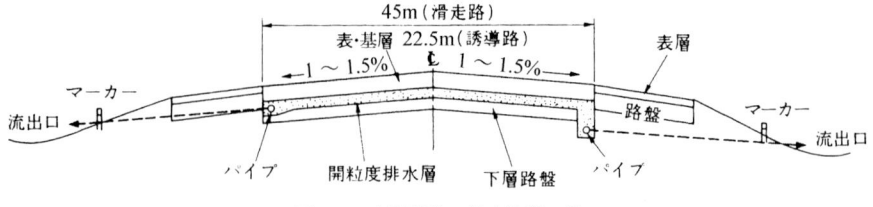

図 3.13 空港舗装の排水施設の例

このような環境要因については，米国の道路のように，国土をブロックに分けて地域性を考慮できるようにしている設計法もある．わが国の空港舗装では特にそのような手法を用いていないが，上記のように，アスファルト混合物の材質，コンクリート舗装の構造設計，凍上抑制層などの考え方において部分的には取り入れられている．

寒冷地において凍上抑制層を検討する場合には，対象箇所での凍結深さを調べる必要がある．それには，気象観測データから計算によって推定する方法，凍結期に調査孔を掘ることにより地中温度の 0°C 線までの深さを実測する方法といったものがある．

前者の場合は，式 (3.6) により凍結深さを求めることが可能である．一例として，土の熱的性質等に基づいて定数 C の値を適切に設定し，これを凍結指数に乗じて凍結深さを算定したものが**図 3.14** である．図中の A 曲線は凍上を起こしやすい均一な細粒材料の場合，B 曲線は凍上を起こしにくい均一な粗粒材料の場合であるが，一般的には凍結深さは A 曲線と B 曲線の中間にあるとされている．

$$Z = C\sqrt{F} \quad (3.6)$$

ここに，Z：凍結深さ (cm)
　　　　C：定数
　　　　F：凍結指数（°C·日）

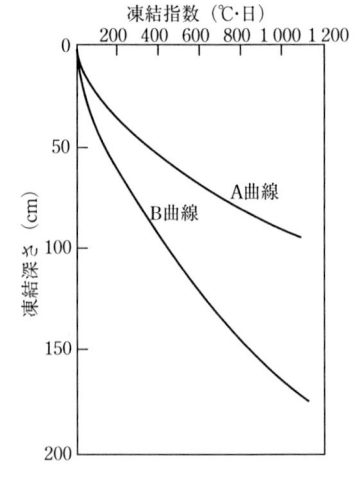

図 3.14 凍結指数と凍結深さ

後者の場合は，メチレンブルー凍結深度計を利用する方法，地盤中に測温抵抗体温度計や熱電対を埋設する方法，地盤を掘削して凍結期の地中の温度および凍結の様相を観測する方法等がある．

3.4 路床

3.4.1 路床の構成

舗装の下方の地盤のうち特定の厚さの範囲を特に路床と称している．この路床は自然地盤もしくは盛土または切土地盤であり，通常はほぼ同一の材料からなっているが，路盤に路床土が侵入するのを防ぐために用いるしゃ断層や局部的な埋戻しや置換え土，あるいは凍上対策のために設ける凍上抑制層なども路床に含めて考える．

路床は，舗装を直接支持することから，舗装構造を定めるうえでの重要な設計条件のひとつである．路床の厚さは，コンクリート舗装では 1 m であるが，アスファルト舗装では，**表 3.10** に示すように設計交通荷重により異なっている．すなわち，LA-1，LA-12，LA-2 といった大型・中型航空機を設計対象とする場合には 2 m または 1.5 m であるが，それ以外の場合は 1 m である．

表 3.10 アスファルト舗装の路床の厚さ

設計荷重の区分	路床厚 (m)
LA-1, LA-12	2
LA-2	1.5
上記以外	1

3.4.2 路床土

路床としての性能を満足するためには，路床土は次のような性質を備えている必要がある．

① 土粒子の鉱物成分が不溶性である．
② 粒径 2 mm 以上の骨材は，硬質かつ耐久性の大きなもので，凍結・融解または乾湿によって破壊しない．
③ 有機物を含まない．
④ 浸水を受ける場合でも，航空機等により舗装を介して加えられる荷重に耐えることができる．
⑤ 掘削，運搬，まき出し，締固めといった施工が容易である．

対象となっている土の路床土としての良否の判断の目安としては，AASHO (American Association of State Highway Officials) が提案した **表 3.11** がある．こ

表 3.11 AASHO による土の分類

区分*	土の分類		通過質量百分率			0.42 mm ふるい通過分の性質		主な土の種類	路床土としての性質
			2.00 mm ふるい	0.42 mm ふるい	0.074 mm ふるい	液性限界	塑性指数		
粗粒土	A-1	A-1-a	50 以下	30 以下	15 以下		6 以下	岩片，礫，砂	極めて適する ― 適する
		A-1-b		50 以下	25 以下				
	A-3			51 以上	10 以下		NP	細砂	
	A-2	A-2-4			35 以下	40 以下	10 以下	シルト質または粘土質の礫・砂	
		A-2-5			35 以下	41 以上	10 以下		
		A-2-6			35 以下	40 以下	11 以上		
		A-2-7			35 以下	41 以上	11 以上		
シルト・粘性土	A-4				36 以上	40 以下	10 以下	シルト質土	普通 ― 適さない
	A-5				36 以上	41 以上	10 以下		
	A-6				36 以上	40 以下	11 以上	粘性土	
	A-7	A-7-5			36 以上	41 以上	11 以上		
		A-7-6							

* 粗粒土：0.074 mm ふるい通過分が 35% 以下，シルト・粘性土：0.074 mm ふるい通過分が 35% 超過

の表の分類で，A-1，A-2-4，A-2-5，A-3 に入る土の場合は路床土としての使用に際しては特に問題はないが，他の土の場合には十分な注意を払う必要がある．

なお，路床土の施工に関しては，JIS A 1210「突固めによる土の締固め試験方法」に規定されている方法（E 法）の $\rho_{d\,max}$ の 90% 以上の締固め度が要求される．ただし，0.074 mm ふるい通過分が多い土にあっては，細粒分の影響により過転圧（オーバーコンパクション）現象が起きて，締め固めるほど強度が小さくなることがあるので，注意を要する．

3.4.3 路床改良

路床として使用される予定の土が路床としての性能を満足できない場合には，改良，すなわち路床改良を考える．路床改良の方法としては置換えあるいは安定処理が一般的である．

置換えは古くから用いられている方法で，品質に劣る土を取り除き，良質な土と取り換えるものである．内陸にある大型空港の第一期工事では，路床となる原地盤が軟弱な土でトラフィカビリティが悪く，支持力が小さかったことから，その上部 1 m を置き換えることにより路床改良が図られた．

安定処理も昔から行われている．これは，環境への配慮などから，置換え用の良質材料の採取が困難になったり，掘削残土の処分が困難になったりしたために，現地の不良土を使わざるを得なくなったことによる．上に位置する舗装も含めて考えると，置換え工法よりも経済的となる場合もあるので，路床改良工法として安定処理の適用性は高まっており，上記空港の第二期工事では安定処理工法が採用された [16]．

軟弱な粘性土を路床とする場合にその荷重支持性能を確保するために適した安定処理方法は，経済性や施工性を考えると，セメント系あるいは石灰系の添加剤による化学的な方法である．セメント安定処理は，セメント自身の水硬性による強度増加が迅速なので，主として初期のトラフィカビリティの改善や早期の交通開放が必要な場合に適用される．一方，石灰安定処理は，土と石灰が一体となるポゾラン反応により強度が増加していくため遅硬性であり，初期のトラフィカビリティの確保があまり必要とされず交通開放が比較的遅い場合には適用性が大きい．このような軟弱粘性土路床の改良においては，プラント混合方式は経済性などの点からほとんど考えられず，一般には現場混合方式が用いられる．

このほか，埋立地などの人工地盤においては，砂質土による路床が構築される場合も多いが，性能として地盤の耐液状化性が求められるときには，何らかの検討・対策が必要となる．

3.4.4 路床の荷重支持性能

路床の荷重支持性能は，交通荷重による路床の変形が進行すると舗装にまでその影響が及ぶこととなるので，ある限界の変形量（たわみ）に至るまでの荷重強度として表されるのが一般的である．土の強度は通常破壊時の荷重強度を意味するが，舗装にあっては上記のように交通荷重の繰返し作用による挙動に注目しているので，通常強度をそのまま使用することはない．

(1) アスファルト舗装

アスファルト舗装の場合の路床の荷重支持性能は CBR で表すのが一般的である．CBR は，直径 50 mm のピストンを土に貫入させたときの貫入量 2.5 mm での貫入抵抗と標準荷重との比を百分率で表したもので，式 (3.7) で表される．この場合，標準荷重は 13.4 kN である．

$$CBR = \frac{貫入量 2.5\,mm\, 時の荷重}{標準荷重} \times 100\,(\%) \tag{3.7}$$

表 3.12 CBR 試験の載荷重の大きさ

設計荷重の区分	載荷重 (N)
LA-1, LA-12, LA-2	150
LA-3, LA-4, LT-1, LT-12	100
LSA-1, LSA-2, LT-2	50

　CBR 試験は現地の条件が最も劣悪なときに実施するのが原則となっているが，実際には室内 CBR 試験が使用されている．この場合は，自然含水比の状態で供試体を 3 層に分けて 2.5 kg ランマーを用いて各層 45 回で突き固め，4 日水浸後の CBR を求めるようになっている．これは，道路舗装において用いられている 3 層 62 回突固めによるものよりも一般的に小さな値を与えるが，空港での路床の施工状況の観察結果に基づくものとされている．
　試験方法は，JIS A 1222「現場 CBR 試験方法」，あるいは JIS A 1211「CBR 試験方法」の乱さない土の CBR 試験によるが，試験時の載荷重は，**表 3.12** に示すように，設計航空機荷重により異なったものとしている．
　ある地点の路床が複数の層からなっているときは，通常各層の CBR が異なっているため，式 (3.8) によりその地点の平均 CBR (CBR_m) を求める必要がある．

$$CBR_m = \left\{ \frac{\sum_{i=1}^{m}\left(h_i \cdot CBR_i^{1/3}\right)}{\sum_{i=1}^{m} h_i} \right\}^3 \tag{3.8}$$

ここに，　h_i：路床の i 層目の層厚
　　　　　CBR_i：路床の i 層目の CBR

　同一舗装厚で施工する区域については，各地点（通常 2 000 m² に 1 点）の平均 CBR から極端な値を除き，式 (3.9) により設計 CBR (CBR_d) を求める．これによれば，その区域において設計 CBR より小さな CBR が生ずる確率は約 25% である．

$$CBR_d = CBR_m - \frac{CBR_{m,\max} - CBR_{m,\min}}{d_2'} \tag{3.9}$$

ここに，$CBR_{m,\max}, CBR_{m,\min}$：その区域内の地点の平均 CBR の最大値，最小値
　　　　　d_2'：統計論から得られる **表 3.13** に示す値

表 3.13 設計 CBR および設計支持力係数の計算に用いる係数

n^*	3	4	5	6	7	8	9	10	11	12	13	14	15	16	17	18	19	20
d'_2	2.547	3.089	3.489	3.801	4.059	4.271	4.455	4.617	4.760	4.887	5.004	5.111	5.208	5.298	5.382	5.460	5.534	5.603

* 平均 CBR の個数

このようにして得られた設計 CBR が 2% 未満の場合には，路床改良または良質土による置換えが必要である．そして，設計 CBR が 3% 未満の場合には，軟弱な路床土と路盤材が混じらないように，また路盤の締固めが十分に行えるようにするため，路床の一部として砂や切込砂利による 150 mm 以上の厚さのしゃ断層を設ける必要がある．

(2) コンクリート舗装

コンクリート舗装の場合の路床の荷重支持性能は，通常平板載荷試験による支持力係数 (K 値) により表される．この平板載荷試験の方法は，JIS A 1215「道路の平板載荷試験方法」に規定されており，K 値は式 (3.10) により求められる．この場合，たわみは 1.25 mm で，荷重強度はたわみが 1.25 mm になったときのものである．

$$K = \frac{荷重強度}{たわみ} \tag{3.10}$$

この K 値は，試験で用いる載荷板の大きさにより図 3.15 のように変化する．直径が小さいほど K 値は大きくなること，直径が 750 mm をほぼ境にして，それ

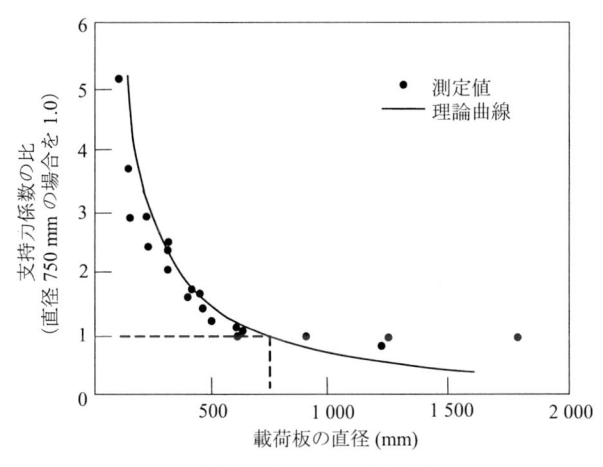

図 3.15 載荷板寸法による支持力係数の違い

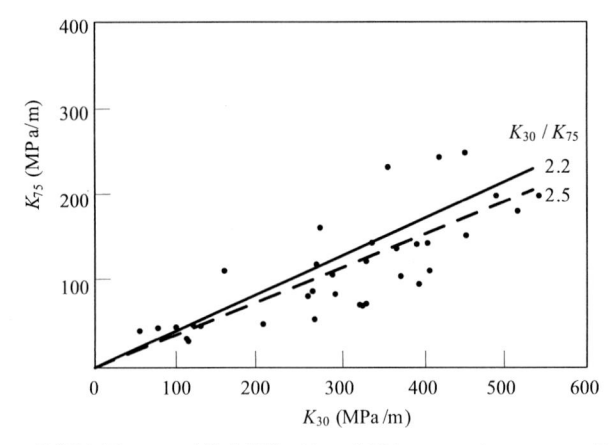

図 3.16 載荷板寸法による支持力係数の違い（直径 300 mm と 750 mm の載荷板）

より小さいと変化が大きいのに対し，それより大きいと変化の割合が小さくなることがわかる．コンクリート舗装に加えられた荷重はコンクリート版により分散され，路盤や路床ではかなり広く分布するので，道路に比べて舗装が厚い空港舗装の場合には，直径 750 mm の載荷板を使用して得られる K 値 (K_{75}) を用いることが一般的である．

しかし，直径 750 mm の載荷板による平板載荷試験には非常に大きな反力が必要となるので，実務としては実行できない場合が多い．そのため，必要となる反力が小さくてすむような直径 300 mm 程度の小さな載荷板を用いて平板載荷試験を行って，そのときの K 値 (K_{30}) を K_{75} へ換算するといったことが行われる．この場合の換算係数は，**図 3.15，3.16** などを参照して，通常 2.5 が用いられる（式 (3.11)）．

$$K_{75} = \frac{1}{2.5} K_{30} \tag{3.11}$$

このほか，路床が未完成で平板載荷試験が不可能な場合には，路床土の CBR から**図 3.17** のような関係を用いて路床の支持力係数を推定することもできる．ただし，CBR が 12% 以上の場合や路床が多層を成す場合にはあてはまらないことも多いので，その使用には注意を要する．

各地点の K 値から設計支持力係数を得るためには，各地点の平均 CBR から設計 CBR を求めた式と同一の式を用いる．この設計支持力係数に基づき，路盤構成・厚さの設計，コンクリート版厚の設計などを行う．

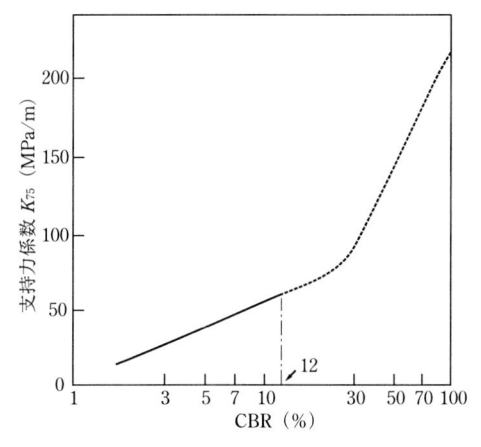

図 3.17 CBR と K 値の関係

(3) 改良路床土の支持力

路床改良を行う場合は，室内試験により路床改良をした場合の荷重支持性能を事前に評価して，CBR，K 値の設計値を求める必要がある．置換えによる路床改良の場合は，一般に置換え材を薄層でまき出して転圧していく方法がとられるので，室内試験での支持力をほぼそのまま現場にあてはめても大きな差はないと考えられる．しかし，安定処理の場合は，添加剤の混合程度，混合土の締固め程度および養生条件といったもので室内と現場では違いがあるため，室内試験での値をそのまま現場での値としては使えない．

安定処理された路床の現場 CBR を推定する方法としては，いくつかの粘性土に関する安定処理試験の結果から式 (3.12) が得られている [17]．

$$\mathrm{CBR}_f = a_1 \times a_2 \times a_3 \times \mathrm{CBR}_l \tag{3.12}$$

ここに，CBR_f：安定処理土の現場 CBR
　　　　CBR_l：室内配合試験での CBR
　　　　a_1：混合程度の相違による係数（ディープスタビライザーで 50 cm 混合の場合 0.6，**図 3.18**）
　　　　a_2：締固め程度の相違による係数（タイヤローラーによる層厚 50 cm 転圧の場合 0.7，**図 3.19**）
　　　　a_3：養生温度の相違による係数（10°C で 0.85，20°C で 1.0，30°C で 1.35，**図 3.20**）

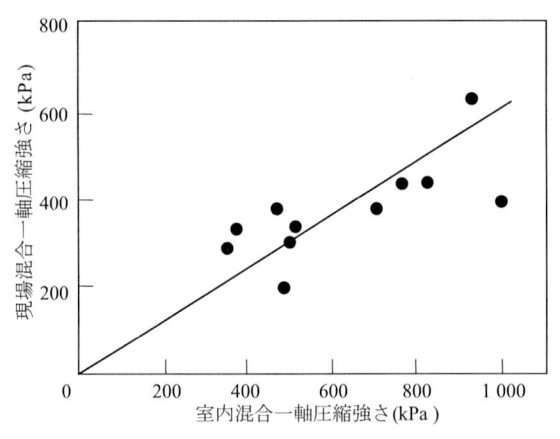

図 3.18 混合程度の相違による係数

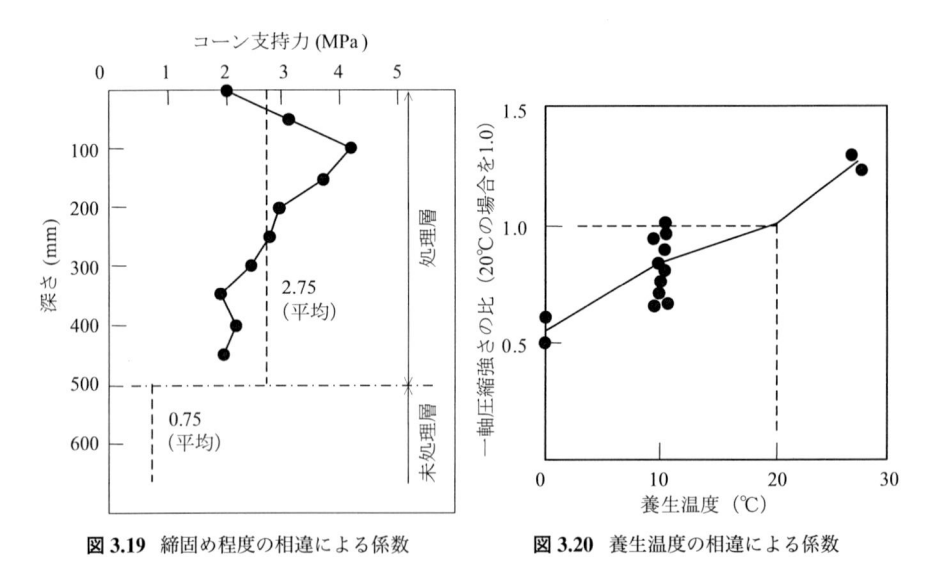

図 3.19 締固め程度の相違による係数

図 3.20 養生温度の相違による係数

参考文献

1) 佐藤勝久：最近の空港建設およびそれらにおける土質工学的諸問題, 土と基礎, Vol.39, No.5, pp.5-10, 1991.
2) 塩見雅樹, 金澤 寛, 稲田雅裕, 福田直三：超軟弱地盤上の空港建設における地盤

改良の計画と実際,土木学会論文集,No.546,pp.23-37,1996.
3) 林　洋介,佐藤勝久:地盤の不同沈下による空港舗装の破損,第19回土質工学研究発表会講演集,pp.1489-1490,1984.
4) 須田　熙,森口　拓,佐藤勝久,吉田富雄,川本晴郎,阿部洋一:静的載荷試験による空港舗装の実験的研究,港湾技術研究所報告,Vol.9,No.3,pp.89-156,1970.
5) 国土交通省航空局 監修:空港舗装設計要領及び設計例,(財)港湾空港建設技術サービスセンター,2008.
6) Yang, N. C.: Design of Functional Pavements, McGraw-Hill, Inc., 467 p., 1972.
7) Gerardi, A. G.: Digital Simulation of Flexible Aircraft Response to Symmetrical and Asymmetrical Runway Roughness, Technical report AFFDL-TR-77-37, August 1977.
8) Yoder, E. J. and Witczak, M. W.: Principles of Pavement Design, Second Edition, John Wiley & Sons, Inc., 711 p., 1975.
9) 八谷好高,梅野修一:航空機走行位置分布の実態と舗装構造への影響,港湾技研資料,No.757,25 p.,1993.
10) Rada, G. R. and Witczak, N. W.: Aircraft Traffic Mix Analysis Damage Factors and Coefficients, Aircraft/ Pavement Interaction, pp.1-20, 1991.
11) 竹下春見,岩間　滋:道路舗装の設計,オーム社,254 p.,1960.
12) (社)日本道路協会 編:舗装の構造に関する技術基準・同解説,91 p.,2001.
13) 阿部洋一,古財武久:滑走路舗装の経年変化と材料特性,石油学会誌,第28巻,第6号,pp.445-454,1985.
14) Cedergren, H. R.: Drainage of Highway and Airfield Pavements, John Wiley & Sons, 285 p., 1974.
15) American Association of State Highway and Transportation Officials (AASHTO): AASHTO Guide for Design of Pavement Structures, 1993.
16) 佐藤勝久,八谷好高:空港におけるサンドイッチ舗装の実験と解析,第16回土質工学研究発表会講演集,pp.1297-1300,1981.
17) 佐藤勝久,八谷好高,山崎英男:セメント・石灰による路床安定処理の評価,第15回土質工学研究発表会講演集,pp.1753-1756,1980.

第4章 空港舗装の構造設計

　空港舗装は，いうまでもなく，要求性能のひとつである荷重支持性能を満足するように設計，建設，維持・管理されなければならない．空港舗装が具備すべき荷重支持性能は，第2章で示したように，アスファルト舗装，コンクリート舗装ともに，航空機が舗装に与える影響と舗装の荷重支持力を比較する，ICAO の方法，すなわち ACN - PCN 法により判定することとなっている[1]．これは航空機が乗り入れる時点における空港舗装の荷重支持性能を判断するだけであるが，舗装の性能は交通荷重の繰返し等により低下することから，これが所定の期間中常時満足されるようにすることが必要となる．

　上記を可能とするために，いろいろな種類の設計法が開発され，実用に供されている．これらは，もともと実験と解析の両方に基づいて開発され，それらに従って舗装を建設・供用された場合のパフォーマンスに基づいて修正を加えられてきており，経験的な側面が強いこともあって，経験的設計法と称されている．その一方で，コンピューター等の発達により複雑な計算が可能になってきたこともあって，理論的設計法や両者を併せ持った半経験的設計法も提案されている．

　これら舗装の構造設計法は，事業者が仕様を定めた，いわゆる仕様規定型のものが従来使用されてきている．一方，第2章に記したように，土木学会の舗装標準示方書にみられるような性能規定型のものも示されるようになっており[2]，わが国の空港舗装の構造設計法としても性能規定型の設計法が採用されるに至っている[3]．

　本章では，新しい性能規定型の空港舗装構造設計法の概要を示してから，実績のある仕様規定型のものについて詳しく記述する．アスファルト舗装とコンクリート舗装は，表層に使用されている材料のみではなく，その設計法にも大きな違いがみられる．すなわち，前者においてはアスファルト混合物層ならびに路床，後者においてはコンクリート版の構造安定性に主として注目して設計法が構築されている．そのため，以下ではアスファルト舗装，コンクリート舗装の順に両舗装について個別に記述することにする．

4.1 空港舗装の性能規定による構造設計

4.1.1 設計の基本

　わが国の空港舗装の構造設計法は，上記のように，性能規定・照査型の構造設計法への移行が図られ，2008年7月に「空港舗装設計要領及び設計例」として発行されている．この設計要領で示されている方法では，空港内の各区域の舗装に求められる性能を明らかにし，それに対する設計供用期間を適切に定めたうえで，その期間中性能が満足されるように照査することにより舗装を設計するよう規定されている．ただし，空港舗装に求められる性能を十分理解し，その性能を満足することが合理的に証明できれば，必ずしも設計方法を限定するものではないとの記述もなされている．

　この場合の性能としては，荷重支持性能，走行安全性能，表層の耐久性能が用いられており，設計においては適切に選定した照査項目に基づいて，性能の照査を行うことが必要となる．**図 4.1**には照査項目ならびに照査内容を具体的に示した．

　設計においては，要求性能に対する各照査項目の限界値，すなわち照査規準値を舗装の使用目的，重要度などに応じて適切に設定する必要がある．ただし，**図 4.1**に示した照査方法のすべてについて行うことは現時点では難しいこともあって，アスファルト舗装の場合は，疲労度，わだち掘れ量，摩擦係数，凍結深さについて，コンクリート舗装の場合は，たわみ，疲労度，摩擦係数，凍結深さ，段差量について設計限界値を設定すればよい．

　設計供用期間は，要求性能が満足される期間であり，舗装の使用目的，ライフサイクルコスト，環境条件および耐久性能といったものを考慮して設定する必要がある．この場合，設計供用期間内にすべての性能が満足できるようにすると費用が高くなりかねないことから，要求性能ごとに設計供用期間を定め，それぞれについて設計を行うことも可能である．なお，設計供用期間としては，これまでの調査結果[4]に基づいて，荷重支持性能とコンクリート舗装の走行安全性能に対しては20年，アスファルト舗装の走行安全性能と表層の耐久性能に対しては10年が用いられている．ただし，空港の運用形態やライフサイクルコストを考慮してこれ以外を設定することも可能である．

　空港舗装に関わる経済性を検討する場合には，新設時に要する費用を対象とすることが基本であるが，施設の重要度，供用後の維持・修繕の難易度によって

4.1 空港舗装の性能規定による構造設計 / 77

(a) アスファルト舗装

要求性能	照査項目	照査方法
荷重支持性能	路床・路盤の支持能力	路床・路盤の応力やひずみ
	疲労ひび割れ	疲労度・劣化度
	凍上	凍結深さ
走行安全性能	すべり	摩擦係数
	わだち掘れ	舗装各層の永久変形量
		すり減り量
表層の耐久性能	アスファルトの劣化	劣化度
	剥離・骨材飛散	剥離度, アスファルトの把握力

(b) コンクリート舗装

要求性能	照査項目	照査方法
荷重支持性能	路床・路盤の支持能力	コンクリート版でのたわみ
	コンクリート版の疲労ひび割れ	疲労度
	目地の荷重伝達能力	目地部の荷重伝達率
	凍上	凍結深さ
走行安全性能	すべり	摩擦係数
	段差	段差量

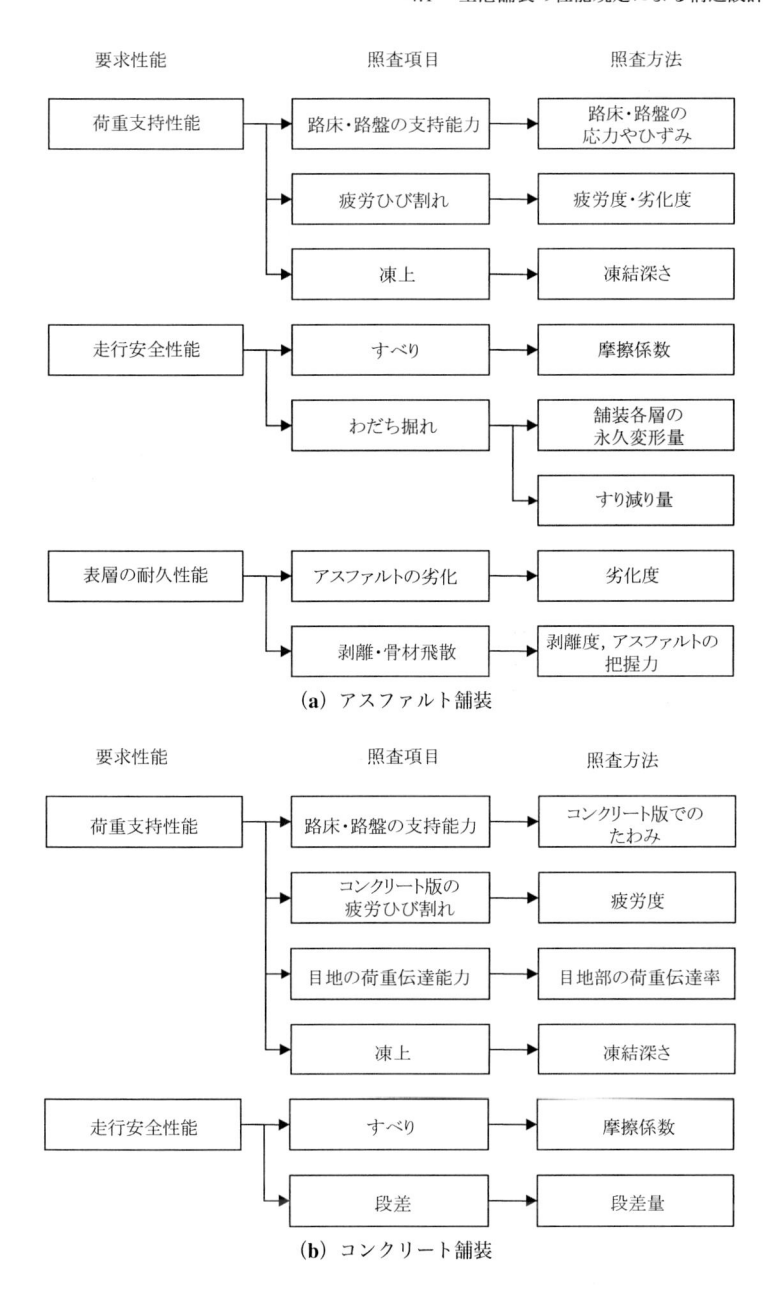

図 4.1 空港舗装の要求性能と照査方法

は，ライフサイクルコストを考えることが必要になることもある．例えば，供用開始後の大規模な補修工事が困難と考えられる場合には，新設時に高い耐久性を有する舗装を建設して，メンテナンスフリーとする設計方法をとることも可能である．

4.1.2 アスファルト舗装の性能照査

アスファルト舗装に求められる性能としては，荷重支持性能，走行安全性能，表層の耐久性能があげられる．

(1) 荷重支持性能の照査

荷重支持性能の照査は，路床・路盤の支持力，疲労ひび割れ，凍上のうち，舗装の使用目的や適用箇所に応じて必要とされるものに対して行う必要がある．

a. 路床の支持力

路床の支持力に対する照査は，路床の圧縮変形による疲労破壊に対する照査により行う．この場合，路床の圧縮変形は路床上面の圧縮ひずみが支配的な要因とされていることから，これについて行えばよい．具体的には，路床の設計疲労度 FD_d の疲労度 FD_{dl} の設計限界値に対する比に重要度係数 γ_i を乗じた値が，1.0以下であることを確かめればよい．すなわち，次の不等式（式(4.1)）が成立すればよい．

$$\gamma_i \cdot FD_d/FD_{dl} \leq 1.0 \tag{4.1}$$

ここに，γ_i：重要度係数であり，安全係数[†]のひとつ

[†] 安全係数は，材料の物性やその経年劣化，荷重条件の変化，環境条件の変動等，設計・施工計画等の策定時に様々な項目に関する不確実性を考慮するために導入される．安全係数は，一般に材料係数，荷重係数，構造解析係数，構成層係数および重要度係数とされている．それぞれの係数の設定においては，一般的に，以下のような点を考慮して，過去の実績や経験などに基づいて割り増した値を用いることができる．なお，空港舗装設計要領ではすべて1.0としている．
① 材料係数：材料の力学的諸性質の特性値からの望ましくない方向への変動，供試体と舗装構成層間との材料特性の差異，材料特性が求められる性能に及ぼす影響，材料特性の経時変化等
② 荷重係数：荷重の特性値からの望ましくない方向への変動，荷重の算定方法の不確実性，設計供用期間中の荷重の変化，荷重特性が限界状態に及ぼす影響，環境作用の変動等
③ 構造解析係数：荷重に対する舗装の挙動解析の不確実性等
④ 構成層係数：舗装構成層の応力などの計算上の不確実性，層厚などの寸法のばらつきの影響，舗装構成層の重要度，すなわち，対象とする層がある状態に達したときに舗装全体に与える影響等
⑤ 重要度係数：舗装構造の重要度，限界状態に達したときの社会的影響等

FD_{dl}：疲労度の設計限界値であり，疲労度の限界値 1.0 を構成層係数 γ_b で除した値（$= 1.0/\gamma_b$）

FD_d：設計疲労度であり，式 (4.2) で表される疲労破壊曲線に基づきマイナー則によって累積疲労度 FD を算定し，これに構造解析係数 γ_a を乗じた値（$= \gamma_a \cdot FD$）

$$N_f = \frac{10^\beta}{\varepsilon^\alpha} \qquad (4.2)$$

ここに，N_f：破壊回数，ε：ひずみ，α, β：定数（$\alpha = 11.213, \beta = -29.298$ とする）

FD：累積疲労度であり，式 (4.3) により算定される滑走路または誘導路中心線からの距離ごとに得られる疲労度 $FD(x)$ の最大値をとる

$$FD(x) = \sum_{i=1}^{n} FD(i, x) \qquad (4.3)$$

ここに，$FD(i, x)$：航空機 i による滑走路または誘導路中心線から距離 x における疲労度 $\left(= \dfrac{\text{航空機 } i \text{ の交通量}}{N_f(i) \times P/C(i, x)} \right)$

$N_f(i)$：航空機 i による路床ひずみに対して式 (4.2) の疲労破壊曲線から求められる許容載荷回数

$P/C(i, x)$：航空機 i の x 地点におけるパス／カバレージ率

b. 路盤の支持力

路盤の支持力の照査方法として路床の場合ほど具体的なものはなく，適切な方法により照査すればよい．ただし，設計供用期間中のアスファルト混合物層の下面ひび割れやわだち掘れ，路床の圧縮変形が照査できていれば，省略可能である．

c. 凍　　　上

凍上に対する照査は路床土の凍結危険性を確認するために凍結深さを算定して行う必要がある．凍上の危険性があると判定された場合には，凍上抑制層を設けるといった適切な対策を行う必要がある．その場合の照査は，設計厚さ t_d の設計厚さの最小値 t_{dl} に対する比に重要度係数 γ_i を乗じた値が 1.0 以上であることを確認することにより行う．凍上抑制層の設計最小厚 t_{dl} は，算定した凍上深さもしくは経験値から求めた必要置換え深さから舗装厚を差し引いた値とする．

凍上抑制層に用いる材料は凍上の恐れのないもので，現地の砂や火山灰，最大粒径 80 mm 以下のクラッシャーランなどを用いればよい[5]．

d. 疲労ひび割れ

交通荷重や環境作用により発生する応力によるアスファルト混合物層の疲労ひび割れには，層下面から進行する下面疲労ひび割れと舗装表面から進行する表面疲労ひび割れがあるが，疲労ひび割れに対する照査は交通荷重によるものについて行えばよい．その方法は，**a.** で記述した路床の支持力の場合のものと同様である．ただし，疲労破壊曲線は式 (4.4) に示すとおりである．

$$N_f = \alpha \times \left(\frac{1}{\varepsilon}\right)^\beta \times \left(\frac{1}{E}\right)^\gamma \tag{4.4}$$

ここに，N_f：破壊回数
ε：アスファルト混合物に発生する引張ひずみ
E：アスファルト混合物のスティフネス（弾性係数）
α, β, γ：係数．$\alpha = 7.681 \times 10^{-6}$, $\beta = 6.333$, $\gamma = 3.374$ を用いてよい

e. 温度ひび割れ

寒冷地ではアスファルト混合物層の施工方向（長手方向）にほぼ直角にひび割れが発生する場合があり，これを温度（低温）ひび割れと称している．これは温度が低下した場合のアスファルト混合物の収縮変形が路盤との摩擦などにより拘束されることによるものである．このような低温ひび割れは，凍結指数が 1 000（°C・日）以上の地域や，冬期間の最低気温が -20°C 以下と低い場合に多く発生していることから，このような地域においては温度ひび割れに対して照査を行う必要がある．

この場合には，式 (4.5) に示すように，アスファルト混合物の設計温度応力 σ_{fb} の限界引張強度 F_{cr} に対する比に材料係数 γ_m，重要度係数 γ_i を乗じた値が，1.0 以下であることを確認すればよい．

$$\gamma_m \cdot \gamma_i \cdot \sigma_{fb}/F_{cr} \leq 1.0 \tag{4.5}$$

温度応力 σ_b は，一般に式 (4.6) により算定できる．

$$\sigma_b = E_r(t) \cdot \alpha \cdot \Delta T \tag{4.6}$$

ここに，σ_b：温度応力
　　　　$E_r(t)$：アスファルト混合物の変形係数
　　　　　α：熱膨張係数（線膨張係数）
　　　　　ΔT：温度低下量

(2) 走行安全性能の照査

走行安全性能に対する照査は，すべり，わだち掘れのうち，舗装の使用目的や適用箇所に応じて必要とされるものに対して行う必要がある．

a. すべり

アスファルト舗装のすべり抵抗性は舗装表面のすべり摩擦係数として定量化されており，このすべり摩擦係数は表層の使用材料，表面のテクスチャー，排水状況によって変わってくる．すべり摩擦係数の設計限界値（水深1 mmでの測定値）は，第2章にある目標値（**表 2.17**）に示す値を用いることができる．
すべりに対する照査が不要となるのは，舗装表層材料が空港土木工事共通仕様書[6]に記載される品質である場合であるが，滑走路においてはこれに加えてグルービングが適切に設置されている必要がある．このほか，小型機のみが就航する空港の場合も不要である．

b. わだち掘れ

交通荷重がアスファルト舗装に繰り返し作用することにより，舗装の各層に永久変形が生じてわだち掘れとなる．そのため，わだち掘れに対する照査は，アスファルト混合物層および路床・路盤の永久変形量とアスファルト混合物のすり減り量に対する照査により行う．その方法は，荷重支持性能の照査における路床支持力ならびにひび割れの項目に対するものと同様であり，疲労度に代わってわだち掘れ量を用いればよい．すなわち，設計わだち掘れ量 D_d のわだち掘れ量の設計限界値 D_{dl} に対する比に重要度係数 γ_i を乗じた値が，1.0以下であることを確かめればよい（式 (4.7)）．ただし，荷重支持性能が照査できていれば，わだち掘れ量の照査は不要である．

$$\gamma_i \cdot D_d / D_{dl} \leq 1.0 \tag{4.7}$$

ここに，D_{dl}：わだち掘れ量の設計限界値（$= D_l/\gamma_b$），D_l はわだち掘れ量の限界値
　　　　D_d：設計わだち掘れ量（$= \gamma_a(\delta_a + \delta_b + \delta_c + d)$），$\delta_a, \delta_b, \delta_c$ は，それぞれ，アスファルト混合物層，路盤，路床の永久変形量，d はアスファルト混合物のすり減り量

表 4.1 わだち掘れ量の設計限界値の例

施設	わだち掘れ量の限界値 (mm)
滑走路	38
誘導路	57
エプロン	70

わだち掘れ量の設計限界値としては，第 5 章に示す補修の必要性の判定に用いられている B（補修は近い将来必要）と C（補修が早急に必要）の境界値である，**表 4.1** を用いることができる．

アスファルト混合物層ならびに路盤の永久変形量は，それぞれに生じる永久ひずみに層厚を乗ずることにより算定できる（式 (4.8)）．路床の永久変形量を算定する方法としては，式 (4.9) が参考にできる．

$$\delta = \sum_{i=1}^{n} \varepsilon_i \cdot h_i \tag{4.8}$$

ここに，δ：アスファルト混合物層または路盤の永久変形量
ε_i：それぞれを構成する層 i の永久ひずみ
h_i：それぞれを構成する層 i の厚さ
n：アスファルト混合物層または路盤の層数

$$\delta_s = w_s \times N^{0.25} \tag{4.9}$$

ここに，δ_s：路床の永久変形量
w_s：標準荷重載荷時の路床上面の圧縮変形量
N：標準荷重換算交通量

(3) 表層の耐久性能の照査

アスファルト舗装は，その荷重支持性能や走行安定性能が十分なものであっても，一般には交通荷重の繰返し作用や環境作用等により供用につれて表層の耐久性能が低下してくる．表層の耐久性能については，アスファルトの気象劣化，アスファルト混合物の剥離，骨材飛散に対して照査を行う．ただし，空港土木工事共通仕様書に記載されている品質の材料を用いる場合には照査を省略できる．

このうちアスファルト混合物層の層間剥離に対する照査は，層間せん断力 τ の層間せん断強度 F_{cr} に対する比に材料係数 γ_m，重要度係数 γ_i を乗じた値が 1.0 以下であることを確かめて行う（式 (4.10)）．

$$\gamma_m \cdot \gamma_i \cdot \tau / F_{cr} \leq 1.0 \tag{4.10}$$

4.1.3 コンクリート舗装の性能照査

コンクリート舗装に求められる性能としては，荷重支持性能ならびに走行安全性能があげられる．これらの一般的な照査方法を以下に示す．

(1) 荷重支持性能の照査

荷重支持性能の照査は，路床・路盤の支持力，コンクリート版の疲労ひび割れ，凍上のうち，舗装の使用目的や適用箇所に応じて必要とされるものに対して行う必要がある．これは，アスファルト舗装の場合と内容としては同じものである．以下では，コンクリート舗装特有の照査方法として，路床・路盤の支持力，コンクリート版の疲労ひび割れについて記述する．

a. 路床・路盤の支持力

路床・路盤の支持力に対する照査はコンクリート舗装の変形に対して行う．この場合，コンクリート舗装の設計たわみ w_d のたわみの設計限界値 w_{dl} に対する比に重要度係数 γ_i を乗じた値が，1.0 以下であることを確かめることにより行えばよい．これは，アスファルト舗装の路床の支持力ならびに疲労ひび割れに対する照査方法において，疲労度をたわみに置き換えたものである（式 (4.11)）．

$$\gamma_i \cdot w_d / w_{dl} \leq 1.0 \tag{4.11}$$

ここに，w_{dl}：たわみの設計限界値（$= w_l / \gamma_b$），w_l はたわみの限界値
　　　　w_d：設計たわみ（$= \gamma_a \cdot w$），w はたわみ

たわみの設計限界値としては 1.25 mm を用いてよい．たわみの算定はコンクリート版の目地における荷重伝達を適切に考慮できる，有限要素法などの方法によればよい．

路盤については，必要な路盤支持力係数を確保できるように路床支持力係数に応じて，その構成，材料ならびに厚さを設定すればよいが，仕様規定型設計法において採用されている路盤厚設計曲線を用いて路盤厚を設定することも可能である．この場合，路盤支持力係数を大きくするとコンクリート版を薄くできるが，路盤の長期的な耐久性を十分に考慮する必要があることから，150 MPa/m を超えるような値は通常は用いない．また，路盤 1 層最小厚は，粒状材とセメント安定処理材の場合で 150 mm，アスファルト安定処理材の場合で 60 mm としている．なお，材料として空港土木工事共通仕様書に記載される品質のものを用いて，従

来経験のある手法による構造設計法に示された路盤構造とする場合には，路床・路盤の支持性能は満たされていると考えてよい．

b. コンクリート版の疲労ひび割れ

コンクリート版には交通荷重ならびに温度変化により曲げ応力が発生するので，コンクリート版の疲労破壊に対する照査は曲げ疲労破壊に対して行う必要がある．この場合は，これらの曲げ応力を適切に算定したうえで，アスファルト混合物の疲労破壊の照査に用いた方法に従えばよい．このほか，交通荷重・温度変化による設計応力度 σ_{rd} の設計曲げ疲労強度 f_{rd} を構成層係数 γ_b で除した値に対する比に重要度係数 γ_i を乗じた値が 1.0 以下であることを確かめることでも可能である（式 (4.12)）．

$$\gamma_i \cdot \sigma_{rd}/(f_{rd}/\gamma_b) \leq 1.0 \tag{4.12}$$

ここに，f_{rd}：設計曲げ疲労強度で，コンクリートの曲げ疲労強度の特性値 f_{rk} を材料係数 γ_m で除した値

(2) 走行安全性能の照査

走行安全性能に対する照査は，すべり，すり減りおよび段差のうち，舗装の使用目的や適用箇所に応じて必要とされるものに対して行う必要がある．以下では，コンクリート舗装特有の照査方法として段差に対するものについて記述する．

コンクリート舗装の目地部に段差が生じると，航空機等の走行安全性能が損なわれる恐れがあることから，照査を行うことが必要となる．この場合，他の項目の照査方法と同様に，設計段差量 FTS_d の段差量の設計限界値 FTS_{dl} に対する比に構造物係数 γ_i を乗じた値が，1.0 以下であることを確かめることにより照査を行う必要がある（式 (4.13)）．

$$\gamma_i \cdot FTS_d/FTS_{dl} \leq 1.0 \tag{4.13}$$

ここに，FTS_{dl}：段差量の限界値 FTS_l を構成層係数 γ_b で除した値（$= FTS_l/\gamma_b$）
FTS_d：設計荷重 F_d を用いて段差量 $FTS(F_d)$ を算定し，これに構造解析係数 γ_a を乗じた値（$= \gamma_a \cdot FTS(F_d)$）

段差量の設計限界値としては，わだち掘れ量の場合と同様に，補修の必要性の判定に用いられているBとCの境界値である**表 4.2** に示す値を用いることができる．

表 4.2 段差量の設計限界値

施設	段差量 (mm)
滑走路	10
誘導路	12
エプロン	14

なお，従来用いている目地構造の場合には，段差に対する照査は省略可能である．

4.2 アスファルト舗装の仕様規定による構造設計

わが国の空港の滑走路，誘導路にはアスファルト舗装が一般的に用いられている．これは，第 1 章で記したように，滑走路，誘導路では航空機が比較的高速で走行するといった荷重の特性，補修が必要となった場合には施設を閉鎖することなく工事が可能になるといった補修の容易さを考慮した結果である．

舗装は，主として，交通荷重の繰返し走行を受けることにより，破損が発生・進行し，破壊に至るものと考えられる．しかし，破壊を明確に定義することが難しいばかりでなく，力学的解析手法により破損の進行メカニズムを追求することは不可能に近い．そのため，アスファルト舗装の場合は，破損の種類が多いこともあって，その構造設計法として現在実用化されて使用実績のあるものはほとんどが経験的な手法に基づくものである．

わが国の空港アスファルト舗装の仕様規定型構造設計法は，基本的には米国陸軍工兵隊 (US Army Corps of Engineers, CE) により開発された CBR 設計法，いわゆる CE 法に基づいているので，まず CE 法の概要を述べたあと，わが国で用いられている設計法を示す．そして，わが国のものとの対比という意味で，海外の空港舗装設計法として，カナダ，フランスと米国のものを紹介する．

4.2.1 CE の設計法

1920 年代から米国カルフォルニア州道路局で研究開発された CBR 設計法は，1940 年代には CE により空港舗装への適用が試みられている．道路を対象にした CBR 設計法では，平均的な交通荷重と軽荷重の場合とに分けて，舗装厚が CBR の関数として示されているが，このうち，前者を 12 000 lb (52.3 kN) の航空機単車輪荷重に相当するとみなして，図 4.2 に示すような空港用の舗装厚設計曲線が開発された[7]．

その後，試験舗装や供用中の空港舗装での調査から，この舗装厚設計曲線が見直されるとともに式 (4.14) のように数式化が図られている[8]．主脚車輪の複数化に対応するためには，式中の P として複数車輪を単車輪に置き換えた等価単車輪荷重 (ESWL) を使用する必要がある．ESWL は，実際の脚荷重によるたわみを

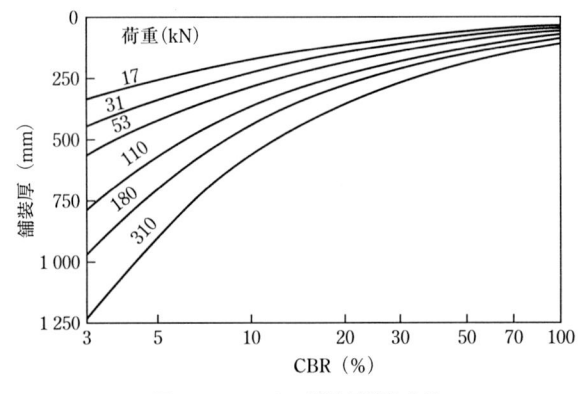

図 4.2 CE による舗装厚設計曲線

単一荷重により生じさせる場合の荷重と定義され，舗装表面からの深さによって第 3 章で示した**図 3.6** のように変化する．

$$t = \sqrt{\frac{P}{8.1\text{CBR}} - \frac{A}{\pi}} \tag{4.14}$$

ここに，t：舗装厚 (in)
 P：荷重 (lb)
 A：接地面積 (in^2)

この式によると，CBR > 12% では所要舗装厚がかなり小さくなるが，供用期間中の耐久性を考慮して，**図 4.3** に示すように設計曲線が修正されている．この過程では，**表 4.3** に示すような経験上からくる舗装必要厚が参考にされた．ま

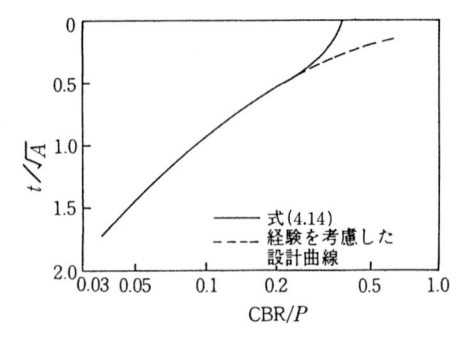

図 4.3 修正された CE の舗装厚設計曲線

表 4.3 経験上の舗装必要厚

単車輪または等価単車輪荷重 (lb)	タイヤ圧 (psi)	舗装厚 (in)	
		路盤 (CBR 80%)	路盤 (CBR 100%)
20 000	100	2	1.5
50 000	100	3	2
70 000	100	3.5	2.5
20 000	200	3	2
50 000	200	4	3
70 000	200	4.5	3.5

た，この式は航空機の交通量が 5 000 カバレージに相当するものであり，それ以外の交通量に対しては荷重繰返し係数 f（$= 0.23 \log C + 0.15$，C：カバレージ）を用いて舗装厚を増減することが必要となる[8]．

その後，1970 年代後半には，上記の CBR > 12% の場合も含めて，舗装厚算定式として式 (4.15) が示された（$p = P/A$）．同時に，上記の荷重繰返し係数についても車輪数の違いを考慮できるように見直しが図られている[9]．

$$\frac{t}{\sqrt{A}} = \left\{-0.0481 - 1.562 \log \frac{CBR}{p} - 0.6414 \left(\log \frac{CBR}{p}\right)^2 - 0.4730 \left(\log \frac{CBR}{p}\right)^3\right\} \tag{4.15}$$

CE 法は比較的良好な地盤条件下で建設された舗装に関する経験に基づいた設計法なので，空港の立地する地盤が軟弱であったり，交通荷重の増大や良質材料の入手難から安定処理材料を舗装に使用しなければならないなど，近年はその開発過程で考慮した事項があてはまらない状況となっている．また，舗装施設の管理上必要なパフォーマンスについての情報が得られないこともあって，弾性理論による設計法が整備されてきている[10]．

1989 年に発表された CE による理論的設計法では，舗装を弾性係数とポアソン比で表される層からなる多層弾性体とみなし，アスファルト混合物層の破壊をアスファルト混合物層表面のひび割れとわだち掘れと考えて，表層下面水平ひずみと路床上面垂直ひずみに注目している．このほか，安定処理材路盤を用いたときには安定処理材層下面の水平ひずみも考慮している．この設計法は，これらのひずみに注目した疲労設計法であり，各ひずみレベルにおける疲労度を累積するマイナー則が採用されている．路床，アスファルト混合物層の疲労曲線は，それぞれ，**図 4.4**，**4.5** である．

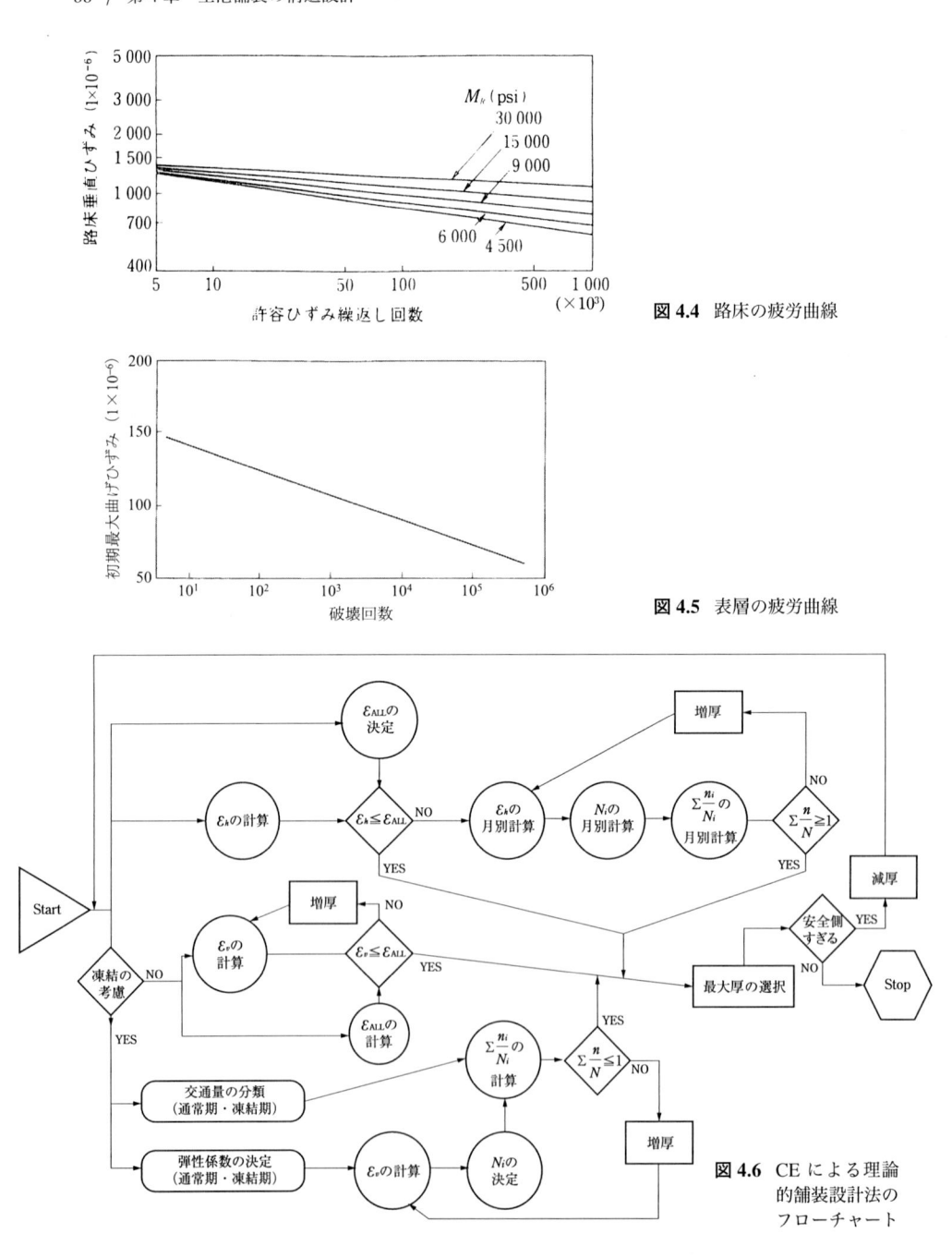

図 4.4 路床の疲労曲線

図 4.5 表層の疲労曲線

図 4.6 CE による理論的舗装設計法のフローチャート

舗装構造は図 4.6 に示すフローチャートに従って設計される．アスファルト混合物層下面の水平ひずみについては，まずアスファルト混合物層の弾性係数が最も大きくなる場合の値を使用して安全性を調べる．すなわち，多層弾性理論による計算値（ε_h）と許容値（ε_{ALL}）とを比較する．この段階で $\varepsilon_h > \varepsilon_{ALL}$ となれば，設計期間を細分化してマイナー則による累積疲労度の検討を詳細に行うことが必要となる．路床の場合は，アスファルト混合物層の場合とは対照的に，アスファルト混合物層の弾性係数として最小値を用いたときの計算値（ε_v）と許容値（ε_{ALL}）の比較・検討を行う．この場合，凍結・融解の恐れがあるときには，融解期と通常期とに分けて累積疲労度を検討しなければならない．このようなアスファルト混合物層・路床ひずみの個別検討ならびに総合的評価により層厚を調整して，最適舗装厚が決定される．

4.2.2 わが国の方法

わが国の仕様規定型アスファルト舗装設計法では，上記の式 (4.14) ならびに荷重繰返し係数 f が基本的には採用されており，舗装厚は航空機荷重の大きさ・交通量と路床の CBR との関数として与えられている[3])．以下では，その具体的な方法として標準的な舗装構造の場合について，基準舗装厚の算定法，層構成の決定法，舗装材料を記してから，舗装区域の違いならびに滑走路横断方向の違いについて言及する．

(1) 基準舗装厚の算定

アスファルト舗装は，アスファルト混合物が用いられる表層ならびに基層と各種の材料が用いられる路盤により構成される．前者は，交通荷重や環境作用を直接受けるので，それらに対して十分抵抗できるものでなければならない．また，後者にあってもその点は同様であるが，支持力の比較的大きい材料を上部に，小さい材料を下部に用いることが一般的である（それぞれ，上層路盤，下層路盤と称される）．

基準舗装厚は，アスファルト舗装がアスファルト混合物による表・基層と粒状材路盤とで構成された構造となっている場合の厚さをいい，その厚さ算定方法としては，設計カバレージ 5 000 回に対するものが式 (4.16) で求められるようになっている．この場合，荷重としては，脚荷重をそれと等価な車輪一輪に置き換えた荷重，すなわち等価単車輪荷重 (ESWL) を使用する．なお，この式は，式 (4.14) の単位系を SI 単位に変更しただけのものである．

$$\frac{t}{\sqrt{A}} = \sqrt{\frac{1}{0.057\dfrac{\mathrm{CBR}}{p}} - \frac{1}{\pi}} \tag{4.16}$$

ここに，t：舗装厚 (mm)
　　　　A：タイヤ接地面積 (mm^2)
　　　　p：接地圧 (MPa)

　これを設計の実務に使用する場合には，作業の簡略化を図るために，航空機荷重の大きさと交通量を，第 3 章で記したように，**表 3.1** に示した大型ジェット機の LA-1 からコミューター航空用小型機の LSA-2 までの 7 つにグループ分けした設計荷重の区分と，**表 3.9** に示した a～e の 5 種類に分けられている設計カバレージの区分に従って選定すればよい．また，路床の設計 CBR は，**表 3.10** に示したように，アスファルト舗装の場合，設計航空機荷重に応じて 1～2 m となっている路床の範囲を代表する値として，第 3 章に記した方法によって求めればよい．なお，設計カバレージが 5 000 回以外の場合は上記の荷重繰返し係数を用いて舗装厚を修正すればよい．この場合の舗装厚を設計カバレージ 5 000 回のものに対する比（百分率）で表せば **図 4.7** のようになる．

　図 4.8 には，基準舗装厚の例として，B747 で代表される LA-1 の場合のものを示してある．

　ここで得られた基準舗装厚を力学的に釣合いのとれた層構成とするため，従来の経験や弾性計算の結果などを参考にして，**表 4.4** のようなアスファルト混合物表層・基層の標準厚と，**表 4.5** のような粒度調整砕石上層路盤の標準厚が定められている．下層路盤はクラッシャーランからなるとして，その厚さは基準舗装厚

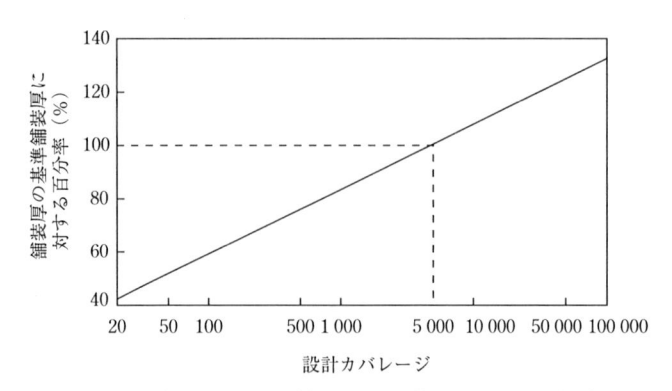

図 4.7　設計カバレージと舗装厚の基準舗装厚に対する百分率

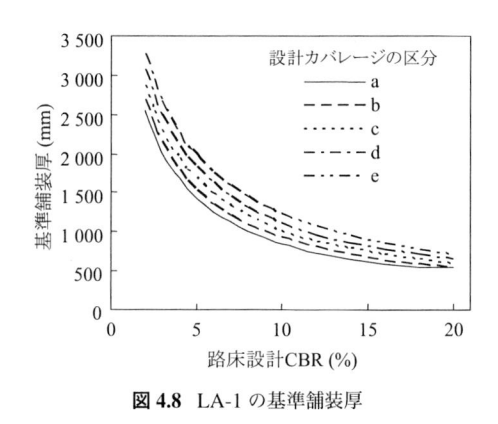

表 4.4 表・基層の標準厚

(単位:mm)

設計荷重	設計カバレージの区分				
の区分	a	b	c	d	e
LA-1	140	140	150	150	160
LA-12	130	130	140	140	150
LA-2	120	120	120		
LA-3	100	100	100		
LA-4	80	80	80		
LSA-1	40	40	40		
LSA-2	40	40	40		
LT-1	100	100	100		
LT-12	90	90	90		
LT-2	80	80	80		

図 4.8 LA-1 の基準舗装厚

表 4.5 粒度調整砕石上層路盤の標準厚

(単位:mm)

設計荷重	路床の設計 CBR (%)												
の区分	2	2.5	3	3.5	4	4.5	5	6	7	8	9	10	12	14	16	18	20以上
LA-1	400 (350)						350(300)		300 (250)				250 (200)			
LA-12	400 (350)						350(300)		300 (250)				250 (200)			
LA-2	350 (300)						300 (250)		250 (20)				200 (150)			
LA-3	300 (250)							250 (200)					200 (150)			
LA-4	200 (150)																
LSA-1	150 (100)					100											
LSA-2	100																
LT-1	250									200							
LT-12	200								150								
LT-2	150																

注) B, C, D 舗装区域および滑走路縁端帯に対しては, ( ) 内の数字を用いる.

からこれらの表層・基層ならびに上層路盤の標準厚を差し引いた残りとなる. なお, アスファルト混合物表層・基層の標準厚は, 表層と基層の最小合計厚を示しているだけである. 表層材料については高い耐老化性, すべり抵抗性といった点が特に求められるものの, その強度規定については基層材料と差がないため, それらの構成については施工性, 経済性といった観点から最適のものを見出せばよ

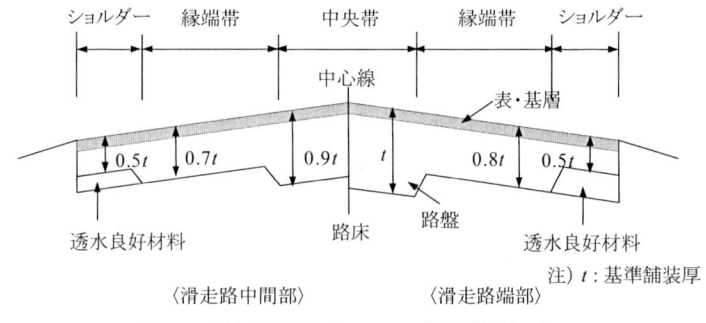

図4.9 滑走路横断方向における基準舗装厚の違い

い．また，グルービングを施す滑走路においては，この表の値に 10 mm を加えたものとする必要がある．

第3章で記したように，航空機種が同一であっても，航空機質量，走行速度，駐機時間といった点に違いがあるので，航空機を対象にした舗装区域をA～Dの4つの区域に分けて，舗装厚を変えることにしている．ここに示した基準舗装厚算定方法はA舗装区域の場合であるので，B，C，D舗装区域は，得られた基準舗装厚の，それぞれ90，80，50％とする必要がある．

さらに，滑走路を横断方向にみた場合の航空機の走行位置は，第3章に示したとおり中心線近傍に集中することから，滑走路を中央帯（幅20 m）と縁端帯とに分けて，舗装の厚さを異なったものとしている（図4.9）．

(2) 層 構 成

以上に示した設計法の元となっているCBR設計法の考え方は，路盤が粒状材料からなり，上層になるに従って良質なものになっていくという舗装構造を対象としている[11]．しかし，交通荷重が舗装構造に及ぼす影響は舗装上部のほうが大きく，また近年の航空機の大型化や交通量の増加も相まって，舗装上部ほど材料の荷重に対する高い耐久性や変形抵抗性が必要とされるようになっている．この場合，骨材同士が結合されていない粒状材料は，交通荷重の繰返し等による骨材の移動が大きいことから，路盤に安定処理材料を導入する必要性が高く，設計荷重が大きい場合には上層路盤に原則として安定処理材料を使用することが規定されている．

路盤に安定処理材料を使用する場合は，その性能が粒状材料よりも優れていることから，粒状材料を用いた場合より層厚を減少しても構造的に等価なものとすることが可能である．具体的には，安定処理材料の種類・性能ごとに粒状材料に

表 4.6 上層路盤材料の等価値

材料名	主な材質	等価値
アスファルト安定処理材	マーシャル安定度（75 回）4.90 kN 以上	2.0
	マーシャル安定度（50 回）3.45 kN 以上	1.5
セメント安定処理材	一軸圧縮強度（材齢 7 日）2.90 MPa 以上	1.5
石灰安定処理材	一軸圧縮強度（材齢 14 日）2.90 MPa 以上	1.5
水硬性粒度調整鉄鋼スラグ	一軸圧縮強度（材齢 14 日）1.20 MPa 以上 修正 CBR 80% 以上	1.5
粒度調整砕石	修正 CBR 80% 以上	1.0

表 4.7 下層路盤材料の等価値

材料名	主な材質	等価値
アスファルト安定処理材	マーシャル安定度（50 回）3.45 kN 以上	2.0
セメント安定処理材	一軸圧縮強度（材齢 7 日）2.00 MPa 以上	1.5
石灰安定処理材	一軸圧縮強度（材齢 14 日）2.00 MPa 以上	1.5
粒状材	修正 CBR 30% 以上	1.0

対する等価厚さの比率を規定して，減厚可能程度を定量化している．これは，米国州道路交通運輸担当官協会 (AASHTO) で導入されている構造指数 (structural number, SN[†]) において各層の構造的性能を表す層係数 (layer coefficient) と同じ概念であり [12]，わが国の空港舗装構造設計においては等価値と称している．この路盤材料の等価値は，材質のほか，厳密にいえば，層厚や層の位置などの影響を受けるものであろうが，従来の研究 [13] や実績などに基づき，上層路盤，下層路盤のそれぞれについて，**表 4.6，4.7** の値を用いることができる．

アスファルト安定処理材以外のセメント安定処理材，石灰安定処理材ならびに水硬性粒度調整鉄鋼スラグを上層路盤に用いた場合は，材料自体の化学反応により強度が徐々に増加していくという材料の特性もあって，交通荷重の繰返し載荷や舗装の比較的上部における温度・湿度変化などによるひび割れの発生が懸念される．これによりリフレクションクラックがその上部のアスファルト混合物層に発生する恐れがあるので，これを防止・抑制するためにはアスファルト混合物を厚くする必要があり，最小厚として 150 mm 以上を設ければよい．

なお，舗装材料は転圧・締固めにより施工されること，また層としての性能を十分に果たす必要があることから，用いる材料ごとに 1 層当たりの厚さが規定さ

[†] $SN = a_1 D_1 + a_2 D_2 m_2 + a_3 D_3 m_3 + \ldots$，$a_i : i$ 番目の層の層係数，$D_i : i$ 番目の層の厚さ，$m_i : i$ 番目の層の排水係数．

表 4.8　路盤 1 層最小厚　　　　　　　　（単位：mm）

路盤材料	設計荷重の区分	
	LA-1, LA-12, LA-2, LA-3	LA-4, LSA-1, LSA-2, LT-1, LT-12, LT-2
セメント安定処理材	150	120
粒状材	150	100
アスファルト安定処理材	60	60

れている．具体的には，表層・基層の場合は最小 40 mm，最大 80 mm として経済的な層構成とすることが求められており，路盤材料にあっては**表 4.8** のような 1 層最小厚が規定されている．ただし，上層路盤として最小厚を用いたとしても下層路盤の厚さとしてここに示した最小厚を確保できない場合には，必要分だけ増厚して最小厚を確保するか，あるいは上・下層路盤を 1 層にして上層路盤材料にて路盤を構成する必要がある．

(3) 舗装材料

アスファルト舗装の材料は，表層ならびに基層に用いられるアスファルト混合物と路盤に用いられる各種材料とに大別される．このうち，特に路盤については，資源の有効利用，舗装発生材活用などの観点から，地域産材料や再生路盤材料を積極的に利用する必要がある．このほか，舗装内に地下水が位置することは原則的には認められないが，長期的にみた場合に地盤の沈下等によりそのような事態が避けられない恐れがある場合には，路盤材料として安定処理材料を使うことが望ましいと考えられる．

a. 表層・基層

空港舗装の設計対象である航空機は，道路舗装の設計対象である自動車に比較すると，荷重，すなわち接地圧と接地面積の両方が大きいものとなっている．例えば，接地圧でみれば自動車が 0.4〜0.8 MPa であるのに対し，航空機は 1〜1.5 MPa であり，接地面積でみれば自動車が 600〜1 000 cm^2 であるのに対し，航空機は 1 200〜1 600 cm^2 となっている．このように接地圧と接地面積が大きいことは，アスファルト舗装内に生ずる応力も大きいことを意味しており，空港舗装に用いられる材料，特に表・基層を構成するアスファルト混合物の品質に対する要求性能に反映されている．具体的には，**表 4.9** に示すとおり，8.80 kN 以上（75 回突固め）といったマーシャル安定度の値が要求されている．この表にある①表層，③基層は設計荷重が LA-1〜LA-4 の場合に，②表層，④基層はそれ以外の場合に適用される．

表 4.9 表層・基層用アスファルト混合物のマーシャル特性値の規準

項目	表層		基層	
	① 表層	② 表層	③ 基層	④ 基層
突固め回数 (回)	75	50	75	50
マーシャル安定度 (kN)	8.80 以上	4.90 以上	8.80 以上	4.90 以上
フロー値 (1/10 mm)	20〜40	20〜40	15〜40	15〜40
空隙率 (%)	2〜5	3〜5	3〜6	3〜6
飽和度 (%)	75〜85	75〜85	65〜80	65〜80

注) 残留安定度はいずれも 75% 以上が必要

表 4.10 アスファルト混合物の骨材の粒度（通過質量百分率）

ふるい目 (mm)	表層			基層
	タイプ I		タイプ II	
	20*	13*	13F*	20*
26.5	100	—	—	100
19	95〜100	100	100	95〜100
13.2	75〜90	95〜100	95〜100	70〜90
4.75	45〜65	55〜70	45〜65	35〜55
2.36	35〜50	35〜50	30〜45	20〜35
0.600	18〜30	18〜30	25〜40	11〜23
0.300	10〜21	10〜21	20〜40	5〜16
0.150	6〜16	6〜16	10〜25	4〜12
0.075	4〜8	4〜8	8〜12	2〜7

* 13, 20 は骨材の最大粒径 (mm)

　これらのアスファルト混合物には，アスファルトとして JIS K 2207「石油アスファルト」に適合するストレートアスファルト（針入度 40-60，60-80，80-100，100-120）が，骨材として**表 4.10** に示す粒度範囲のものを使用することが規定されている．この表に示したタイプ II は積雪寒冷地用であるが，設計荷重 LA-4 以下の場合に適用できる．

　アスファルト混合物に要求される性能は，空港内の舗装区域の特性によって異なったものとなっている．主なものは以下のとおりであり，上記のアスファルト，骨材，アスファルト混合物の規格を満足したうえで，これらの要求性能にも対応できる材料を使用することが必要である．具体的には，改質アスファルトの使用，粒径の大きな骨材の使用といったことについて検討する必要がある [14]．

　① 滑走路や誘導路の縁端帯およびショルダーでは，交通によるニーディング（こねかえし）作用がないため，表層のアスファルト混合物の老化が促進

されやすいので，アスファルト量をできるだけ多くしたり，耐老化性の大きなアスファルトを用いたりするといった対策をとる．
② エプロン，誘導路，滑走路端部のような静止荷重が作用したり緩速走行荷重が集中したりする箇所では，表・基層のアスファルト混合物において大きなわだち掘れが生ずることが多いので，骨材の寸法を大きくする，アスファルト量をできるだけ少なくする，アスファルトとしてできるだけ針入度の小さなものや改質アスファルトを使用するといった対策をとる．
③ 滑走路端部，高速脱出誘導路・取付誘導路ならびにそれら近傍の滑走路中間部のような航空機が転回したり制動をかけたりする箇所では，大きな水平力を受けて表層がずれたり層間剥離が生じたりすることがあるので，表・基層各層間の付着力を高めるといった対策をとる．
④ エプロン等，航空機の燃料漏れが表層アスファルト混合物に損傷を与える恐れが大きい箇所では，耐油性の大きい材料や耐油コートなどを使用するといった対策をとる．
⑤ 航空機が着陸する滑走路の接地帯や航空機が制動をかけたり転回したりする誘導路近傍の滑走路中間部，さらには寒冷地空港における舗装などでは，十分なすべり抵抗性を確保できる工夫をする．

アスファルト混合物の施工にあたっては，1層仕上り厚を最大で 80 mm とし，密度がマーシャル安定度試験時の基準密度の 98% となるように転圧・締固めを行う必要がある．なお，アスファルト混合物の骨材の最大粒径は，表層の場合1層仕上り厚さの 1/2 以下，基層の場合 2/3 以下としなければならない．

b. グルービング

空港滑走路のすべり抵抗性を確保するうえでは，降雨時において滑走路から雨水を速やかに排除することが肝要であり，そのために滑走路の横断方向に勾配をつけるとともにグルービングを設けるという対策をとっている．このグルービングの効果はタイヤゴム付着により低下する[15]が，グルービングの溝が航空機の繰返し走行を受けて変形することによっても低下する．この問題に対処するために，表層アスファルト混合物を施工後2か月以上経過してからグルービングを設置することが規定されている．しかし，大規模空港をはじめとしたいくつかの空港においては依然としてグルービングの溝の変形がみられている（**図 4.10**）．

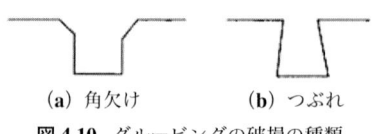

(a) 角欠け　　**(b) つぶれ**

図 4.10　グルービングの破損の種類

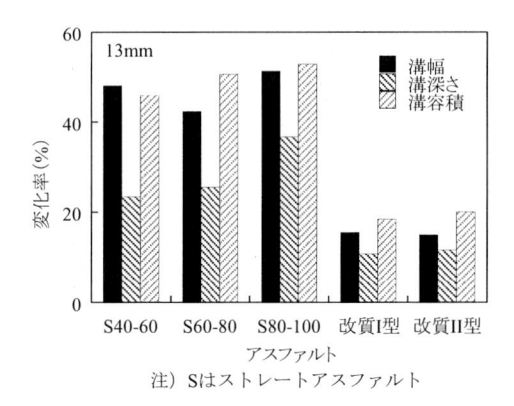

図 4.11 溝変形に対するアスファルトの影響

このグルービングの溝の変形に関しては，滑走路のすべり抵抗性を確保するためには，グルービング溝形状の変化率[†]を 20% 以下に抑える必要があることが室内試験の結果として明らかにされている [16]．そのための方策として，アスファルト混合物としてはアスファルトに改質アスファルトを使用することが非常に効果的であり，骨材に最大粒径の大きいものを用いることがいくぶん効果的であるとされている．**図 4.11** は，グルービングを設けた供試体に対する室内ホイールトラッキング試験の結果（温度は 40°C）として，溝の変形程度を表したものである．

このほか，オーバーレイ時には，ストレートアスファルトを用いた場合でも，最大粒径を比較的大きくした粒度配合の骨材を用いるといった材料面での工夫をすることにより，養生期間を比較的長く確保すれば対応可能であるとされている．

c. 上層路盤

上層路盤には，**表 4.6** に示したように，粒度調整砕石，アスファルト安定処理材，セメント安定処理材，石灰安定処理材，水硬性粒度調整スラグなどが用いられる．いずれの場合も，骨材の最大粒径は 40 mm 以下で，安定処理材の製造方法は中央プラント混合方式を原則としているが，これはできあがった材料の均一性といった品質を考慮して定められたものである．現場混合によってもこれらの規定を満足するような材質が確保できるならばそれによることも可能であろう

[†] グルービングの溝の変形の程度を表す変化率は，次式により定量化できる．
$$l = \frac{a - a'}{a} \times 100 \, (\%), \ a, a' : それぞれ，試験前，試験後における溝の幅，深さまたは容積．$$

が，第3章の路床に関して示したような性能低下には十分注意する必要がある．

粒度調整砕石は，有害物を含有していない砕石に砂やその他の材料を混合したものまたは道路用鉄鋼スラグである．粒度調整砕石の材質としては，最大粒径が 30 mm あるいは 40 mm で所定の粒度規定を満足し，修正 CBR が 80% 以上で，0.425 mm ふるい通過分の塑性指数 (PI) が 4 以下であることが必要である．なお，この場合，修正 CBR 測定時の締固め度は基準密度（JIS A 1210 の D 法または E 法による最大乾燥密度）の 95% とする必要があり，施工においてはの 95% 以上の締固め度が要求されている．

また，再生粒度調整砕石についても，修正 CBR ならびに PI に関する上記の規定を満たせば原則として使用可能であるが，アスファルト混合物再生骨材を含む場合には修正 CBR 試験を 40℃ の温度にて実施すること，コンクリート再生骨材についてはロサンゼルスすり減り量が 50% 以下であること，路盤再生骨材のみを使用する場合には PI についての規定を満たすことが必要である．

道路用鉄鋼スラグ（水硬性粒度調整鉄鋼スラグと粒度調整鉄鋼スラグ）については，上記同様，修正 CBR が 80% 以上あって，水浸による黄濁水や硫化水素臭の発生がなければ使用できる．なお，水硬性粒度調整鉄鋼スラグの場合は，修正 CBR 80% 以上でかつ材齢 14 日の一軸圧縮強度が 1.20 MPa 以上となっていれば等価値を 1.5 として使用できる．

路盤用アスファルト安定処理材に対する規準値としては**表 4.11** に示すものが規定されている．このうちタイプ A は LA-1〜LA-4 の場合，タイプ B はそれ以外に使用される．材料としてはストレートアスファルトを使用することと，最大粒径 50 mm で所定の粒度規定を満足する骨材を使用することが必要である．この場合も再生アスファルト混合物が使用可能であるが，アスファルト，骨材（再生アスファルト混合物骨材を含む）ならびにアスファルト混合物として満たすべき品質は上記と同様である．また，施工においては，表層・基層と同様に，基準密度の 98% 以上の締固め度が必要である．なお，場合によっては，経済性を考

表 4.11 路盤用アスファルト安定処理材のマーシャル特性値の規準

項目	タイプ A	タイプ B
突固め回数（回）	両面 75	両面 50
安定度 (kN)	4.90 以上	3.45 以上
フロー値 (1/10 mm)	20〜40	20〜40
空げき率 (%)	3〜8	3〜8

慮してアスファルト安定処理材路盤の一部については表層・基層と同一の材料を用いてそれらと一体に施工してもよい．

セメント安定処理材の材質としては，JIS A 1210 に規定された A 法で作製した供試体の 6 日養生 1 日水浸後の一軸圧縮強度で 2.90 MPa 以上のものが必要であり，その場合の骨材としては最大粒径が 40 mm で 0.425 mm ふるい通過分の PI が 9 以下といった品質のものを用いる必要がある．また，施工においては上記の方法による基準密度の 95% 以上の転圧・締固めが必要である．

このほか，**表 4.6** に示したとおり，材齢 14 日の一軸圧縮強度が 2.90 MPa 以上の石灰安定処理材も粒度調整砕石に対する等価値が 1.5 の材料として使用可能となっている．

d．下層路盤

下層路盤には，**表 4.7** に示したように，砕石，砂利，砂，鉄鋼スラグ，再生クラッシャーラン等が使用される．それらの最大粒径は 50 mm 以下を原則とするが，やむを得ないときには 1 層仕上げ厚の 1/2 以下で 100 mm のものまで使用できる．ただし，上層路盤にアスファルト安定処理材を用いる場合は 40 mm 以下とすることが望ましい．

下層路盤に用いる材料としては，設計荷重や舗装厚等の状況に応じて，**表 4.12** に示す 0.425 mm ふるい通過分の PI と修正 CBR に関する規定を満足するものを使う必要がある（修正 CBR を求めるときに用いる締固め度は，JIS A 1210 の D または E 法による最大乾燥密度の 95%）．具体的には，この表にあるタイプ A は設計荷重が LA-1〜LA-3 の場合の下層路盤上部に，タイプ B はそれ以外の場合に使用すればよく，タイプ C は下層路盤が厚くなる場合その下部に用いる．

下層路盤にも，上層路盤と同様の規定（ただし，PI と修正 CBR については**表 4.12** の規定）を満足すれば，クラッシャーラン鉄鋼スラグや再生クラッシャーランが使用できる．また，舗装内に地下水が位置することが避けられない場合には安定処理材料を使うことが望ましいことから，各種安定処理材についても規定されている．この場合，マーシャル安定度（突固め回数 50 回）が 3.45 kN 以上のアスファルト安定処理材については等価値が 2.0，それぞれ材齢が 7 日，14 日

表 4.12 下層路盤材料の品質規定

項目	タイプ A	タイプ B	タイプ C
PI（0.425 mm ふるい通過分）	6 以下	6 以下	10 以下
修正 CBR (%)	30 以上	20 以上	10 以上

の一軸圧縮強度が 2.00 MPa 以上のセメント安定処理材と石灰安定処理材については等価値が 1.5 となっている．なお，品質規定を満足しない材料でも，セメント，石灰等で安定処理することにより品質規定を満たせば下層路盤として使用可能となる．

　路床が下層路盤と同等の効果が期待できるような厚さ，強度や材質を備えている場合，また山岳空港などで岩が路床となる場合には，下層路盤が省略可能となることもある．ただし，路床の出来形，最大 2 m に及ぶ路床の範囲内の土質特性，浸水に対する耐久性といった点を十分に考慮する必要がある．

e．アスファルト・コンクリート塊の再利用

　循環型社会の実現に向けて，いわゆるリサイクル法，建設リサイクル法といったリサイクルに関する法体系の整備が図られている．これに伴い，建設副産物対策も順調に進んでおり，建設廃棄物のうち舗装工事の対象となるアスファルト・コンクリート塊ならびにコンクリート塊の再資源化率も 100% に迫るまでになっている．

　空港の分野でも，空港施設の整備事業が新設から維持・修繕へ移っている状況下で，空港舗装の補修工事等により不要となった既存部分の材料（もしくは相当分）を現場内で再利用することが望まれている．これに対応するために，空港舗装工事における建設廃棄物として発生量の多いアスファルト・コンクリート塊を再生加熱アスファルト混合物として表・基層，路盤へ，再生粒状材ならびに再生セメント安定処理材として路盤へ使用する方策について検討が進められている．

　i）再生アスファルト混合物

　再生アスファルト混合物は，骨材としてアスファルト・コンクリート塊を調整した再生骨材と通常の骨材を混合したものを用いている．空港舗装では，全骨材に占める再生骨材の混合率，すなわち再生率を上限で 40% として表層以外に使用できることが規定されている．再生率をこれ以上とする場合や再生アスファルト混合物を表層に使用する場合には，性状について十分確認をしたうえで使用してよいともされている．なお，使用可能な骨材は**表 4.13** に示す規格値を満足する

表 4.13 アスファルト混合物再生骨材の品質規定

項　目	規格値
旧アスファルト含有量 (%)	3.8 以上
旧アスファルトの針入度（25°C, 1/10 mm）	20 以上
75 μm ふるい通過分 (%)	5 以下

品質を有するアスファルト混合物再生骨材である（この表は最大粒径 13 mm の場合）．しかし，これ以外にも，空港舗装の解体により発生するアスファルト・コンクリート塊を再生アスファルト混合物として利用する場合に再生率を 70% に増加した事例も報告されている[17]．

今後舗装の補修工事が増加していく状況を考えると，再生アスファルト混合物を表層にも適用していかざるを得ない事態になることも想定されるため，その可能性について検討が進められている．具体的な例として，空港舗装の解体により発生するアスファルト・コンクリート塊を再生率 70% を上限として再生骨材として利用する場合においては，曲げ特性，骨材飛散抵抗性，グルービングの安定性のいずれの点をみても，再生アスファルト混合物は新規アスファルト混合物と同等の性能を有すること，しかもこれは老化作用を受けた場合にも当てはまることが室内試験により明らかにされている．例えば，**図 4.12** は 20 サイクルの熱（70°C）による促進老化あるいは 3 年間の自然老化を与えたあとの曲げ特性として破断ひずみを示したものであるが，いずれの方法によっても老化に伴う力学特性の変化は，再生アスファルト混合物が新規のものに比べるとほぼ同程度かもしくは小さくなっている．さらに，供用期間 3 年程度までの試験舗装を観察しても，両者の差はほとんどないことが確認されている．これらの結果に基づいて，空港舗装の解体により生じたアスファルト・コンクリート塊を使用した再生アスファルト混合物は再生率 70% を上限として空港誘導路舗装の表層として十分使用可能であるとされている．これに加えて，室内試験の結果からは再生率 100% の場合も適用性が高いことも報告されている[18]．

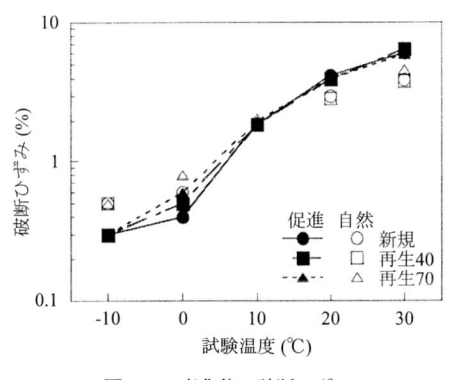

図 4.12 老化後の破断ひずみ

ii) 再生粒状材としての利用

再生粒状材はアスファルト・コンクリート塊を調整した再生骨材に補足材（クラッシャーラン C-40）を混合したものである．この再生粒状材を用いて修正 CBR 試験を行った結果は**図 4.13** に示すとおりである（図中には路盤（上層・下層）の規格値としてアスファルト舗装 (A) とコンクリート舗装 (C) のものを示している）．この場合の試験温度は夏季を想定して 40°C としている．この図から，再生骨材混入率が増加するにつれて修正 CBR は小さくなる傾向にあり，再生骨材混入率を調整することによって上・下層路盤としての規格を満たすものにできることがわかる．ただし，水浸により CBR が低下することから，路盤まで水浸するような状況にある場合には注意が必要である[19]．

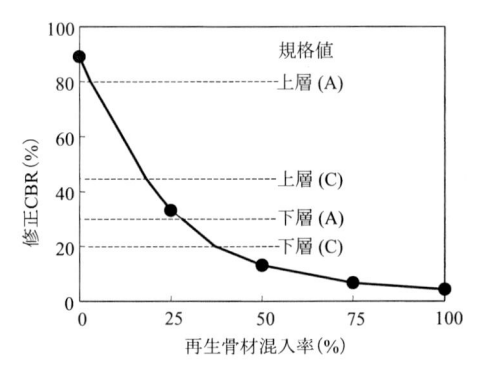

図 4.13 アスファルト再生骨材混入率と修正 CBR

iii) 再生セメント安定処理材としての利用

再生セメント安定処理材はアスファルト再生骨材に補足材を混合した骨材にセメントを添加したものである．再生骨材の混入率によらず，再生セメント安定処理材とすることにより上・下層路盤としての所要強度を確保できること，再生骨材混入率が大きいと所定の強度を確保するためにより多くのセメント添加量が必要となること，水浸が長期間になると場合によっては強度低下が起こることが示されている．また，再生骨材混入率を 100% としても，このセメント安定処理化により路盤材料として再利用できることも示されている[19]．

4.2.3 埋立地盤上のアスファルト舗装の構造設計

埋立地盤上に空港アスファルト舗装を建設する事例として，地下水位が高い場合と地盤が軟弱である場合の 2 つを対象にした構造設計をとりあげる．

(1) 高地下水位下のアスファルト舗装

　埋立地盤は一般に地下水位が高い[20]ため，舗装が建設されると，路床のみならず路盤までもが地下水位下に位置することが危惧される．また，舗装表面のひび割れから浸透する雨水[21]や周辺地盤からの流入水などにより舗装が水浸状態になる場合には，そのまま滞水してしまう危険性も大きい．このような状態で舗装が建設されて供用された場合，舗装を構成する材料自体に損傷が生ずるばかりでなく，舗装の荷重支持性能も低下する恐れが大きい．前者の防止策として，アスファルト混合物に対する剥離防止剤の添加，骨材の洗浄，アスファルトの改良，路盤・路床材料に対する安定処理化があげられている．後者では舗装全体として浸水対策を講ずることが必要となる．

a. 高地下水位下にあるアスファルト舗装の荷重支持性能

　地下水位が高い場合の舗装の荷重支持性能については，路盤材料を表 4.14 に示すように種々に変えた試験舗装を製作し，これに対する載荷試験を実施した事例がある[22]．試験舗装に対して，地下水なし，路床中間面まで水浸，路床上面まで水浸，下層路盤上面まで水浸，上層路盤上面まで水浸，の 5 段階の地下水位を設定して，地下水位を順次上げていきながら載荷試験を実施している．この場

表 4.14 試験舗装の構成

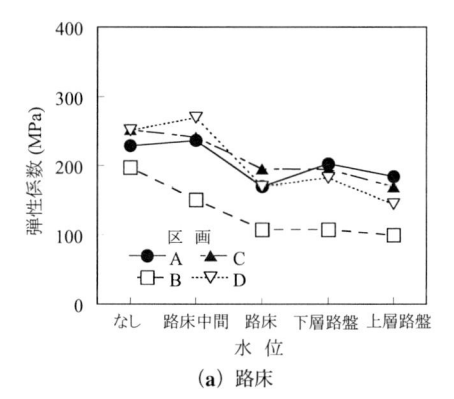

区画	上層路盤	下層路盤
A	アスファルト安定処理材	粒状材（クラッシャーラン）
B	アスファルト安定処理材	アスファルト安定処理材
C	粒状材（粒度調整砕石）	粒状材（クラッシャーラン）
D	アスファルト安定処理材	粒状材（再生クラッシャーラン）

(a) 路床　　(b) 粒状材路盤

図 4.14 水浸による路床・路盤の弾性係数の変化

合，各区画で舗装構成が異なっているため，水位条件が同一であっても絶対的な水位の深さは区画によって異なっている．

試験結果の例として，図 4.14 は載荷試験結果を逆解析して路床と粒状材路盤の弾性係数を算出した結果である．全体的にみると，水浸程度が進むにつれて路床の弾性係数は小さく算定されるようになる．特に，非水浸の時点から地下水位が路床面に上昇するまでの間の低下は著しく，値でみると 20～50% 近くに及んでいる．同様に，粒状材路盤の弾性係数は，A，D 区画での下層路盤の水浸前後，C 区画での上・下層路盤の水浸前後で，20～40% 減少していることがわかる．

一連の検討の結果として，次の点が示されている．
① 路床ならびに舗装は，いずれも地下水位が上昇するにつれて荷重支持性能が低下し，しかも粒状材路盤を有する舗装が著しいものとなる．この点を完全水浸後の弾性係数の水浸前のものに対する比率として定量化すると，路床，路盤の場合で，それぞれ，80%，70% となる．すなわち，高地下水位下で路床まで水浸することが想定される場合には，通常の方法により算定される設計 CBR を水浸状態に応じて最大 80% までに低減する必要がある．
② 路盤までが水浸状態になる場合には，上層路盤にアスファルト安定処理材を用いるほかに，下層路盤の一部を安定処理化する必要がある．

b．地下水位低下による対応

a. に記した方法は，路床ならびに舗装が水浸状態になった場合の荷重支持性能を定量化して，それを舗装の構造設計に反映させようとするものである．これとは逆に，何らかの方法により舗装内への水の浸入を防止する方法も考えられる．以下では，その具体的な方法として滑走路舗装を取り囲むように排水層を設置した事例を紹介する[23]．

この事例では，まず滑走路舗装建設後の将来の地下水位を予測することから検討が始められた．その結果，図 4.15 に示すように，滑走路供用開始より 5 年後の時点でかなりの部分で地下水位が路床内部に浸入することが判明したため，高地下水位対策が必要となった．工期の制約があるなかで良好な施工性を確保する必要もあったことから，路床下部に排水層を設置して舗装および路床全体への地下水の浸入を防ぐ対策がとられたのである．

この方法を用いるにあたっては，排水層自体ならびに舗装としての構造的安定性が確保できること，ならびに排水機能の持続性が確実であることを確認する必要がある．そのために大型室内試験と試験施工による検討が行われている．この

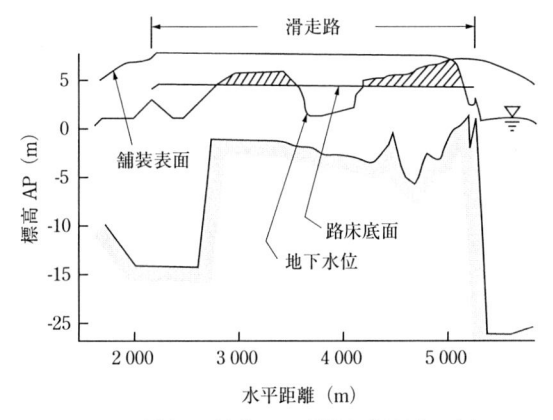

図 4.15 将来地下水位の予測結果（供用後 5 年）

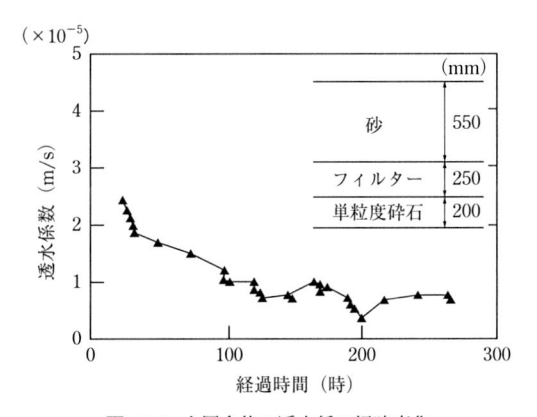

図 4.16 土層全体の透水係の経時変化

うち，室内試験では，550 mm 厚の砂層，250 mm 厚のフィルター層，200 mm 厚の単粒度砕石層の 3 層からなる土層を用いた透水試験を実施している．その結果，**図 4.16** に示すように，土層全体の透水係数は試験開始後徐々に低下するが，おおむね 100 時間が経過する頃から 1.0×10^{-5} m/s 程度で一定となることが判明した．このことから，砂の混入によるフィルター層の詰まりは極めて初期に起こるものの，ある程度の時間の経過につれて収束し，排水層の機能は長期的にみて確保可能と判断された．

この事例における設計条件は，路床 CBR 9%，設計荷重区分 LA-1，カバレージ 40 000 回（設計期間は 10 年）であり，これに対応して舗装構造は**図 4.17** のようになった．路床は標準どおり 2 000 mm の厚さであり，そのうち下部には

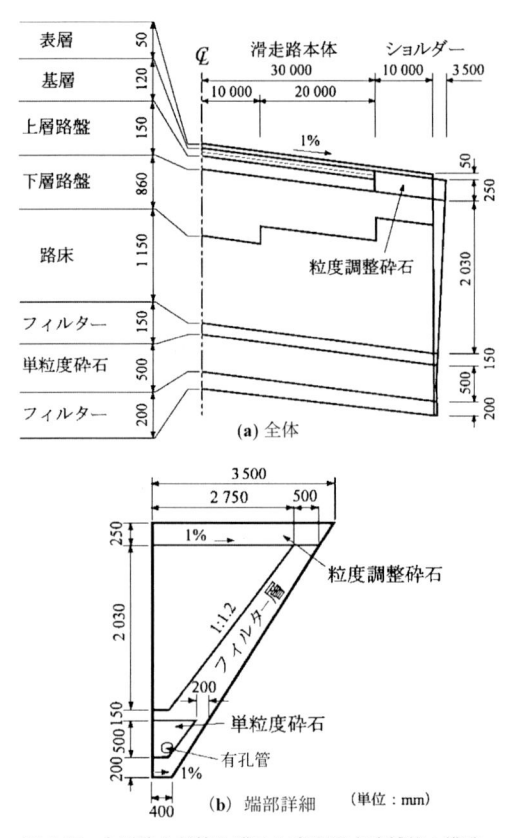

図 4.17 水浸防止対策を講じた空港滑走路舗装の構造

850 mm 厚の排水層を設置しているが，排水層が十分な荷重支持性能を有していることは事前に確認されている．この排水層は，詰まりに対する安全性および施工性を考慮して，粒径 20〜40 mm の単粒度砕石により構成される厚さ 500 mm の通水層を，粒径 0〜40 mm のコンクリート再生骨材を用いたフィルター層により挟み込む形式となっている．また，舗装全体をフィルター層で包み込んで側方からの地下水の浸入を防止し，さらに排水層の両側面下端に内径 250 mm の塩化ビニール製有孔管を配置する形式となっている．このような施設を設けることにより，舗装周辺の地下水は，透水性の良好なフィルター層を通じて，排水層に集められ，有孔管を通って空港外に自然流下方式で排水できることとなっている．この構造を有する試験舗装を製作して設計航空機荷重を繰返し走行載荷させるこ

とによって，この舗装構造の荷重支持性能が十分であることが確認されている．

(2) 軟弱地盤上のアスファルト舗装

軟弱地盤上の舗装に適したアスファルト舗装としてサンドイッチ舗装がある．これは，セメント安定処理材，貧配合コンクリートといった剛性の高い材料を下層路盤に用いて，この層と舗装上部のアスファルト混合物層等で粒状材層を挟み込む形式を有している．下層路盤に剛性の高い層を設けることによって，舗装全体としての支持力が高められ，通常のアスファルト舗装に比べて舗装厚を小さくできるという特徴をもつ．このサンドイッチ舗装の設計にあたっては，室内試験等から下層路盤の荷重分散性を考慮してその層の等価値を定めて空港舗装設計要領に示された基準舗装厚を満足するように構造を定めるとともに，安定処理材下層路盤の安全性について確認する必要がある．

図 4.18 に示した設計例では，(下部) 下層路盤に 300 mm 厚の山砂セメント安定処理材を設け，上層路盤にはアスファルト安定処理材とセメント安定処理材を設けている（合計厚で 500 mm）[24]．この上層路盤と下層路盤の間に 440 mm 厚のクラッシャーラン層を設け，表・基層厚は 150 mm としている．山砂セメント安定処理材は現地産の山砂をセメントにより安定処理した材料である．この山砂セメント安定処理材の安定性については，多層弾性理論を用いて算出した荷重により発生する応力やひずみを室内試験における破壊時のものと比較することにより検討したところ，発生応力は曲げ強度よりも十分に小さく，安全性については問題のないことがわかっている（表 4.15）．また，路盤としての等価値については，載荷試験結果をもとに 1.5 とできることも示されている．

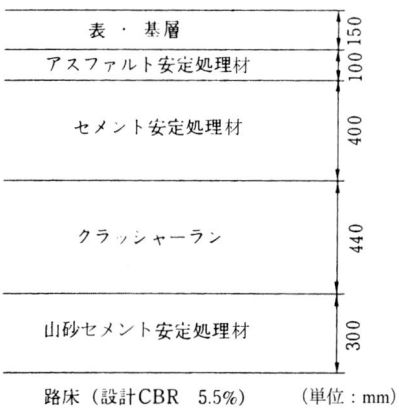

図 4.18 サンドイッチ舗装構造

表 4.15 安定処理材の安全性 （単位：MPa）

層	材料	発生応力	曲げ強度（材齢 28 日）
上層路盤	セメント安定処理材	0.88	1.92
下層路盤	山砂セメント安定処理材	0.15	0.85

4.2.4　諸外国の空港アスファルト舗装の構造設計法

航空輸送は1国内にとどまるような閉鎖システムではないため，以上に示したわが国の空港アスファルト舗装の構造設計法と対比する意味で，外国のものを概観することは興味深い．ここでは，カナダ，フランス，米国の3か国のものをとりあげるが，路床のCBRと航空機の種類・交通量が入力条件となっていて，粒状材路盤を用いる場合の舗装厚が得られる点，安定処理材路盤を用いた場合の換算係数が与えられている点は共通している[1]．

a. カ　ナ　ダ

カナダの空港舗装設計法では，まず航空機の標準脚荷重として1～12を定義し，それに対して実際の航空機を割り付けている．これをALR（Aircraft Load Rating）と称している．具体的なALRについては**表4.16**に示してある．

アスファルト舗装の厚さは，路床支持強度と標準脚荷重との関数として**図4.19**に示すように規定されている．この図は粒状材路盤の場合の舗装厚を示したものであるが，アスファルト混合物層と上層路盤の厚さはタイヤ接地圧に応じて決定

表4.16　カナダの空港舗装設計法における航空機のALR

航空機	タイヤ圧 (MPa)	荷重（最大／最小）(kN)	設計 ALR
B747	1.11 / 0.84	3600 / 2000	11.1 / 8.4
B767	0.98 / 0.78	1400 / 800	9.8 / 7.8
DC9	0.87 / 0.68	490 / 300	8.7 / 6.8
DC10	1.10 / 0.78	1970 / 1200	11.0 / 7.8
A300	1.05 / 0.86	1480 / 1000	10.5 / 8.6
L1011	1.11 / 0.92	2080 / 1400	11.1 / 9.2

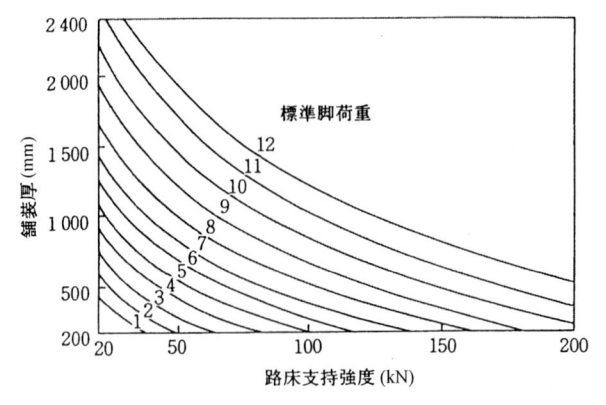

図4.19　カナダの空港アスファルト舗装設計法における舗装厚設計図

されるようになっている．また，大部分の空港では舗装が冬期間凍結するため，この図から求まる舗装厚が凍結深さよりも小さい場合は舗装厚として凍結深さをとらなければならないとされている．

b. フランス

フランスでは，設計期間を10年，1日当たりの航空機数を10便と考えて，最大質量の航空機の主脚を設計荷重として，路床CBRに応じて舗装厚が算定される（**図4.20**）．想定される交通量がこれと異なる場合には，$P' = P/(1.2 - \log n)$（ここに，nは想定される1日当たりの航空機数，P，P'は1日当たりの航空機数がそれぞれn，10機のときの設計荷重）により荷重を修正してこの図を用いればよい．このほか，設計期間中の交通量を正しく予測できるときは，実際の航空機の種類・便数を設計航空機の便数に換算する手法もとれるようになっている．

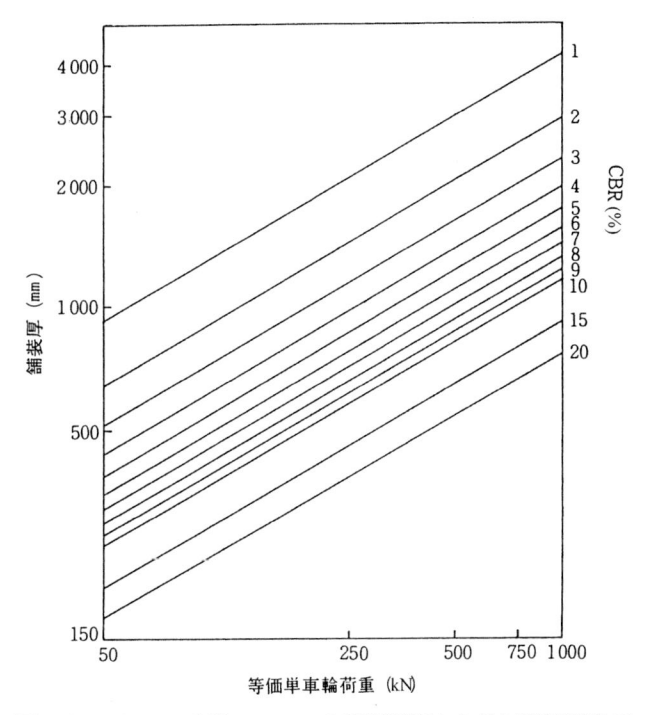

図4.20 フランスの空港アスファルト舗装設計法における舗装厚設計図

c. 米　国

米国では，当初交通量あるいは設計期間という概念がなく，航空機荷重に応じて舗装の厚さを決定する方法を用いていた．その場合の具体的な厚さ算定法はICAOの方法に基づくものである．その後，設計期間中の交通量に基づくものに変更されている．

米国連邦航空局 (Federal Aviation Administration, FAA) により 1967 年に発行された方法によれば，舗装厚は航空機の主脚形式と路床条件に応じて定められるようになっている[25),26)]．この場合，主脚形式は単車輪，複車輪，複々車輪の3 種類に分けられている．路床条件は，まず路床の土質が，その粒度，液性限界と塑性指数に基づいて，**表 4.17** に示す土質分類表に従って E-1～E-13 に分類され，排水条件と凍上危険性を考慮に入れて最終的には**表 4.18** に従って Fa, F1～F10 の 11 種類に分類される（コンクリート舗装の場合は Ra～Re の 5 種類）．そして，アスファルト舗装の総厚と路盤厚がこれらの荷重条件と路床条件によって決定される．**図 4.21** は複々車輪に対するものである．この場合，アスファルト混合物層の厚さは滑走路端部，誘導路とエプロンで 100 mm，その他の区域で75 mm とされている．

表 4.17　米国の空港舗装設計法における路床の土質分類（1967 年版）

土質群		質量百分率				液性限界(%)	塑性指数
		2.00 mm～*	粗砂 (0.42～2.00 mm)*	細砂 (0.074～0.42 mm)*	シルト・粘土 (～0.074 mm)*		
粒状材	E-1	0～45	40～	～60	～15	～25	～6
	E-2	0～45	15～	～85	～25	～25	～6
	E-3	0～45	—	—	～35	～25	～6
	E-4	0～45	—	—	～45	～35	～10
細粒土	E-5	0～55	—	—	45～	～40	～15
	E-6	0～55	—	—	45～	～40	～10
	E-7	0～55	—	—	45～	～50	10～30
	E-8	0～55	—	—	45～	～60	15～40
	E-9	0～55	—	—	45～	40～	～30
	E-10	0～55	—	—	45～	～70	20～50
	E-11	0～55	—	—	45～	～80	30～
	E-12	0～55	—	—	45～	80～	—
	E-13	黒泥・泥炭					

*　粒径

表 4.18 米国の空港舗装設計法における路床の分類（1967年版）

土質群	路床分類		
	排水良好	排水不良	
	非凍上・凍上	非凍上	凍上
E-1	Fa / Ra	Fa / Ra	F1 / Ra
E-2	Fa / Ra	F1 / Ra	F2 / Rb
E-3	F1 / Ra	F2 / Rb	F3 / Rb
E-4	F1 / Ra	F2 / Rb	F4 / Rb
E-5		F3 / Rb	F5 / Rb
E-6		F4 / Rc	F6 / Rc
E-7		F5 / Rc	F7 / Rc
E-8		F6 / Rc	F8 / Rd
E-9		F7 / Rd	F9 / Rd
E-10		F8 / Rd	F10 / Rd
E-11		F9 / Re	F10 / Re
E-12		F10 / Re	F10 / Re
E-13	路床には適さない		

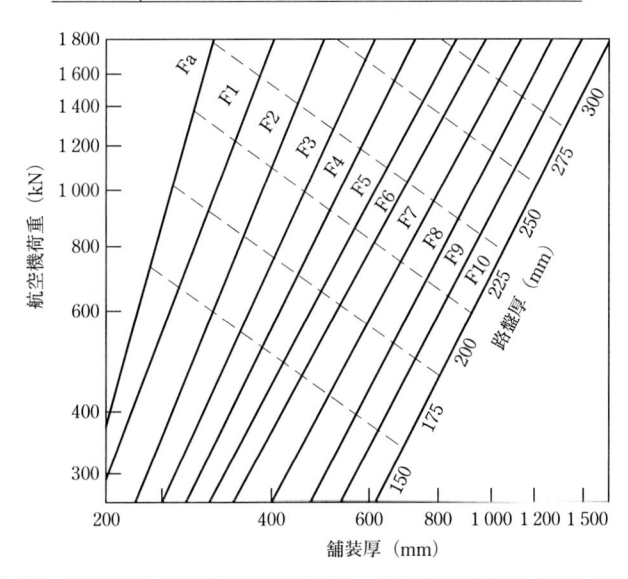

図 4.21 米国の複々車輪荷重用空港アスファルト舗装厚設計図（1967年版）

その後発表された1974年版では，CBR試験が導入され，従来より用いられている路床分類（Fa，F1〜F10）との関係が図 4.22 のように示されている[27]．ま

CBR (%)

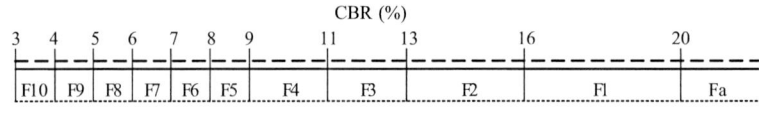

```
 3    4    5    6    7    8    9    11    13    16    20
F10  F9   F8   F7   F6   F5   F4    F3    F2    F1    Fa
```
FAAの土質分類

図 4.22 米国の空港舗装設計法における路床 CBR と FAA 土質分類（1974 年版）

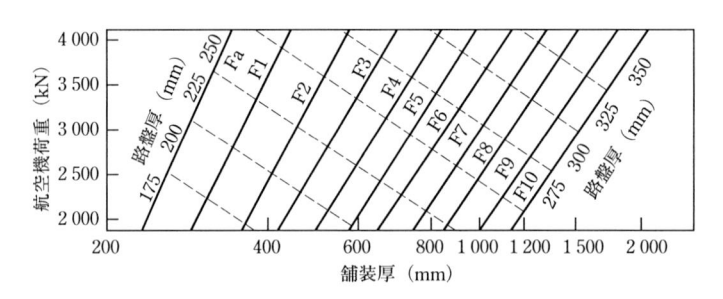

図 4.23 米国の B747 用空港アスファルト舗装厚設計図（1974 年版）

た，個別の航空機ごとの舗装厚設計曲線も示されている（**図 4.23** は B747 を対象としたもの）．

1978 年に示された方法は，設計期間を 20 年としてその間の交通荷重を定量化したうえで路床 CBR に応じて舗装厚が設計されるように変更されている[28]．交通荷重については，最大舗装厚を与える航空機を設計航空機とし，他の航空機の交通量を設計航空機の交通量に換算して年間出発便数として与えられている．舗装厚の設計曲線は設計航空機ごとに与えられている（**図 4.24** は B747 の場合）．アスファルト表層厚はそれまでより 25 mm 厚いものとなっており，舗装の最小厚についても CBR 20% とした場合のものとされている．路盤については，上層路盤の最小厚が**図 4.25** に示すように規定されているほか，質量 45 t 以上のジェット機が対象となる場合には安定処理材路盤が必要とされている．

FAA が空港舗装として DC8-50 型の主脚配置を有する航空機を安全に支持できる構造のものとすることを 1958 年に定めて以来，その後の新たな航空機の開発においても主脚車輪数と主脚車輪間隔を増加することによりこの方針は守られてきた．しかし，航空機の効率化を図るためには主脚配置を変更することが必要となって上記の方針が遵守できなくなってきたこと，また航空機自体が大型化してきたことから，これらへの対応が空港舗装として必要になってきた．以上に示した従来用いられている経験的舗装構造設計法によってもそれは可能であるが，新しい方法，すなわちアスファルト舗装には多層弾性理論，コンクリート舗装に

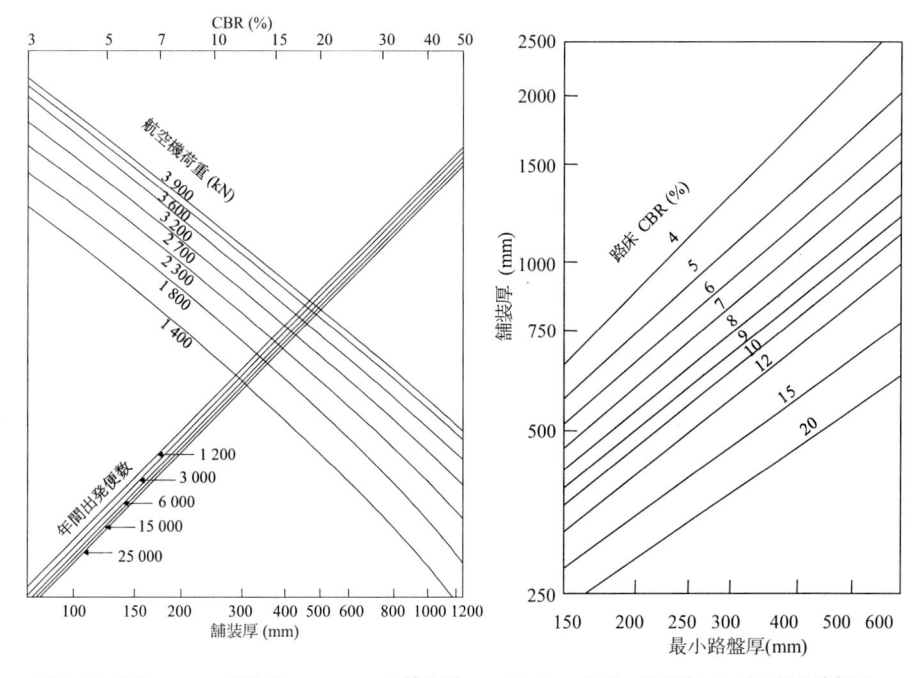

図 4.24 米国の B747 用空港アスファルト舗装厚設計図（1978 年版）

図 4.25 米国の設計法における最小路盤厚（1978 年版）

は三次元有限要素法を適用することによるほうがよりよいと考えられた．これは 2009 年版で明らかにされている[29]．

具体的な方法は，FAARFIELD (FAA Rigid and Flexible Iterative Elastic Layer Design) Program としてプログラムパッケージ化されている．これにはアスファルト舗装，コンクリート舗装の両方が含まれており，アスファルト舗装の場合は，表・基層下面水平ひずみと路床上面垂直ひずみを舗装の耐用期間の指標と捉えて，表・基層，上層路盤，下層路盤の所要厚が算定可能である．また，コンクリート舗装の場合は，コンクリート版の縁部における下面水平応力を舗装の耐用期間の指標と捉えて，コンクリート版厚が算定可能となっている．

この方法では，まず設計期間を 20 年としてその間の交通量を航空機ごとに推定する．次に，航空機ごとのパス／カバレージ率の関係からカバレージを計算する．この場合のカバレージは，各航空機の荷重が舗装に加えられたときの応力もしくはひずみに基づくものであり，従来用いていた代表航空機に換算するもので

表 4.19 累積疲労度に基づく舗装の残存寿命

累積疲労度	舗装の残存寿命
1	舗装の疲労寿命は残っていない
< 1	舗装の疲労寿命がいくらか残っており，累積疲労度は寿命のうち消費した分を表す
1 >	疲労寿命を超えて舗装を使用している

はない．具体的には，アスファルト舗装の場合は路床上面垂直ひずみを，コンクリート舗装の場合はコンクリート版下面水平応力を採用している．そして，式(4.17) により累積疲労度 (cumulative damage factor, CDF) を算出する．最終的には，このようにして計算される累積疲労度が 1 となるとき，すなわち CDF = 1 となるときの舗装構造が求めるものとなる．この累積疲労度と舗装残存寿命の関係は**表 4.19** で説明される．

$$\text{CDF} = \frac{\text{年間出発便数} \times \text{設計期間}}{\text{パス／カバレージ率} \times \text{破壊までのカバレージ}} \tag{4.17}$$

4.3 コンクリート舗装の仕様規定による構造設計

空港では，エプロンを中心にしてコンクリート舗装が多用されている．これはコンクリート舗装の高い荷重支持性能のためであり，結果として建設後の維持・修繕の必要性があまり高くないという利点をも生み出している．コンクリート舗装は交通荷重を表層であるコンクリート版が板作用によって広い範囲の路盤に伝えるという形式の舗装なので，路盤の重要度はプレストレストコンクリート版のような薄いコンクリート版を用いる場合には荷重載荷時のたわみが大きくなるため高いものの，一般的にはアスファルト舗装ほどではない．このようなことからコンクリート舗装の構造設計ではコンクリート版が最も重視されている．

舗装は設計期間中における環境作用ならびに交通載荷の繰返しに耐えられなければならないので，その構造設計には舗装各層の疲労度を算定して構造健全性を確認するという，いわゆる疲労設計法を用いる必要がある．コンクリート舗装の場合はアスファルト舗装に比較するとその破壊形式が複雑ではなく，コンクリート版の疲労度の計算方法が比較的容易なものとできることもあって，構造解析に基づく設計法が用いられている場合が多い．

4.3 コンクリート舗装の仕様規定による構造設計 / 115

わが国の空港コンクリート舗装の仕様規定型構造設計法は，広義に捉えれば疲労設計法であり，基本的には米国ポルトランドセメント協会 (Portland Cement Association, PCA) により開発された方法，いわゆる PCA 法に基づいているので，まず PCA 法の概要を述べたあと，わが国で用いられている設計法を示す．この場合，無筋コンクリート舗装，連続鉄筋コンクリート舗装，プレストレストコンクリート舗装について示したあと，地盤の不同沈下を考慮した場合の無筋コンクリート舗装の構造設計法を紹介する．そして，わが国のものとの対比という意味で，海外の空港舗装設計法として，カナダ，フランスと米国のものを紹介する．なお，PCA 法と外国の設計法では無筋コンクリート舗装に限定して記述する．

4.3.1 PCA の設計法

わが国の空港無筋コンクリート舗装の構造設計法が準拠している PCA 法では，交通荷重による応力に対して**表 4.20** に示すような適切な安全率を用いてコンクリート版厚を算定すれば，温度等交通荷重以外の応力に対しても十分に安全であるとしている[30]．この場合の荷重応力は，コンクリート版中央部に荷重が加えられたときの最大応力であり，Westergaard の中央部載荷公式により算出している．目地には何らかの荷重伝達装置を設けるのが原則なので，目地の荷重伝達性能が十分であること，舗装の自由端を走行位置とすることはほとんどないことから，版中央部応力が採用されている．

表 4.20 PCA 法における安全率

施設	安全率
Critical Area（エプロン，誘導路，滑走路端部等）	1.7〜2.0
Noncritical Area（滑走路中間部，高速脱出誘導路）	1.4〜1.7

4.3.2 無筋コンクリート舗装
(1) 無筋コンクリート舗装の概要

無筋コンクリート舗装は，鉄筋を入れないコンクリート版が何らかの荷重伝達装置により相互に連結されたコンクリート舗装と定義できる．厳密にいえば，コンクリート版には鉄網が入れられているが，これは構造計算には寄与するものではなく，コンクリート版にひび割れが発生した場合にそれを閉じたままに保つために用いられている．

コンクリート舗装の構造設計は，一般的にコンクリート版の構造設計と路盤の構造設計に分けて行われる．

コンクリート版は目地により縦・横方向とも数mごとに区切られているため，交通荷重の載荷によりコンクリート版に生ずる最大応力の値はその位置によって変化することがわかっている．目地に荷重伝達装置が導入されていない状態では，荷重が縁部に載った場合の応力（縁部応力）は荷重が版中央部に載った場合の応力（中央部応力）よりも非常に大きくなるし，隅角部に載荷された場合には荷重から離れた位置に最大応力が生ずる（隅角部応力）．この場合，目地に荷重伝達装置が導入されたとしても，縁部応力，すなわち目地部応力ならびに隅角部応力は減少はするものの，中央部応力の値にまでなることはない．なお，中央部と縁部ではコンクリート版下面に引張応力が発生するのに対し，隅角部では表面に引張応力が生ずる．このほか，コンクリート版には，アスファルト混合物表・基層と異なり，環境作用により応力が生じる．

コンクリート版の構造設計法として用いられている疲労構造設計法は，一般的に設計期間中の交通荷重ならびに環境作用に起因してコンクリート版に発生する応力とそれらの頻度に基づいてコンクリート版の疲労度を計算し，これが所定の値以下となるようにコンクリート版の構造を定めるというものである．わが国の道路舗装の構造設計法ではこのような方法がとられているが，空港舗装の場合には航空機の走行位置が一定ではなくて広く分散するという点を考慮に入れて，交通荷重による最大応力のみを計算し，交通量に応じて適切な安全率を用いるという簡易的な疲労設計法が採用されている．

路盤の構造設計については，路盤をコンクリート版を支持する基盤と捉え，それが設計期間中所定の荷重支持性能を保持できるように構造を定めることとされている．

(2) コンクリート版厚の算定

コンクリート版は通常現地で打設され，そして直接日照ならびに降雨による温度ならびに湿度変化を受けることになるため，あらかじめ適切な間隔で目地を入れておくことが原則として必要になる．交通荷重の走行位置をみると，道路舗装ではほぼ走行方向の目地（縦目地）近傍で一定であるのに対して，空港舗装の場合は主脚車輪間隔が広く，また航空機の機種によって大きく異なるうえ，走行位置も横断方向に分散することから，車輪の位置がコンクリート版内の相対位置として特定できない．そのため，目地には荷重伝達装置が設けられることもあって，航空機荷重によりコンクリート版に発生する応力として版中央部応力を採用

している．

　環境作用によりコンクリート版に生ずる応力としては，長期的な環境変化に起因するコンクリート版の厚さ方向に一様なもの（軸応力）と短期的な環境変化に起因するコンクリート版の厚さ方向に変化しているもの（曲げ応力）とに大きく分けられる．前者は，コンクリート版厚算定にあたって直接的に考慮することなく，後述するように，コンクリート版に目地を設けることにより対処している．これに対して，後者は，軸応力に対するもののような方法をとることが難しく，コンクリート版厚の算定において考慮する必要がある．この応力はさらに以下の3つに分けられ，いずれも計算可能であるが，コンクリート版の変形に対する拘束の程度に関して現時点では十分な知見が得られていないこともあって，直接求めることはせずに，後述する安全率の値に反映させている．

① そり拘束応力：コンクリート版の上下面の温度に差があることによってコンクリート版がそろうとするのをコンクリート版の自重が妨げるために生ずる応力

② 内部応力：コンクリート版の深さ方向の温度勾配が直線でないために生ずる応力

③ 端部拘束応力：コンクリート版の厚さ方向の平均温度の変化によってコンクリート版が伸縮しようとするのを路盤による摩擦や隣接コンクリート版が妨げるために生ずる応力

　航空機荷重によりコンクリート版に生ずる応力としては，Westergaardにより導かれた応力公式により計算される版中央部応力を採用している[31]．実際には，この式が集中荷重を対象にしたものであることから，PickettとRayにより展開された等分布荷重を対象とした曲げモーメントの算定式を用いている[32]．これが式(4.18)であり，航空機荷重，コンクリート版厚，コンクリートの弾性係数とポアソン比ならびに路盤支持力係数を与えることにより，曲げモーメントが算定され，最終的にはコンクリート版応力が算出できる[33]．

$$M(\theta_1, \theta_2, a) = \frac{ql^2}{8} \mathrm{Re} \left[(1+\nu)(\theta_2 - \theta_1) \frac{p}{l} \sqrt{iH_1^1\left(\frac{\sqrt{ip}}{l}\right)} + \right.$$
$$\left. (1-\nu)(\sin 2\theta_2 - \sin 2\theta_1) \left\{ \frac{\sqrt{ip}}{2l} H_1^1\left(\frac{\sqrt{ip}}{l}\right) + H_0^1\left(\frac{\sqrt{ip}}{l}\right) - 0.5 \right\} \right] \quad (4.18)$$

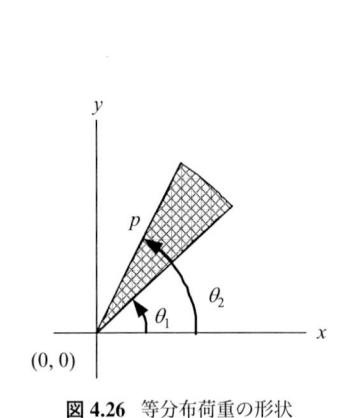

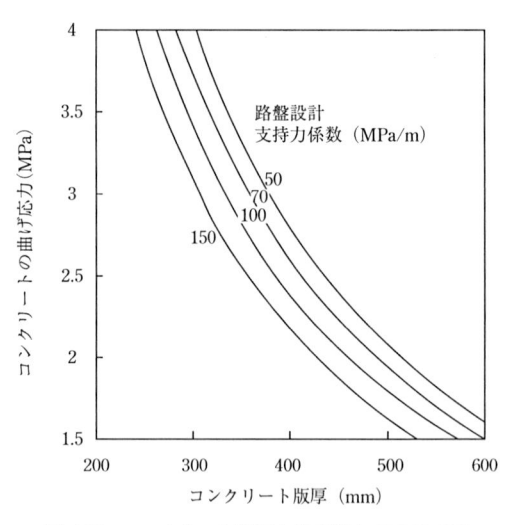

図 4.26 等分布荷重の形状　　**図 4.27** コンクリート版厚と曲げ応力 (B747-400)

ここに，$M(\theta_1, \theta_2, a)$：版中央部載荷時の曲げモーメント
　　　　　　q：等分布荷重
　　　　p, θ_1, θ_2：等分布荷重のそれぞれ，半径，中心角（**図 4.26**）
　　　　　　h：コンクリート版厚
　　　　　　E：コンクリートの弾性係数
　　　　　　ν：コンクリートのポアソン比
　　　　　　K：路盤支持力係数
　　　　　　l：剛比半径 $\left(= \sqrt[4]{\dfrac{Eh^3}{12(1-\nu^2)K}} \right)$
　　　　H_0^1, H_1^1：それぞれ，第1種0次，第1種1次のハンケル関数
　　　　　　Re：実数部分
　　　　　　i：虚数単位

図 4.27 には，荷重が B747-400 の主脚で，コンクリート版の弾性係数，ポアソン比が，それぞれ，5.0 MPa，0.15 である場合のコンクリート版の厚さと応力の関係をまとめてある（路盤支持力係数は 50〜150 MPa/m）。

実際の空港コンクリート舗装の設計では，コンクリート版厚を種々に仮定してこの式を用いてコンクリート版応力を計算し，コンクリートの曲げ強度を安全率で除した値に一致するときのものが所要のコンクリート版厚として得られること

表 4.21 設計カバレージと安全率

設計カバレージの区分	安全率
M	1.7
N	2.0
O	2.2

表 4.22 コンクリート版厚

（単位：mm）

設計荷重の区分	設計カバレージの区分		
	M	N	O
LA-1	370	420	450
LA-12	320	360	390
LA-2	300	340	360
LA-3	270	300	320
LA-4	200	220	230
LT-1	210	230	250
LT-12	180	200	210
LT-2	150	150	150

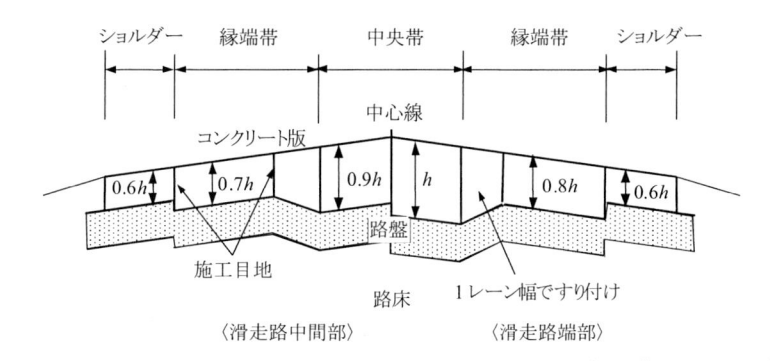

表 4.23 舗装区域による減厚

舗装区域	コンクリート版厚の百分率
A	100
B	90
C	80
D	70

注) h：基準コンクリート版厚

図 4.28 滑走路横断方向のコンクリート版厚の低減

になる．この場合，航空機荷重としては**表 3.1** に示した設計荷重の区分における代表航空機の主脚 1 脚を用いる．また，コンクリートの弾性係数，ポアソン比としては，それぞれ，5.0 MPa，0.15 を，路盤支持力係数としては 70 MPa/m を標準として使用する．また，安全率としては，**表 4.21** に示すように，PCA 法に準拠する形で設計カバレージの区分により 1.7 から 2.2 までをとっている．

以上述べた方法により，標準的な材料特性を有するコンクリートと支持力係数を有する路盤を用いたときの A 舗装区域におけるコンクリート版厚を算定した結果が**表 4.22** である．グルービングを施工する場合には，アスファルト舗装と同様に，コンクリート版厚を 10 mm 増厚する必要がある．

舗装区域が A 舗装区域以外の場合には，アスファルト舗装の場合と同様の考え方を踏襲して舗装厚を減少することとなるが，**表 4.23** に示すように A 舗装区

域のコンクリート版厚（基準版厚）を低減することによって対応を図る．また，滑走路の横断方向についてもコンクリート版厚を低減することによって対応する（**図 4.28**）．この場合，経済性や施工性等を考慮して中央帯の幅が 20 m 以上とならざるを得ないこともあろう．

(3) コンクリート版の材料・施工

a. コンクリート版に使用する材料

　空港コンクリート舗装のコンクリート版に用いるコンクリートは，所定の強度を有するとともに，耐久性，すり減り抵抗が大きく，また品質が均一である必要がある．コンクリートの設計基準曲げ強度は，材齢 28 日で 5.0 MPa もしくはそれ以上とすることが標準であり，プレストレストコンクリート舗装にあっては，これに加えて 40 MPa の設計基準圧縮強度を有さなければならない．また，ワーカビリティを確保するためには，コンクリートのスランプ 2.5 cm または沈下度 30 秒となるようにコンクリートを配合することが標準であるが，小規模施工や人力施工の場合にはコンクリートのスランプを 6.5 cm としてもよい．

　コンクリートに使用する材料のうち，セメントには，ポルトランドセメントのほか，高炉セメント，シリカセメント，フライアッシュセメント，エコセメントといったもののほか，超速硬セメントやアルミナセメントといった特殊なものもある．粗骨材には砂利，砕石等が用いられるが，その最大寸法は 40 mm 以下とするのがよい．また，細骨材には天然砂，人工砂等が用いられる．このほか，種々の理由により用いられる混和材と混和剤は日本工業規格 (JIS) に規定されているものを用いることが原則であるが，十分な調査・試験をして性能を確認することにより，それ以外のものも使用可能である．コンクリート版に用いる鉄網や目地に用いるダウエルバーならびにタイバーは，JIS に規定された品質を有する鋼材とすることが原則である．

　実際の空港舗装工事では，レディーミクストコンクリートが使用されることも多い．その場合には，空港舗装のコンクリートが JIS 規格外品となるため，その品質を確認しておかなければならない．

b. コンクリートの高強度化

　上記のように，空港コンクリート舗装用のコンクリートとしては，材齢 28 日での曲げ強度が 5.0 MPa となるものを用いる必要がある．しかし，周辺の舗装や構造物と接続をする場合，舗装表面の高さに制約がある場合等，より高強度のものが必要とされる場合も考えられ，近年の材料面での研究・開発の進展等により，これが実現可能となっている．この点について，以下で具体的な例として 2

つ紹介する．1 つは適切な量の鋼繊維を混入した鋼繊維補強コンクリート (Steel Fiber Reinforced Concrete)，もう 1 つはコンクリートの配合を工夫することによる高強度コンクリートである．

前者の鋼繊維補強コンクリートは，コンクリート中に鋼繊維を一様に分散させることによって，コンクリートの引張強度，曲げ強度，ひび割れに対する抵抗性の改善を図ったものであり，じん性に優れているため，コンクリート版にひび割れが発生したあともその拡大を抑制できるものとなっている．鋼繊維の混入率を増加することにより強度も増加するが，鋼繊維の種類や施工法によっては鋼繊維が球状に固まることもあるので，事前に十分な検討を行う必要がある．

後者の高強度コンクリートは，一般に粘性が高いために，舗装用コンクリートとして使用する場合には，施工面，特に表面仕上げ上の問題が生じることが懸念される．しかし，高強度コンクリートが舗装に使用可能になれば，設計基準曲げ強度を大きくとることができるので，コンクリート版厚の減少が可能となり，加えて版厚軽減によって実質上寸法効果による強度低下も低減できることになる[2]．しかも，特別な材料を使用することなく，また特別な製造・施工方法によることなく高強度コンクリートを導入できれば，近年の社会的要請である省資源と建設費縮減の両方が実現できる．これを可能とするために実施された高強度コンクリートの実用化に向けた研究について以下で紹介する[34]．

この事例では，高強度ならびに通常の配合と 2 種類のコンクリートを用いた試験施工が実施されている．このときの高強度コンクリートは，表 4.24 に示すように，水セメント比を 30% に低下させたものであり，設計基準曲げ強度は 6.5 MPa となっている（通常コンクリートは 5.0 MPa）．コンクリート版厚は，設計航空機荷重を LA-1，設計カバレージを 20 000 回（設計期間は 10 年間），設計路盤支持力係数を 70 MPa/m として，高強度コンクリート，通常コンクリートのそれぞれ

表 4.24 試験に供したコンクリートの示方配合

| 種類 | W/C (%) | V_G (m³/m³) | s/a (%) | 目標スランプ (cm) | 目標空気量 (%) | 単位量 (kg/m³) | | | 高性能 AE 減水剤 (%, C×) | 凝結遅延剤 (%, C×) | AE 減水剤 (%, C×) | 空気量調整剤 (A) |
						W	C	S	G				
高強度	30	0.70	35.5	8	4.5	135	450	627	1 176	1.0	0.3	—	5A
通常	40	0.71	37.3	5	4.0	138	345	690	1 193	—	—	0.4	4A

注）1. W：水，C：セメント，S：細骨材，G：粗骨材，W/C：水セメント比，V_G：単位粗骨材容積，s/a：細骨材率
2. 遅延剤・減水剤：セメント量に対する割合，空気量調整剤：1A はセメント 1 kg に対して空気量調整剤 1% 水溶液 2 mL 添加する意味

で，340 mm，420 mm である．実際の施工において，高強度コンクリートの場合は下層 230 mm，上層 110 mm の 2 層に分けて打設が行われ，通常コンクリートの場合は下層 280 mm，上層 140 mm に分けて行われた．コンクリートの締固めにはインナーバイブレーターを使用したが，高強度コンクリートの上層部分に対しては使用する必要性はなかった．

試験施工の状況は**図 4.29** に示すとおりであり，高強度コンクリートを用いた空港コンクリート舗装の施工は，通常コンクリートと同様の方法により行うことが可能であり，その表面の仕上がり状況についても同様である．また，高強度コンクリートの疲労特性は通常コンクリートと変わるものではなく，自然環境下での挙動も同様であることから，高強度コンクリートを用いた空港コンクリート舗装の構造設計法としては現行のものをそのまま適用可能であることが示されている．

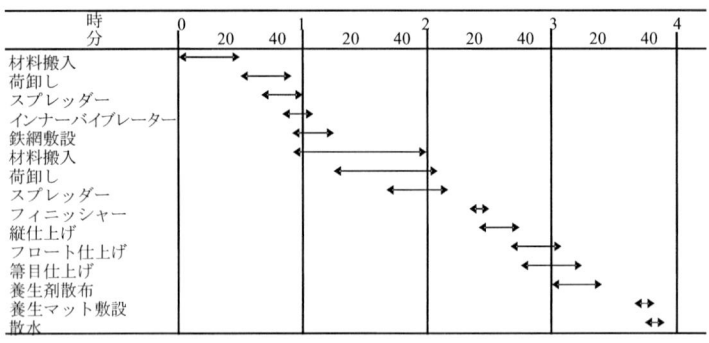

(a) 高強度コンクリート区画

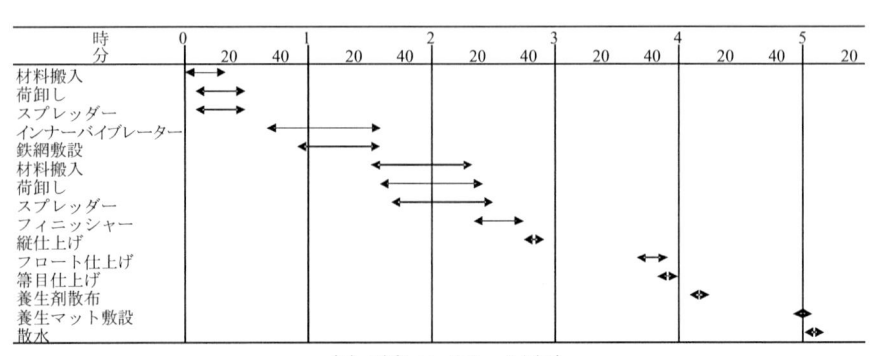

(b) 通常コンクリート区画

図 4.29 コンクリート版の施工状況

c. 養生方法の合理化

　空港におけるコンクリート舗装工事の養生方法としては，初期養生として希釈した養生剤を舗装表面に塗布し，後期養生として散水マットを用いた散水養生を行うことが一般的である．しかし，工事区域周辺を通行する航空機のエンジンからのジェットブラストにより散水マットが飛散して航空機の運行上の支障になったり，普通ポルトランドセメントを用いた場合には，打設後 14 日間は散水が必要になるといった点が課題として指摘されている．これを解決するものとして，比較的高濃度の被膜養生剤を打設後初期にコンクリート表面に塗布することにより，初期から後期までの一貫養生を行う方法について検討した事例がある[35]．

　この場合，屋外で実物大のコンクリート版を 2 区画製作し，それらと同一の配合，同一の厚さで，近接箇所に供試体を製作し，養生方法として散水養生（打設後 1 週間）と被膜養生の 2 種類を用いて，乾燥収縮特性が計測されている．両者は近接しており，周囲に日射を遮るものもないことから，外気温，日射，風の影響等は両区画で等しくなっている．**図 4.30** には，供試体表面部における乾燥収縮ひずみが材齢に伴って変化する状況を示している．いずれの養生方法においても，施工後 2 週間ほど経過するとひずみの増加率は小さくなっていることがわかる．養生方法の違いでは，初期養生期間に注目すると標準養生の場合はコンクリート打設後 1 週間散水養生を行っていることもあって被膜養生のほうが大きな値となっていること，また長期的にみても被膜養生のほうが散水養生の 1.2 倍程度になっていることがわかる．このほか，曲げ強度は，被膜養生剤を用いた場合は，散水養生に比較すると，材齢 1，4，13 週間で，それぞれ 80，90，95% となることもわかっている．今後の実用化に向けたさらなる研究が期待される．

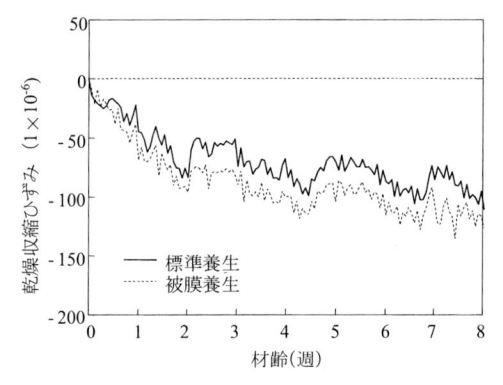

図 4.30 養生方法による乾燥収縮ひずみの違い

(4) 無筋コンクリート舗装の目地

　コンクリート舗装のコンクリート版は，上記のように，交通荷重の繰返し作用に加えて，厳しい環境作用にも耐えなければならない．後者の場合，コンクリー

ト版には，施工後の収縮，温度変化による膨張，収縮，そり等の変形が生じ，これらがコンクリート版でのひび割れ発生の原因となることから，所定の間隔で収縮目地や膨張目地を設ける必要がある．また，施工機械の幅や1日の施工終了などの施工上の都合から施工目地が設けられる．空港コンクリート舗装では，従来施工目地間隔としては 7.5 m が最大とされ，収縮目地としては版厚が 300 mm 以下の場合は 4.5〜6.0 m，300 mm 以上の場合は 5.0〜7.5 m とされていた．しかし，最近では 7.5 m 以上の施工幅に対応できる施工機械も存在することから，コンクリート舗装の構造的弱点である目地を減らし，建設・補修費用の削減ならびに走行安全性能の向上を図るために，目地間隔を最大で 8.5 m とできるように変更されている．

　これは，実物大の試験施工を行って，自然環境下におけるそれらの挙動を観察した結果に基づくものであり，8.5 m までの目地間隔であればコンクリート版に発生する軸方向（水平方向）拘束応力ならびに版厚方向拘束応力が大きく変化することはないとわかったからである．しかし，目地間隔が 8.5 m 以上になると，日中で版厚方向の温度勾配が正である場合の挙動がそれより短い目地間隔の場合と異なり，発生する応力が増加すると考えられることから，目地間隔は最大 8.5 m に制限する必要がある[36]．

a. 目的による目地の分類

　目地は，設置される目的によって，施工目地，収縮目地，膨張目地の3種類に分けられる．

　i）　施　工　目　地

　施工目地は，施工機械の進行方向のものと，それに対して直角方向のものに分けられる．

　施工機械の進行方向の目地，いわゆる縦方向施工目地は，施工上の都合により設けられる目地で，その間隔は舗装全体の幅および使用される舗装機械によって定まる．通常は，空港で使用されているコンクリートスプレッダーやコンクリートフィニッシャー等の施工可能幅を考慮して 3.0〜8.5 m 間隔で設けられる．構造的には丸鋼を用いたダウエルバー付き突き合わせ目地（ダウエルバー目地と称す）が一般的であるが，幅 23 m 以下の誘導路等に設けられるすべての目地ならびにコンクリート舗装区画の端（コンクリート版自由端）から 12 m 以内の施工目地では，ダウエルバーに代えて異形棒鋼であるタイバーを用いている．これは，コンクリート版が区画の外側へ広がるのを防いで，コンクリート版を連続一体のものとするためである．なお，タイバーの寸法はダウエルバーと同じもので

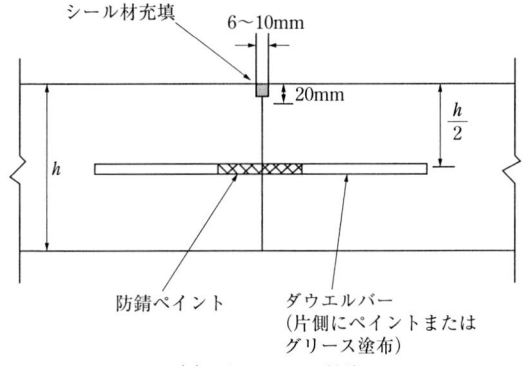

4.3 コンクリート舗装の仕様規定による構造設計 / 125

(a) ダウエルバー目地

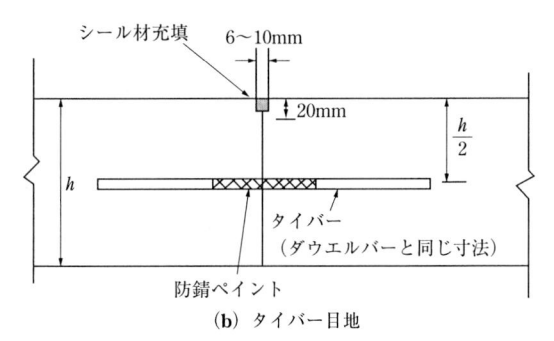

(b) タイバー目地

図 4.31 施工目地

ある．**図 4.31** には施工目地の構造を示してある．

　施工機械の幅員方向の目地，いわゆる横方向施工目地も，1 日の施工終了時やコンクリート打込み作業が 30 分以上中断される場合には設ける必要がある．この場合，その位置は隣接するコンクリート版の横方向収縮目地の位置と原則として一致させる必要がある．目地の構造は，縦方向施工目地と同様にダウエルバー付き突合せ目地である．

ii) 収　縮　目　地

　収縮目地も，施工機械の進行方向に対して直角方向（横方向）のものと進行方向（縦方向）のものに分けられる．

　横方向収縮目地は，コンクリートの体積変化に伴う応力を軽減するため，ひいてはコンクリート版に横方向の収縮ひび割れが不規則に生ずることを防止するために設けられる．その間隔は，空港周辺の地域における環境条件を勘案して決定することを原則としているが，一般的にはコンクリート版厚が 300 m 未満の場合

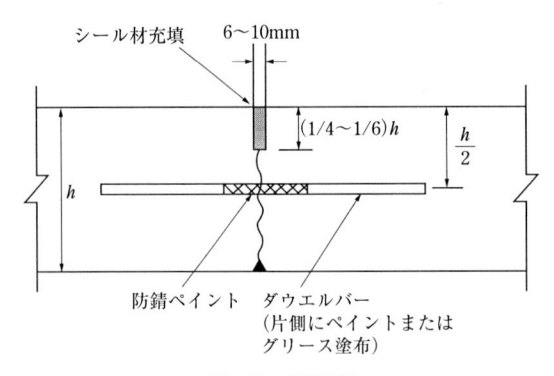

図 4.32 収縮目地

は 4.5〜6.0 m，300 mm 以上の場合は 5.0〜8.5 m となっている．なお，乾燥や温度変化が著しい地域においては，コンクリートの体積変化が大きいので目地間隔を短くする必要がある．

　この横方向収縮目地においては，のこ溝状の不規則なひび割れを誘発し，その部分の骨材のかみ合わせにより目地を介した荷重伝達がなされるが，これは目地が密着しているときにのみ確実で，コンクリートが収縮して目地が開いた場合にはその機能は低下してしまう．また，交通荷重の繰返しにより骨材のかみ合わせが失われた場合にも荷重伝達性能は低下する．このようなことを考慮して，横方向収縮目地にはダウエルバーを設けて十分な荷重伝達を図ることを原則としている（ダウエルバー付きのこ溝目地）．なお，設計荷重が小さく設計カバレージも少ない場合には，例外として，ダウエルバーを省略することも可能である．また，施工目地と同様に，自由端から 12 m 以内の目地では，ダウエルバーの代わりにタイバーを使用する必要がある．**図 4.32** には収縮目地の構造を示してある．

　縦方向収縮目地は，コンクリート版厚が 300 mm 未満で縦方向施工目地間隔が 5 m を超える場合ならびにコンクリート版厚が 300 mm 以上で縦方向施工目地間隔が 8.5 m を超える場合に，施工レーンの中央部分に設ける．この場合の目地構造は横方向収縮目地の場合と同様である．

　iii）膨張目地

　膨張目地は，コンクリートの打込みが寒冷期に行われたり，膨張性の大きいコンクリートを使用したりする場合に設ける必要があり，その標準的な間隔は 100〜200 m である．また，舗装が他の構造物と接する部分，滑走路，誘導路，エプロンの交差する部分ならびにその付近には膨張目地を設けなければならない．た

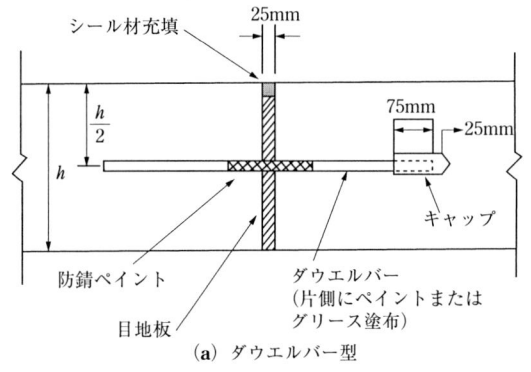

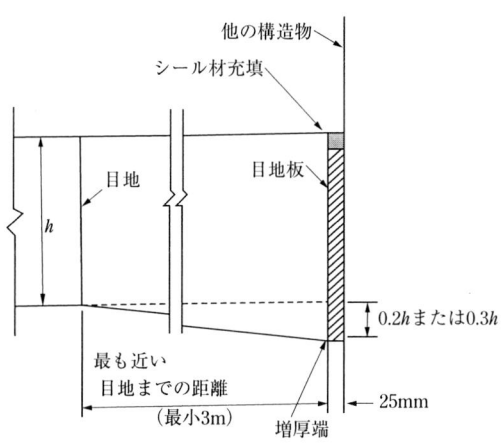

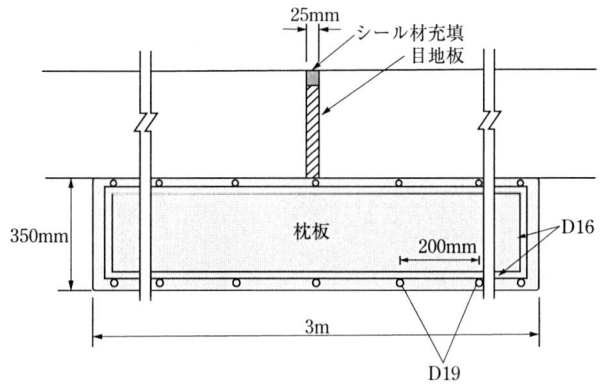

4.3 コンクリート舗装の仕様規定による構造設計 / 127

(a) ダウエルバー型

(b) 端部増厚型

(c) 枕板設置型

図 4.33 膨張目地

だし，次の場合には膨張目地を設けなくてもよいことがこれまでの経験等から判明している．

① コンクリートの膨張性が通常のものである．
② コンクリート版が気温の極端に高い時期に施工される．
③ 横方向収縮目地が 8.5 m 以下の適当な間隔で設けられている．

膨張目地の構造はダウエルバー型，端部増厚型または枕板設置型が標準となっている．ただし，舗装が他の構造物と接する部分では端部増厚型にせざるを得ない．端部増厚型では，荷重が伝達されないことからコンクリート版を 30% 厚くしている．また，枕板設置型では荷重が目地を介して伝達されることはないが，枕板を設置することにより路盤支持力の増加と段差の防止が図られている．標準的な膨張目地の構造を図 4.33 に示している．この場合，膨張目地の目地幅は，一般的には 20～30 mm の範囲が考えられ，25 mm を標準としている．なお，この目地幅は，膨張目地の間隔，コンクリート版の施工時期などによって変わり得るものであることはいうまでもない．

b. 構造からみた目地の分類

目地は，その構造上，すなわち目地の片側のコンクリート版に載荷された荷重が目地を介してもう一方のコンクリート版に伝達される形態によって，次の 3 種類に分けられる．

i) 曲げモーメントとせん断力の両方を伝達する構造

ダウエルバー目地が代表的なものであり，コンクリート版厚中央位置に目地を挟んでダウエルバーを設けることにより，曲げモーメントとせん断力両方の伝達を図っている．ダウエルバーの片側にグリースやペイントを塗布することによりコンクリート版との相対的移動（目地の開閉）が可能となっている．

ダウエルバーの寸法および設置間隔は，表 4.25 に示すものが標準である．なお，この表の値は，膨張目地の目地幅 25 mm，目地の収縮幅 3 mm，ダウエルバーの許容引張応力度 157 MPa，ダウエルバーの許容せん断応力度を 118 MPa，コンクリートの許容支圧応力度を 12 MPa として算定したものであり，これらの条件と著しく異なる場合には別途検討を行う必要がある．

表 4.25 ダウエルバーの寸法と設置間隔

荷重区分	ダウエルバーの寸法と間隔
LA-1	ϕ42-800, 400
LA-12	ϕ38-650, 400
LA-2	ϕ38-650, 400
LA-3	ϕ36-650, 400
LT-1	ϕ32-550, 400
LT-12	ϕ30-500, 400
LT-2	ϕ24-400, 400

注）ϕ42-800, 400 は，直径 42 mm，長さ 800 mm，設置間隔 400 mm の意味

表 4.26 タイバーの寸法と設置間隔

コンクリート版幅 (m)	コンクリート版厚 (mm)			
	～200	210～300	310～400	410～500
3.75～4.5	φ16–800, 800	φ19–900, 900	φ22–1100, 900	φ25–1200, 900
5	φ16–800, 750	φ19–900, 850	φ22–1100, 900	φ25–1200, 900
7.5～8.5	—	—	φ22–1100, 650	φ25–1200, 700

注）φ25–1200, 900 は直径 25 mm, 長さ 1200 mm, 設置間隔 900 mm の意味

タイバーの寸法および設置間隔は表 4.26 に示すものが標準である．この表の値は，タイバーの許容引張応力度を 157 MPa，コンクリートの許容付着応力度を 1.8 MPa，コンクリート版と路盤との摩擦係数を 1.5 として算定したものであり，これらの条件と著しく異なる場合には別途検討を行う必要がある．なお，タイバーに荷重伝達能力をもたせる場合には，ダウエルバーと同じ寸法と設置間隔で異形鉄筋を用いる．

　ii）　せん断力のみを伝達する構造

後述する連続鉄筋コンクリート舗装用の改良かぎ型目地が代表的なものである．この目地は構造的にはヒンジとして機能しているため，目地を介してせん断力しか伝達されない．なお，以前に使用されていた鉄筋径の小さいタイバーを用いたかみ合わせ目地もこれに該当するが，この場合のタイバーは主に目地の面の十分な接触を保持し，骨材のかみ合わせ効果などを有効に発揮させるためのものであり，モーメントの伝達は一般的には小さいものと考えられている．また，同様に，以前使用されていたかぎ型目地も，断面中央位置部分に設けた大きな台形状の突起形状のかみ合わせによる荷重伝達をもくろんだものである．

　iii）　モーメントとせん断力のいずれも伝達しない構造

目地に荷重伝達装置が設けられない構造であり，目地部に荷重が載ったときは，自由縁部載荷となり，応力ならびにたわみが大きくなるので，コンクリート版を増厚したり，コンクリート版の下方に枕板を設置したりすることによって対処している．

空港コンクリート舗装では，その初期においてせん断力のみを伝達する形式の目地であるのこ溝型（タイバーなし）やかぎ型が用いられていたが，目地幅が広くなると荷重伝達が期待できなくなる[37]ことから，鉄筋（ダウエルバーやタイバー）が導入されたり，かぎの形状の改良が図られたりしてきている．これは，航空機の大型化や交通量の増加に対処するために，目地の荷重伝達性能を向上させる必要が出てきたためである．また，強化した路盤により荷重伝達を図る形式

表 4.27　目地の変遷

発行年	縦方向目地		横方向目地		膨張目地
	施工目地	収縮目地	施工目地	収縮目地	
1971	かぎ型	のこ溝型	ダウエルバー付突き合わせ型（タイバー付かぎ型）	のこ溝型	ダウエルバー型 端部増厚型
1977	かぎ型 ダウエルバー付突き合わせ型	ダウエルバー付のこ溝型	ダウエルバー付突き合わせ型（タイバー付かぎ型）	ダウエルバー付のこ溝型	ダウエルバー型 端部増厚型
1990	ダウエルバー付突き合わせ型 改良かぎ型		ダウエルバー付突き合わせ型 改良かぎ型		ダウエルバー型 端部増厚型 枕板設置型

の枕板設置型膨張目地も導入されているが，これも目地部での段差防止に重点をおいたために用いられている．**表 4.27** には，わが国の空港舗装設計要領に記載されている目地の変遷を示している．

c. 目地材料

コンクリート舗装の目地には，乾燥収縮や温度変化に起因するコンクリート版の変形を吸収し，目地からの雨水や土砂の浸入を防ぐ目的で，目地材や目地板などの目地材料が用いられている．

目地材は土砂や雨水が目地に浸入するのを防ぐ目的で用いられ，コンクリート版の膨張・収縮に順応すること，コンクリートとよく付着すること，水密性に優れていること，水に溶けないこと，高温時に流れ出さず低温時にも過度に脆弱にならないこと等が性能として要求される．目地材には主に加熱型注入目地材，常温型注入目地材，成型目地材があるが，空港舗装では上記の項目以外にも，コンクリート舗装上に漏れた航空機燃料に対しての耐油性，航空機のエンジンからのジェットブラストに対しての耐炎性，夜間から早朝までの短期間での施工に対応できる施工性が求められることから，非瀝青系である常温型注入目地材が多く用いられている．

目地板は膨張目地に用いられ，コンクリート版の膨張・収縮に順応し，膨張時には目地からはみ出さず，収縮時にはコンクリート版との間に隙間を生じないものが求められる．目地板も材質により瀝青系目地板と非瀝青系目地板に分けられるが，目地材と同様に，耐油性，耐炎性の観点から非瀝青系の発泡体系目地板が多く用いられている．

表 4.28　目地材の材質規定

項目	規格値
硬化時間	24 時間以内
不粘着時間	3 時間以内
比重	1.2〜1.3
弾性 (%)	75 以上
引張強さ (MPa)	0.2〜0.5

表 4.29　目地板の材質規定

項目	発泡体系	瀝青繊維系
圧縮応力度 (MPa)	0.2〜0.5	2.0〜9.8
復元率 (%)	95 以上	65 以上
はみ出し (mm)	4 以下	4 以下

これらの目地材料に関する規格は，**表 4.28，4.29** に示すとおり定められている[6]．しかし，これらについては，現地の自然環境条件を考えて，試験温度，圧縮・膨張の繰返し作用に対する耐久性といった点についての規格を設ける必要があるとの指摘がある[38]．

(5) コンクリート舗装の路盤

路盤の構成は，現地の路床上に試験路盤をつくり，平板載荷試験によって支持力係数を求め，所要の設計支持力係数が得られるときのものとすることが原則である．この設計支持力係数は，試験路盤上における多数の平板載荷試験結果に基づいて，第 3 章で記した路床の場合のものを準用することによって算定すればよい．なお，この場合の支持力係数は直径 750 mm の平板を使用してたわみを 1.25 mm としたときのものである（K_{75} と記す）．

路盤の設計支持力係数 K_{75} は，従来の空港舗装における実績を考慮して，70 MPa/m を標準としている．わが国で空港舗装構造設計法が整備された当初はこの値として 50 MPa/m が用いられていたが，その後見直しが図られた経緯がある．なお，設計あるいは施工上，経済性等からこれ以外の値を採用してもよいが，50 MPa/m 未満の値は施工上問題がある[39]こと，150 MPa/m を超えるような値も路盤の長期安定性や耐久性が明確でないこと等から，通常は使用しない．路床の設計支持力係数が路盤のものと同等以上の場合，路床上部 150 mm の材料の品質が上層路盤としてのものに適合し，しかも支持力の均一性が確保されていれば，路盤は省略可能である．

この平板載荷試験の結果は，路盤に使用する材料や試験の実施時期等によって大きく異なることがあるので注意が必要である．例えば，アスファルト安定処理材路盤の場合は，試験時の温度の影響が大きく，温度が高いと信頼性のある値が得られない恐れがあることから，アスファルト安定処理材路盤の下に位置する路盤の表面で試験を行い，その支持力係数から後述する方法によってアスファルト安定処理材路盤面上の支持力係数を推定すればよい．また，寒冷地においては路

盤上での支持力は季節により大きく変動し，特に融解期には低下する．その度合いは路盤材料の種類や厚さ等によって異なるが，一般的には夏季の場合の約60～80%になる[40]．

路盤の支持力係数を直径750 mmという比較的寸法の大きい平板を使用して求めることとしているのは，第3章でも述べたように，平板がこの程度の大きさになると寸法の違いが支持力係数の値に及ぼす影響があまり大きくならないからである．しかし，試験の都合等でやむを得ず直径300 mmの載荷板を用いる場合には，式(4.19)によってK_{30}（直径300 mmの平板使用時の値）をK_{75}へ換算してもよい．式中にある，K_{30}からK_{75}への換算係数aは，路盤構成，下層の材料等の影響を受け，必ずしも一義的に定められるものではないが，下方から上方にかけて段階的に強度・剛性を増していくような一般的な路盤構成の場合は，粒状材路盤で3.0を，安定処理材路盤では5.0を用いることができるとされている[41]．

$$K_{75} = \frac{K_{30}}{a} \tag{4.19}$$

ここに，a：K_{30}からK_{75}への換算係数．

何らかの理由により試験路盤を用いて路盤構成が決定できない場合には，図4.34に示す設計曲線を用いてその構成ならびに厚さを決定してもよい．これは弾性理論（2層理論）を用いて試験舗装や全国各地での実測結果[41]から算定されたものであり，実測結果の大多数は安全側になっていることがわかっている．ただし，土質条件の違い，使用材料の品質の違いなどから，ここに示した関係は大きく変動することがあるので，大規模工事では必ず試験路盤を用いて検討することとされている．なお，セメント安定処理材路盤やアスファルト安定処理材路盤のように長期にわたる安定性，耐久性，均一性が確保できると判断できる場合には，この方法によらずに多層弾性理論等を用いて路盤支持力係数

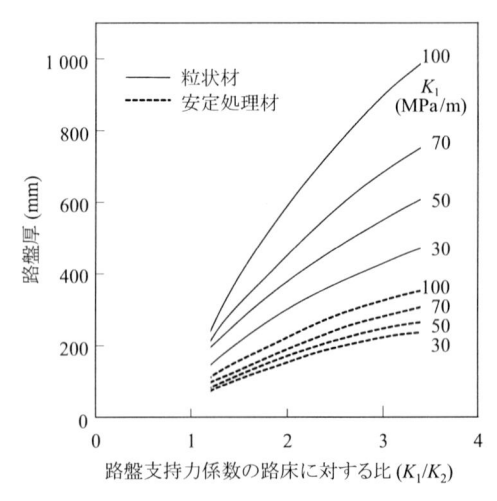

図4.34 コンクリート舗装の路盤厚設計曲線

を求めることも可能である．

　路盤の厚さは 150 mm が最小であるが，これが 300 mm 以上となる場合には上層路盤と下層路盤に分けるとよく，路盤が 1 層だけからなる場合には上層路盤材料を用いればよい．また，路盤上部にアスファルト中間層を用いる場合には，その厚さは 40 mm とすることを標準とし，その分他の路盤材料の層厚を減ずればよい．具体的な減厚量は粒状材の場合で 100 m，安定処理材の場合で 40 mm である．なお，1 層最小厚は使用する路盤材料により異なり，粒状材とセメント安定処理材の場合は 150 mm，アスファルト安定処理材の場合は 60 mm となっている．

　路盤の施工完了後コンクリート版打設までに比較的長い期間があることから，上層路盤に粒状材を用いた場合には降雨に備えてその表面をアスファルト乳剤などでシールするとよい．また，セメント安定処理材を用いた場合にも，養生のためもあってその表面をアスファルト乳剤などでシールするとよい．

4.3.3　連続鉄筋コンクリート舗装
(1)　連続鉄筋コンクリート舗装の概要

　無筋コンクリート舗装においては，目地やひび割れ発生箇所において段差や角欠けといった損傷が発生し，舗装の耐久性のみならず目地やひび割れ上を走行する航空機や車両の走行性能が低下し，さらには長期にわたる補修が避けられない事態に陥ることが懸念される．連続鉄筋コンクリート舗装は，この問題を解決すべく，コンクリート版の施工直角方向（横方向）の目地を設けなくてすむように，異形鉄筋を施工方向（長手方向）に連続して配置することにより，コンクリートの収縮に起因する応力をコンクリート版内に分散させ，コンクリート版の横方向に構造的に問題のない微細なひび割れを数多く導入させている舗装である．したがって，連続鉄筋コンクリート舗装の構造設計においては，このひび割れが構造的欠陥となることがないようにその幅を微細なままに保持するために，鉄筋の量・位置等を適切に定めることが肝要である．

(2)　連続鉄筋コンクリート舗装の構成

　連続鉄筋コンクリート舗装の構成，すなわちコンクリート版の厚さや路盤の層構成・厚さといった点については **4.3.2** で記した無筋コンクリート舗装のものと同様であるが，わが国の空港舗装構造設計法では上層路盤に剛性の高いセメント安定処理材を用いて，これと連続鉄筋コンクリート版を複合平板として取り扱う複合平板理論を採用している点が異なっている．この方法によれば，連続鉄筋コ

ンクリート版とセメント安定処理材上層路盤間の付着程度によって両者に発生する曲げ応力が異なってくることとなる．すなわち，付着程度が良好であれば上層路盤の荷重分担が大きくなり，その結果コンクリート版に発生する応力が小さくなることが明らかである．具体的には，付着程度を後述する方法により付着率として定量化し，載荷試験結果[42]等に基づいてこれを20％として構造解析を実施して構造を定めている．

上層路盤に用いる剛性の高い高強度セメント安定処理材については，路盤の施工性や経済性を考慮して，一軸圧縮強度7.4 MPa以上かつ圧縮弾性係数3.9 GPa以上のものを用いる必要がある．この程度の材質を有していればセメント安定処理材路盤は平板としての効果が十分期待できることが試験結果から確認されている[42]．

下層路盤の支持力係数 K_{75} を50 MPa/m とした場合の連続鉄筋コンクリート版と上層路盤の標準的な構成は**表 4.30** に示すとおりである（A舗装区域の場合）．なお，アスファルト中間層は，横方向ひび割れ幅の抑制効果があること，セメント安定処理材層仕上がり面の保護や型枠設置の点で有利となるので，50 mmの厚さで用いることとしている（表中の上層路盤厚はこれを含んだものとなっている）．

表 4.30 連続鉄筋コンクリート舗装のコンクリート版厚および上層路盤厚

(単位：mm)

設計荷重の区分	設計カバレージの区分					
	M		N		O	
	コンクリート版	上層路盤	コンクリート版	上層路盤	コンクリート版	上層路盤
LA-1	300	300	340	340	350	350
LA-12	270	260	300	300	320	320
LA-2	250	240	280	260	290	290

(3) 複合平板理論による連続鉄筋コンクリート版と上層路盤の構造解析

連続鉄筋コンクリート舗装の構造解析においては，コンクリート版と剛性の高いセメント安定処理材上層路盤を上下に重なった2枚の平板，すなわち複合平板とみなして航空機荷重が加わった場合の挙動を解析している．このような構造が曲げモーメントの作用を受けたときの応力ならびにひずみ分布は，2枚の平板の付着状況によって**図 4.35** に示すように異なったものとなる．上下の平板の弾性係数をそれぞれ E_1，E_2，弾性係数の比を $n(= E_2/E_1)$，平板の厚さを h_1，h_2，上

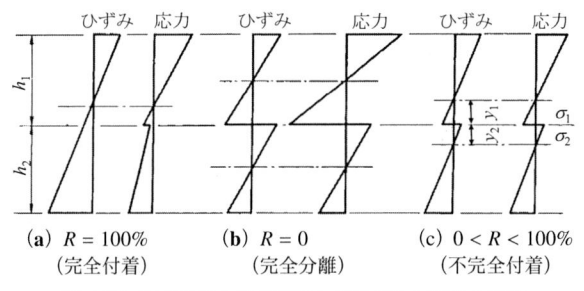

図 4.35 複合平板の付着率によるひずみと応力の分布

下の平板の付着率を $R\,(\%)$ とすると，複合平板理論を用いたときに平板に発生する応力は以下のように定式化できる．

上下の平板が完全には付着していない場合，すなわち上下の平板の付着程度を R として $0 < R < 100\%$ の場合，上下の平板の弾性係数の違いを部材幅の違いに置き換えた断面（換算断面）と考え，その断面二次モーメントを式 (4.20) のように定義する．このようにすることにより，上下の平板が完全に付着している場合 ($R = 100\%$) は $I_R = I_{100}$，完全に分離している場合 ($R = 0$) は $I_R = I_0$ となる．

$$I_R = \{R \cdot I_{100} + (100 - R)I_0\}/100 \tag{4.20}$$

ここに，I_R：付着率 R の場合の断面二次モーメント

I_{100}：付着率 100%，すなわち上下版が完全に付着している場合の中立軸に関する単位幅当たりの断面二次モーメント（式 (4.21)）

$$I_{100} = (h_1^4 + 4nh_1^3 h_2 + 6nh_1^2 h_2^2 + 4nh_1 h_2^3 + n^2 h_2^4)/\{12 \cdot (h_1 + nh_2)\} \tag{4.21}$$

I_0：付着率 0%，すなわち上下版が完全に分離している場合の中立軸に関する単位幅当たりの断面二次モーメント（式 (4.22)）

$$I_0 = (h_1^3 + nh_2^3)/12 \tag{4.22}$$

図 4.35 に示した，上方の平板の中立軸と境界面の距離 y_1，下方の平板の中立軸と境界面の距離 y_2 は，それぞれ式 (4.23)，(4.24) のようになる．

$$y_1 = \frac{h_1(h_1 + nh_2) - nh_2(h_1 + h_2)\sqrt{R/100}}{2(h_1 + nh_2)} \tag{4.23}$$

$$y_2 = \frac{h_2(h_1 + nh_2) - h_1(h_1 + h_2)\sqrt{R/100}}{2(h_1 + nh_2)} \tag{4.24}$$

また，2枚の平板と等価な働きをする弾性係数 E_1 を有する1枚の平板の厚さである等価単板厚 h^* は式 (4.25) のようになり，これを使用して曲げモーメントの計算，さらには平板応力の計算が可能となる（式 (4.26), (4.27)）．

$$h^* = \sqrt[3]{12 \cdot I_R} \tag{4.25}$$

$$\sigma_1 = \frac{M}{I_R} y_1 \tag{4.26}$$

$$\sigma_2 = \frac{nM}{I_R} y_2 \tag{4.27}$$

(4) コンクリート版の縦方向鉄筋の算定

連続鉄筋コンクリート舗装のコンクリート版には，コンクリートの乾燥収縮，温度・湿度変化等により生ずるべきコンクリートの収縮変形が縦方向鉄筋と路盤による拘束を受け，その結果として引張応力が発生することによって多数の横断方向ひび割れ，すなわち横方向ひび割れが発生する．これらのひび割れが構造的に問題のないものとなるように，コンクリート版に配置する縦断方向鉄筋の鉄筋量，鉄筋位置，鉄筋径を適切に定めなければならない．

このコンクリート版の横方向ひび割れにおいては，荷重伝達が十分に行われなければならず，これを可能とするためにはひび割れ幅を平均で 0.5 mm 以下とする必要がある[43]．そのため，年間を通じたコンクリート版の厚さ方向のひび割れ形状の変化を考慮して，ひび割れ幅が上記の値以下になるように鉄筋量，鉄筋位置，鉄筋径を決定する必要がある．

連続鉄筋コンクリート舗装のコンクリート版における鉄筋の位置，コンクリート版表面ならびに底面におけるひび割れ幅は，式 (4.28), (4.29), (4.30) によって算定できる．このひび割れ制御式を用いる際に必要となるデータは，コンクリートの物性，現地の条件により違いがあるので，試験舗装等により十分に検討して設定する必要がある．なお，コンクリートの収縮量については，年間の平均相対湿度約 70%，版厚 350 mm のコンクリート版における施工 3 年後のものとして，**表 4.31** に示すものがある．

表 4.31 コンクリートの収縮ひずみの例

位置	収縮ひずみ (1×10^{-6})
コンクリート版表面	200
コンクリート版下面	0

4.3 コンクリート舗装の仕様規定による構造設計 / 137

① 鉄筋位置

$$w = 2\left(1 + \frac{np}{\rho}\right)\frac{\eta_1}{\dfrac{2}{l_{\max}}\eta_1 + \dfrac{np}{\rho}\eta_2}\left(\varepsilon'_{sh,s} + \varepsilon_{\Delta T,s}\right) \tag{4.28}$$

② コンクリート版表面

$$w_u = \frac{1 + \dfrac{np}{\rho_u}}{1 + \dfrac{np}{\rho}} \cdot w + \left[\frac{1 - \dfrac{\rho}{\rho_u}}{1 + \dfrac{np}{\rho}} \cdot \frac{np}{\rho} \cdot \frac{\sigma_s}{E_s} - \frac{1 + \dfrac{np}{\rho_u}}{1 + \dfrac{np}{\rho}}\left(\varepsilon'_{sh,s} + \varepsilon_{\Delta T,s}\right) + \varepsilon'_{sh,u} + \varepsilon_{\Delta T,u}\right]l_{\max} \tag{4.29}$$

③ コンクリート版底面

$$w_l = \frac{1 + \dfrac{np}{\rho_l}}{1 + \dfrac{np}{\rho}} \cdot w + \left[\frac{1 - \dfrac{\rho}{\rho_l}}{1 + \dfrac{np}{\rho}} \cdot \frac{np}{\rho} \cdot \frac{\sigma_s}{E_s} - \frac{1 + \dfrac{np}{\rho_l}}{1 + \dfrac{np}{\rho}}\left(\varepsilon'_{sh,s} + \varepsilon_{\Delta T,s}\right) + \varepsilon'_{sh,l} + \varepsilon_{\Delta T,l}\right]l_{\max} \tag{4.30}$$

ここに，$l_{\max}$：最大ひび割れ間隔 $\left\{= 2\dfrac{\eta_1/\eta_2}{\dfrac{np}{\rho_u}\left[\dfrac{E_c(\varepsilon'_{sh,s} + \varepsilon_{\Delta T,s})}{f_{bd,h}} - \dfrac{\rho_u}{\rho}\right]}\right\}$

σ_s：ひび割れ断面の鉄筋応力度 $\left\{= \dfrac{f_{bd,h} \cdot A_c}{\left[1 + \dfrac{(h/2 - d)h/2}{I_c/A_c}\right] \cdot A_s}\right\}$

$$1/\rho = 1 + \frac{(h/2 - d)^2}{I_c/A_c}$$

$$1/\rho_u = 1 + \frac{(h/2 - d)\,h/2}{I_c/A_c}$$

$$1/\rho_l = 1 - \frac{(h/2 - d)\,h/2}{I_c/A_c}$$

$$\eta_1 = L_b + 7.5\phi + 26.6\phi^2 \big/ L_b$$

$$\eta_2 = 1 + 6.25\phi/L_b$$

$$L_b^2 = \frac{\phi}{4(1+np/\rho)} \frac{E_s}{K_s}$$

$f_{bd,h}$ ：材齢 28 日における版厚に対応する設計曲げ強度 (MPa)

n ：鉄筋とコンクリートのヤング係数比 ($= E_s/E_c$)

ϕ ：鉄筋の直径 (mm)

K_s ：付着剛性 (GPa/m，一般に 400 GPa/m とする)

A_c ：コンクリートの横方向断面積 (mm^2)

I_c ：コンクリートの横方向断面の断面二次モーメント (mm^4)（全断面有効とする）

p ：鉄筋のコンクリートに対する断面積比

d ：コンクリート上縁から鉄筋までの距離 (mm)

$\varepsilon'_{sh,s}$ ：鉄筋位置におけるコンクリート打設後からの収縮ひずみ

$\varepsilon'_{sh,u}$ ：版表面におけるコンクリート打設後からの収縮ひずみ

$\varepsilon'_{sh,l}$ ：版底面におけるコンクリート打設後からの収縮ひずみ

$\varepsilon_{\Delta T,s}$ ：鉄筋位置におけるコンクリート打設後からの温度ひずみ ($= \alpha_c \cdot \Delta_{T,s}$)

$\varepsilon_{\Delta T,u}$ ：版表面におけるコンクリート打設後からの温度ひずみ ($= \alpha_c \cdot \Delta_{T,u}$)

$\varepsilon_{\Delta T,l}$ ：版底面におけるコンクリート打設後からの温度ひずみ ($= \alpha_c \cdot \Delta_{T,l}$)

α_c ：コンクリートの熱膨張係数 (1/°C)

$\Delta_{T,s}$ ：鉄筋位置におけるコンクリート打設後からの温度降下量 (°C)

$\Delta_{T,u}$ ：版表面におけるコンクリート打設後からの温度降下量 (°C)

$\Delta_{T,l}$ ：版底面におけるコンクリート打設後からの温度降下量 (°C)

　以上に示した方法に基づいて実際の空港において設計・施工した連続鉄筋コンクリート舗装では，最大ひび割れ幅が 0.4 mm 以下になっていることがわかっており，この手法の妥当性が明らかになっている．具体的な鉄筋の配筋方法については，コンクリート打設の容易さ，ひび割れでの荷重伝達ならびにコンクリートと鉄筋の付着を確実にするために，以下のような値が標準とされている．

① 鉄筋量：コンクリート版断面積の 0.65%

② 鉄筋径：最大で 19 mm

③ 鉄筋間隔：最小間隔は骨材の最大寸法の 2 倍または 100 mm のうち大きいほう．最大間隔は 250 mm

④ 鉄筋位置：コンクリート版表面から版厚の 1/3．かぶりの最小値は 50 mm

縦方向鉄筋を連続したものとするために用いる継手は重ね合わせとし，その位置としてはちどり型配置，斜め型配置といったものがある（**図 4.36** にはちどり型

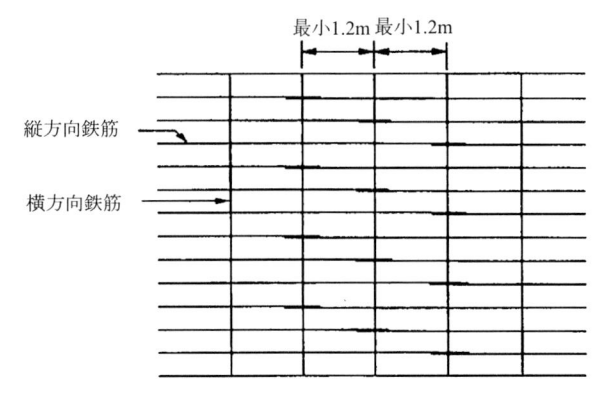

図 4.36 重ね合わせ継手の配置の例（ちどり型配置）

配置のものを示す）．重ね合わせ長さの最小値は，鉄筋径の 25 倍または 400 mm のうち大きいほうとしている．

横方向鉄筋は縦方向鉄筋を下から支持するものであり，その役目は縦方向鉄筋と異なりひび割れを制御するものではなく，縦方向鉄筋を所定の間隔に保持するというものである．横方向鉄筋の鉄筋量についてはコンクリート版断面積の 0.09% を標準とし，鉄筋間隔については最大で 1.5 m としている．

(5) 連続鉄筋コンクリート舗装の目地

連続鉄筋コンクリート舗装のコンクリート版には，いうまでもなく，横方向収縮目地は設ける必要はないが，コンクリート版が長大版であることから横方向施工目地を設けざるを得ない場合が多くなる．この場合，突き合わせ型ではあるが，縦方向鉄筋を貫通させ，また縦方向鉄筋量の 33% 以上のタイバーを用いて補強するものとしている．なお，タイバーは縦方向鉄筋と同一の直径で，最長 1.2 m のものを等間隔で配置することとしている．

縦方向目地の間隔，構造等は無筋コンクリート舗装の場合と同様でよい．ただし，コンクリート版の両端部分 50 m 程度は路盤に対して相対的に移動する[42] ので，この部分にはダウエルバーを用いるのは適切ではなく，改良かぎ型目地を設置する必要がある（**図 4.37**）．改良かぎ型目地が導入される前は，角ばりのある台形上のかぎを有するかぎ型目地も使用されていたが，角部での応力集中によるひび割れがコンクリート版の目地部で多くみられていたので，この改良かぎ型目地がその改良策として開発された[44]．

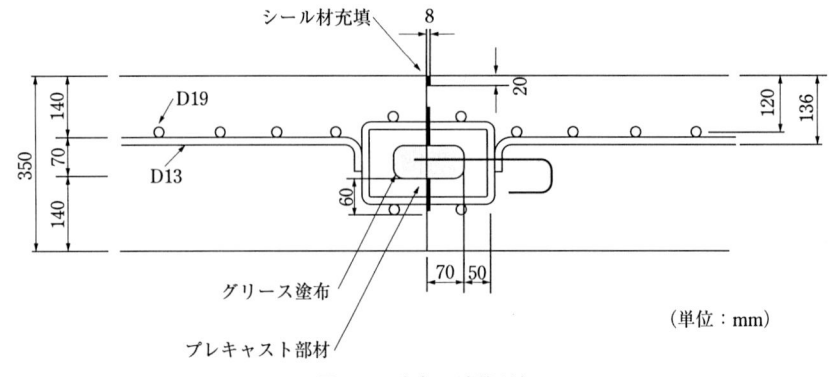

図 4.37 改良かぎ型目地

　膨張目地としては，無筋コンクリート舗装のものと同様のものを用いればよい．また，連続鉄筋コンクリート版の縦方向の端部がアスファルト舗装と接する箇所においてコンクリート版が移動して接続部が大きく開く危険性を軽減するためには，端部に地中梁を設ける必要がある．試験施工の結果からは，この方法によれば対応策を講じない場合に比べて開口幅が1/4以下に抑えられることが確認されている[42]．

4.3.4 プレストレストコンクリート舗装
(1) プレストレストコンクリート舗装の概要

　プレストレストコンクリート舗装は，航空機荷重によりコンクリート版に生ずる引張応力を打ち消す目的で，コンクリート版にあらかじめ計画的に圧縮応力を導入した（プレストレス）コンクリート版を有する舗装である．通常プレストレスはコンクリート版の縦・横両方向に導入される．これは，具体的には，所定の幅員のコンクリート版を打設してから，施工方向（縦方向）にプレストレスを導入してプレストレストコンクリート版とし，これを所要数施工してから，それらを横断するように施工直角方向（横方向）にまとめてプレストレスを導入することにより行われる．なお，後述するように，プレストレス導入時には種々の要因による損失があるため，縦・横両方向ともプレストレストコンクリート版の長さには制約がある．

　プレストレスの導入方式としては通常ポストテンション方式が用いられる．これは，シースを所定の位置に配置してコンクリートを打設し，その硬化後にシー

ス内に挿入した鋼材（プレストレスコンクリート用鋼材，PC鋼材と称す）を緊張してプレストレスを与える方式である．このほか，PC鋼材をあらかじめ配置して緊張した状態でコンクリートを打設し，その硬化後にコンクリート版両端部のPC鋼材を切断することによりコンクリート版にプレストレスを与えるというプレテンション方式もあるが，最近ではほとんど用いられない[45],[46]．

プレストレストコンクリート舗装は，無筋コンクリート舗装等に比較すると，地盤沈下に追随しやすいため，建設後に地盤に不同沈下が生じたような場合にはその部分を油圧ジャッキにより持ち上げて元どおり使用すること（リフトアップ工法）も可能である[47]．

(2) プレストレストコンクリート舗装の構成

プレストレストコンクリート版はPC鋼材量の点からは薄いほど経済的であるが，PC鋼材のかぶり，施工性，路盤以下の変形といった点も考慮して構造を定める必要がある．プレストレストコンクリート舗装は舗装建設後の地盤沈下への対応を考えて採用される場合もあるので，上記のリフトアップ工法が効率よく行えるようにコンクリート版厚として180 mmを標準なものとしている．ただし，路盤以下の変形を制限するとの観点から，版厚を無筋コンクリート舗装におけるものの60%以下にしてはならないとの規定もある[48]ので，この点については十分留意する必要がある．そのため，荷重条件が特に厳しいような場合には版厚を増加することも必要となろう．

プレストレストコンクリート版は，上記のように，他のコンクリート舗装のコンクリート版に比べてかなり薄くできるため，航空機荷重による路床・路盤の変形が相対的に大きくなる．これは，荷重載荷時のたわみの増大化，路床・路盤の永久変形，目地部の段差等を引き起こすことにもつながりかねない．これらの変形量については設計荷重載荷時における舗装表面のたわみを中央部載荷条件で最大で1.25 mmとするものもある[48]が，現時点では明確な規定はない．そのため，プレストレストコンクリート舗装の路床・路盤としては荷重支持力の大きなものを用いることが必要で，具体的には設計支持力係数が70 MPa/m以上となるように路盤の構成を考える必要がある[49]．

雨水や流入水が舗装に浸透した状態で目地部等において航空機荷重の繰返し作用があると，路盤にポンピングが生ずる場合もある．そのような状況が想定される場合には，ポンピングしにくい路盤材料を選定する必要がある．また，路盤摩擦を小さくすることはプレストレストコンクリート版のPC鋼材量を少なくするうえでは有効なので，路盤の表面に細砂などを5〜10 mm程度の厚さで施工して

からビニールフィルムを敷いたうえでコンクリートを打設することが望ましい．

(3) プレストレストコンクリート版の構造解析

　プレストレストコンクリート舗装においては，航空機荷重に対するプレストレストコンクリート版の応答として，荷重が作用した場合にはプレストレストコンクリート版下面には構造的に有害とはならないようなひび割れが発生するものの，除荷されるとそのひび割れが閉じるというメカニズムを想定している．そのため，長期間にわたってプレストレストコンクリート版の耐久性を確保できるように構造を定めることが必要になるが，プレストレストコンクリート版厚として上記のように 180 mm を採用していることから，この条件下での所要 PC 鋼材量を決定すればよい．具体的には，荷重作用時のコンクリートの圧縮応力度と PC 鋼材の増加引張応力度をコンクリートの引張強度を考慮に入れない状態で算出してそれぞれが許容値以下になるように，またプレストレストコンクリート版表面における荷重周囲の負の曲げモーメントによるひび割れ発生がないように PC 鋼材量を定めればよい．

　プレストレストコンクリート版に作用する外力としては，プレストレス力，航空機荷重，温度荷重の 3 種類を考える．このうち，プレストレス力については導入プレストレスからコンクリートの弾性変形による損失，クリープ・乾燥収縮による損失，シース摩擦による損失，PC 鋼材のリラクセーションによる損失を差し引いて，式 (4.31) により有効プレストレス σ_{cpe} が算出される．

$$\sigma_{cpe} = \sigma_{cpi} - \Delta\sigma_{ce} - \Delta\sigma_{cp\phi} - \Delta\sigma_{cp} - \Delta\sigma_{cpr} \tag{4.31}$$

ここに，σ_{cpi}：導入プレストレス，$\sigma_{cpi} = \dfrac{\Sigma P_t}{Bh}$

　　　σ_{ce}：弾性変形による損失，

$$\Delta\sigma_{ce} = \frac{1}{2} \cdot \frac{E_p A_p}{E_c A_c} \sigma_{ct} = \frac{1}{2} \cdot \frac{E_p A_p}{E_c A_c} \left(\sigma_{cpi} - \Delta\sigma_{cp}\right)$$

　　　$\sigma_{cp\phi}$：クリープ・乾燥収縮による損失，

$$\Delta\sigma_{cp\phi} = \frac{n\phi\sigma_{cp} + E_p \varepsilon_s}{1 + n(1 + \phi/2)\sigma_{cpt}/\sigma_{pt}} \cdot \frac{A_p}{A_c}$$

　　　σ_{cp}：シース摩擦による損失，$\Delta\sigma_{cp} = \Delta\sigma_{cpi}\left(1 - \dfrac{1}{1 + f'L/2}\right)$

　　　σ_{cpr}：リラクセーションによる損失，$\Delta\sigma_{cpr} = \gamma(\sigma_{cpi} - \Delta\sigma_{cp})$

P_t：PC 鋼材の初期緊張力
B：コンクリート版幅
h：コンクリート版厚
L：PC 鋼材長
f'：シースの摩擦係数
E_c：コンクリートの弾性係数
A_c：コンクリートの断面積
E_p：PC 鋼材の弾性係数
A_p：PC 鋼材の断面積
n：コンクリートと PC 鋼材の弾性係数比（$= E_p/E_c$）
ϕ：コンクリートのクリープ係数
σ_{cp}：PC 鋼材位置のコンクリートの圧縮応力度（$= \sigma_{cpt}$）
σ_{cpt}：導入直後のプレストレス（$= \sigma_{ct} - \Delta\sigma_{ce}$）
σ_{pt}：プレストレス導入直後の PC 鋼材の引張応力度（$= \sigma_{pt} \cdot \sigma_{cpt}/\sigma_{cpi}$）
ε_s：コンクリートの乾燥収縮ひずみ
γ：PC 鋼材のリラクセーション値

プレストレストコンクリート版に厚さ方向に一様な温度変化があるときには，路盤摩擦によって式 (4.32) のような軸方向温度応力 σ_f が発生する．この応力は，温度下降時，上昇時には，それぞれ，引張，圧縮応力となる．したがって，プレストレストコンクリート版に作用する軸方向圧縮応力，すなわち，実質的な有効プレストレス σ_0 は，温度下降時には $\sigma_{cpe} - \sigma_f$，上昇時には路盤摩擦を考慮せずに σ_{cpe} となる．

$$\sigma_f = fW\frac{L}{2} \tag{4.32}$$

ここに，f：路盤摩擦係数
W：プレストレストコンクリート版の単位体積重量

航空機荷重による応力 σ_l は，無筋コンクリート舗装の構造設計時に用いたものと同じ中央部載荷公式によって算定すればよい．このほか，プレストレストコンクリート版の厚さ方向の温度差による変形（そり）がその自重によって拘束されることから，プレストレストコンクリート版にはそり拘束応力 σ_t が発生する．これについては，プレストレストコンクリート版が比較的薄いことから，道路舗装分野で使用されている式 (4.33) を使用すればよい．

$$\sigma_t = 0.7 \frac{E_c \alpha \theta}{2(1-\nu)} \tag{4.33}$$

ここに，α：コンクリートの熱膨張係数
θ：プレストレストコンクリート版の上下面の温度差
ν：コンクリートのポアソン比

　以上に示したプレストレス，荷重応力，そり拘束応力を合計することにより，合成応力 σ_c が得られる．そして，これをコンクリートの引張強度と比較することによりプレストレストコンクリート版下面におけるひび割れ発生荷重が算定できる．

　ひび割れが発生した後のプレストレストコンクリート版の構造安定性については，PC 鋼材の増加応力度ならびにプレストレストコンクリート版の圧縮応力度に注目して検討すればよい．具体的には，次に示す式 (4.34), (4.35), (4.36) を解くことによりこれらの応力を算出し，それが許容応力度のような適切に設定した応力以下にあることを確かめればよい．

$$\Delta\sigma_p = \frac{x^2 - 2hx + 2hd}{bx^2 + 2nA_{pb}x - 2nA_{pb}d} nb\sigma_0 \tag{4.34}$$

$$\sigma_c = \frac{x}{x-d}\left(\sigma_0 - \Delta\sigma_p/n\right) \tag{4.35}$$

$$A_1 x^3 + A_2 x^2 + A_3 x + A_4 = 0 \tag{4.36}$$

ここに，$A_1 = -2\sigma_0 b\left(bh + nA_{pb}\right)$
$A_2 = -3b\left\{\sigma_0\left(bh^2 + 2ndA_{pb}\right) - 2M\right\}$
$A_3 = 6nA_{pb}\{\sigma_0 bh(h-2d) - 2M\}$
$A_4 = -2dA_3$
$\Delta\sigma_p$：PC 鋼材の増加応力度
σ_c：プレストレストコンクリート版圧縮縁におけるコンクリート応力
σ_0：軸方向圧縮応力度
d：コンクリート版上縁から鋼材までの距離
x：コンクリート版上縁から中立軸までの距離
b：コンクリート版の単位幅
A_{pb}：単位幅当たりの鋼材断面積
M：荷重による単位幅当たりの曲げモーメント（$= (\sigma_l + \sigma_t)z$，z：単位幅当たりの断面係数）

以上に加えて，航空機荷重の載荷による負の曲げモーメントにより荷重の周囲でひび割れが発生する危険性もある．これについては，表面ひび割れ発生時の荷重 P_c を式 (4.37) により算定し，これが設計荷重に対して所定の値以上の大きさであれば，すなわち所定の安全率を有していれば，ひび割れ発生の危険性はないと判断できる．この場合，安全率としては 1.25 を採用している．なお，式中のひび割れ抵抗モーメントは，コンクリートの曲げ強度とプレストレスとの和から，そり拘束応力を差し引いた残存強度に断面係数を乗ずることによって得られる．

$$P_c = \left\{ \frac{4\pi}{1 - 4a/(3b')} + \frac{1.8(S + S_T)}{l - a/2} \right\} (M_r + M_r') \tag{4.37}$$

ここに，S ：複々車輪の横中心間隔
　　　　S_T ：複々車輪の縦中心間隔
　　　　a ：タイヤ接地半径
　　　　l ：剛比半径
　　　　b' ：$3.9\,l$
　　　　M_r ：ひび割れ抵抗モーメント
　　　　M_r' ：破壊抵抗モーメント $(= M_r)$

(4) PC 鋼材

PC 鋼材には PC 鋼より線と PC 鋼棒とがあるが，通常は PC 鋼より線が用いられている．プレストレストコンクリート版として 180 mm 厚のものを用いて路盤設計支持力係数が 70 MPa/m の場合，PC 鋼より線として 19 本より 17.8 mm のものを使用したときの間隔は**表 4.32** に示すものが標準となる．また，この場合，PC 鋼材は**図 4.38** に示した位置に配置することが標準となる．

(5) プレストレストコンクリート舗装の目地

施工目地のうち縦方向施工目地は通常プレストレス力が導入されている突き合わせ構造となり，荷重作用時の曲げモーメントはこれを通って伝達されることから，荷重に対する応答は版中央部のものと同一であるとみなしてよい．ただし，目地表面部分には雨水の浸入を防止する措置を講ずる必要があるので，シール材を充填すること等によりこれが構造的な弱点にはならないとすることが前提である．施工目地の間隔は，無筋コンクリート舗装等と同様に，施工機械の幅員に依存しているが，最大で 8.5 m 程度とするのが一般的である．縦方向施工目地の構造の例を**図 4.39** に示す．

表 4.32　PC 鋼材の間隔　　　　　　（単位：mm）

舗装区域	版長 (m)		
	50	75	100
A	縦 375・横 375	縦 350・横 350	縦 325・横 325
B	縦 425・横 425	縦 400・横 400	縦 350・横 350
C	縦 475・横 475	縦 450・横 450	縦 400・横 400

図 4.38　PC 鋼材の配置位置

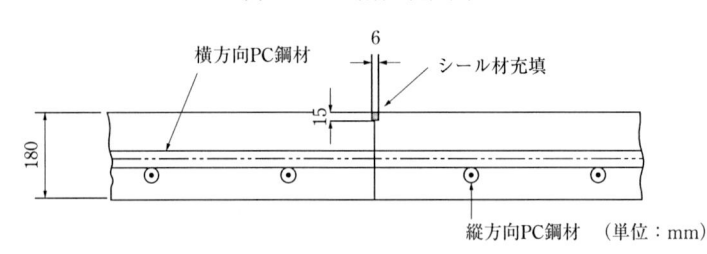

図 4.39　縦方向施工目地

　横方向施工目地は，プレストレストコンクリート舗装にあっては1枚のコンクリート版を連続して施工する必要があることから通常は考えなくてもよい．

　プレストレストコンクリート版によるブロックの周囲，すなわち1枚のプレストレストコンクリート版の両端ならびに複数施工されたプレストレストコンクリート版群の両側面には伸縮目地が必要となる．この部分でプレストレストコンクリート版の膨張・収縮による長さ変化を吸収することから，この目地を伸縮目地と称している．伸縮目地の間隔は，種々の要因によるプレストレスの損失を考慮すると，100 m 程度が最大と考えられる．

　この伸縮目地は，他のコンクリート舗装における目地のような荷重伝達装置を設けることが難しいので，荷重載荷時には縁部載荷状態とならざるを得ない．そ

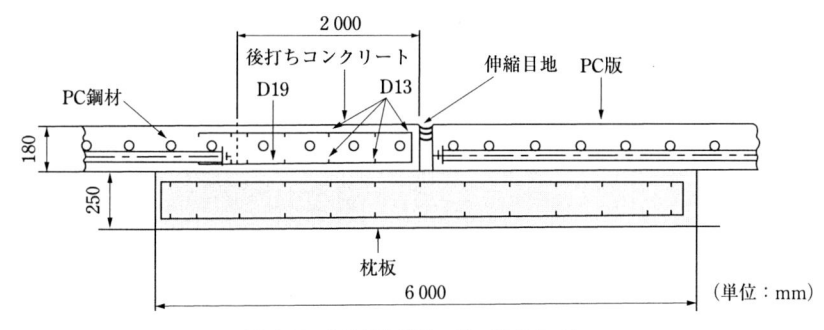

図 4.40 伸縮目地構造の例（枕板方式）

のため，版中央部に比べて大きな応力やたわみが生じないような工夫が必要であり，コンクリート枕板を目地の下に設置したり，プレストレストコンクリート版端部を増厚して隣接版とダウエルバーで連結するといった措置がとられている．厚さ 180 mm のプレストレストコンクリート版の場合の伸縮目地構造の例を**図 4.40** に示す．

なお，伸縮目地における緩衝版（後打ちコンクリート）の部分は，プレストレスコンクリート版にプレストレスを導入する際の油圧ジャッキを設置するために必要な作業空間であり，プレストレス導入作業の終了後にはその部分にコンクリートを打設してから長手方向のみにプレストレスを導入してプレストレストコンクリート版とする．この緩衝版は，本体部分のクリープや収縮による変形の影響を小さくするために，その施工時期をできるだけ遅くすることが望ましい．

(6) 沈下対策としてのプレストレストコンクリート舗装

舗装建設後にも沈下の継続が予測される地盤上に，リフトアップ工法による補修を前提としてプレストレストコンクリート舗装を建設する場合には，上記のように，プレストレストコンクリート版の厚さは 180 mm とすればよい．これによりリフトアップ用油圧ジャッキの設置間隔として，今までの経験から作業上ふさわしいと判断している値，すなわち 5 m 程度とすることが可能となる．

リフトアップ工法を前提とし，かつ沈下の生ずる範囲ならびに沈下量が推定できる場合には，あらかじめ舗装内にリフトアップ用の装置を設置しておくことを考慮してもよい．具体的には，ジャッキ装着金具を埋め込むとともに，その周辺に補強鉄筋を配置し，さらに路盤には反力用の鋼板を設置しておけばよい．**図 4.41** はその例である．

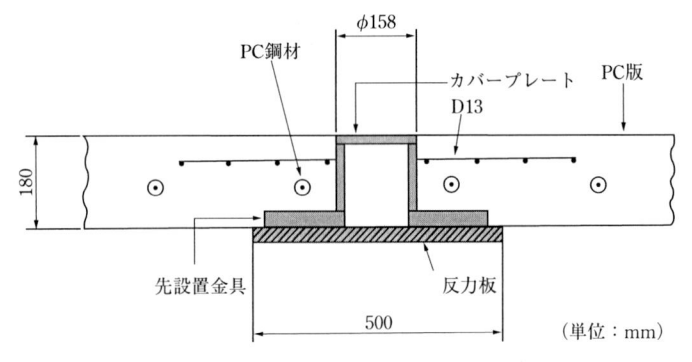

図 4.41 先設置型リフトアップ用治具と反力板の例

4.3.5 不同沈下を考慮したコンクリート舗装の構造設計

　舗装が建設されている地盤で不同沈下が発生すると，舗装の表面勾配が規定から逸脱したり，舗装に破損が生じたりすることが予想される．コンクリート舗装の場合は，アスファルト舗装に比較すると，施設が供用されてからの補修が難しいこともあって，このような地盤沈下をあらかじめ考慮に入れて構造設計をする必要がある．

　このような考えに基づき，埋立地盤上の空港において無筋コンクリート舗装の構造設計を行った事例がある[50]．対象となった埋立地盤の土質は，沖積世以降の土質（AC_1 層，AS 層，AC_2 層）と洪積世に堆積した層（DC 層，DS 層，DG 層）の 2 つから構成され，その上には BS 層と称される空港周辺の建設現場において発生した土砂やがれきなどが投入されている（**図 4.42** は代表的な地盤状況）．AC_1 層は，最近になって埋め立てられた浚渫土や上下水道のスラッジ等により構成されているため，非常に軟弱であり，しかもその層厚が場所によって大きく異なったものとなっており，BS 層と併せてかなりの沈下や不同沈下が予想されている[51]．

　不同沈下は文字どおり不均一な地盤沈下を意味するが，この事例では検討の対象に応じて 2 通りに数値で表現している．1 つは，上記の舗装表面の高さや勾配に関するもので，旅客ターミナルビル等の構造物との接続，排水，航空機のトーイングといったものに関わっている．ここでは，地盤沈下の状況を直線とみなし，2 地点間の勾配により不同沈下量を定義した．もう 1 つは，舗装の破損に関するもので，コンクリート版と路盤との間に空隙ができた状態で航空機荷重が加

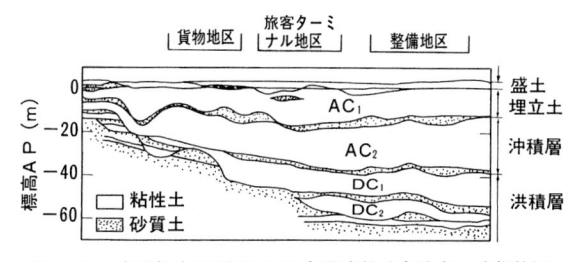

4.3 コンクリート舗装の仕様規定による構造設計 / 149

図 4.42 不同沈下が予想される空港建設予定地点の地盤状況

わった場合にコンクリート版に破損が生ずると考えた．ここでは，地盤沈下の形状を 3 次曲線とみなした場合の 2 地点間の沈下量の差を不同沈下量と定義した．このように考えて旅客ターミナル地区を対象に解析を実施して得られた結果を，**図 4.43**（勾配変化量），**図 4.44**（2 地点間の沈下差）に示す．いずれも，舗装建設後の供用年数が経過するにつれて，不同沈下量は変動が大きくなり，不同沈下量そのものが大きいものも増えてくることがわかる．

舗装表面の勾配については，第 2 章で記したように，最小で 0.5%，最大で 1.0% と規定されており，地盤の不同沈下により舗装表面の勾配がこの勾配規定から逸脱する場合には，何らかの補修が必要になる．補修が必要となる範囲の全体に占める割合，すなわち補修必要率は，舗装設計時の表面勾配と規定上限値または規定下限値との差によって変わってくる．この勾配の差のうち小さいほうを余裕勾配 α_a とし，それを 0.1%，0.2%，0.25% とした場合の補修必要率を**図 4.45**に示す．余裕勾配 0.1%，0.2%，0.25% のそれぞれについて，建設後 20 年が経過した時点での補修必要率をみると，60%，25%，15% 程度となることが示されている．

コンクリート舗装が建設された地盤に不同沈下が生じた場合に，コンクリート版に生ずる破損として次の 3 種類が想定されている．

① コンクリート版の終局破壊：荷重応力と温度応力の和がコンクリートの曲げ強度を上まわるとき
② コンクリート版の疲労破壊：荷重による応力を計算してマイナー則を適用し，疲労度が 1.0 となるとき
③ 目地部の破損：コンクリート舗装が目地部で折れ曲がる状態を想定し，ダウエルバーやその周囲のコンクリートに生ずる応力がそれぞれの強度を上まわるとき

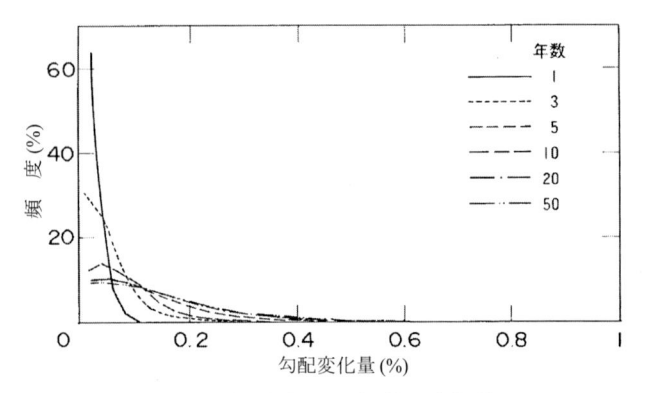

図 4.43 不同沈下量の頻度（勾配変化量）

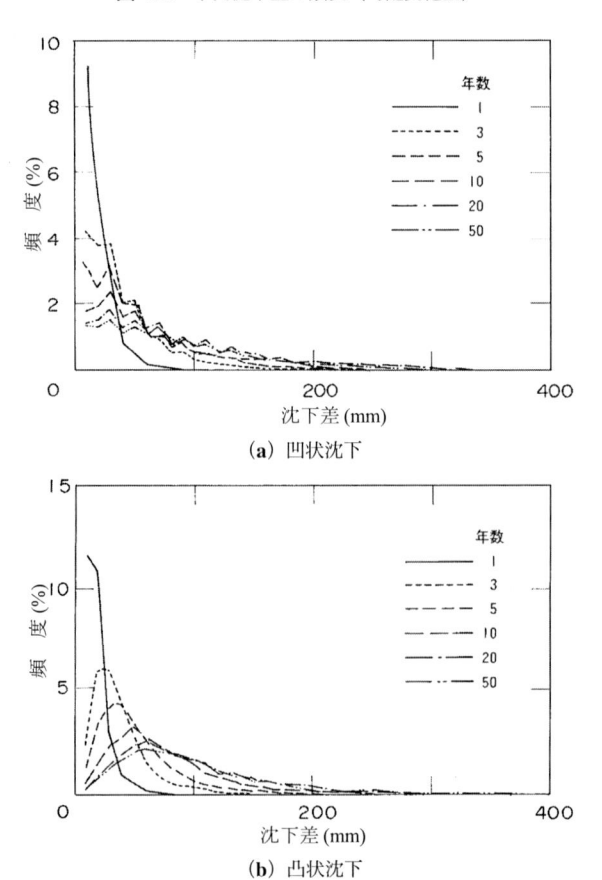

(**a**) 凹状沈下

(**b**) 凸状沈下

図 4.44 不同沈下量の頻度（2 地点間の沈下差）

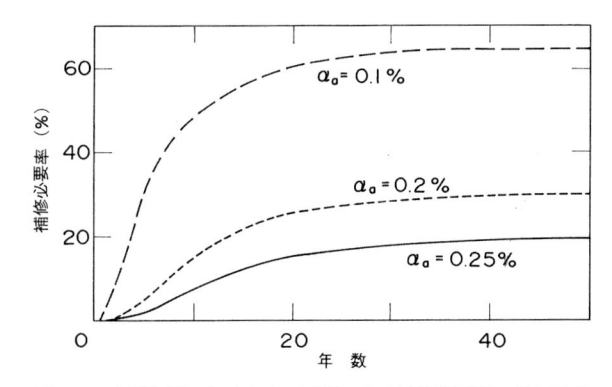

図 4.45 表面勾配の規定からの逸脱による補修必要率の経年変化

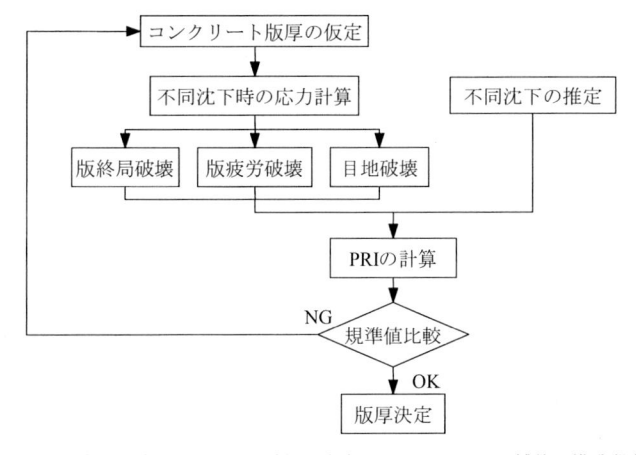

図 4.46 不同沈下のある場合の破損を考慮したコンクリート舗装の構造設計

　これらの破損が進行して補修が必要になると判断される時期としては，PRIによる補修必要性の判定方法における補修必要性がB（近い将来必要）とC（直ちに必要）の境界値になるときと考えている．地盤の不同沈下による破損の状況をこのように予測して定量化したコンクリート舗装の構造設計のフローは**図 4.46**として表される．

　この事例では，路盤支持力係数 70 MPa/m，設計航空機 B747-200B，設計カバレージ 20 000 回（設計期間 10 年）との条件であり，地盤の不同沈下を考慮しない場合にはコンクリート版厚は 380 mm となっている（標準コンクリート版厚）．この方法を用いて設計期間を 10 年としてその期間中地盤沈下に起因する補

表 4.33 地盤の不同沈下による舗装の破損に起因する補修の範囲

舗装建設後の経過年数	補修の範囲 (%) 380*	430*	450*	舗装建設後の経過年数	補修の範囲 (%) 380*	430*	450*
1	—	—	—	11	20	10	—
2	—	—	—	12	—	—	—
3	—	—	—	13	10	—	—
4	—	—	—	14	—	—	—
5	20	—	—	15	10	10	—
6	80	—	—	16	—	—	—
7	40	—	—	17	10	—	—
8	20	—	—	18	—	—	—
9	20	—	—	19	10	—	—
10	20	—	—	20	—	10	—

＊コンクリート版厚 (mm)

修が不要となるコンクリート版厚を検討したところ，最大で 50 mm の増厚が必要となることがわかった．さらに，コンクリート版厚が標準のものと，50 mm，70 mm 増厚したものについて，舗装建設後 20 年間に必要となる補修工事量を計算すると表 4.33 のようになることがわかった．これから，標準厚のコンクリート版を用いると建設後 5 年目から補修が必要となって，20 年経過するまでに全体の 26% で補修が必要となること，50 mm 増厚すれば 10 年経過してから 3% の面積で補修が必要となること，また 70 mm の増厚では 20 年間補修の必要性がないことがわかる．

4.3.6 諸外国の空港コンクリート舗装の構造設計法

アスファルト舗装の場合と同様に，コンクリート舗装について諸外国の設計法を概観する[1]．

(1) カ ナ ダ

カナダの空港コンクリート舗装の構造設計法では，アスファルト舗装の場合にも用いた ALR と路盤支持力係数から，コンクリート版厚が決定されるようになっている（図 4.47）．コンクリート版厚は，設計航空機の主脚 1 脚を荷重として Westergaard の中央部載荷公式により計算した応力が 2.8 MPa となるときのものとして算定される．また，粒状材路盤厚は図 4.48 に示すように，路床支持強度，路盤支持強度の関数として与えられている．路盤として粒状材以外のものを用いる場合には粒状材に対する等価値として表 4.34 が示されている．最小路

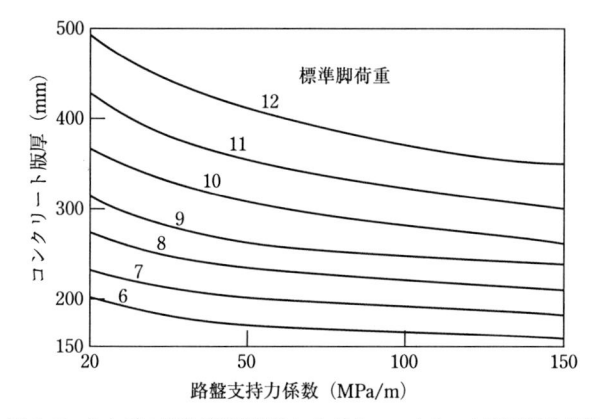

図4.47 カナダの空港舗装設計法におけるコンクリート版厚設計曲線

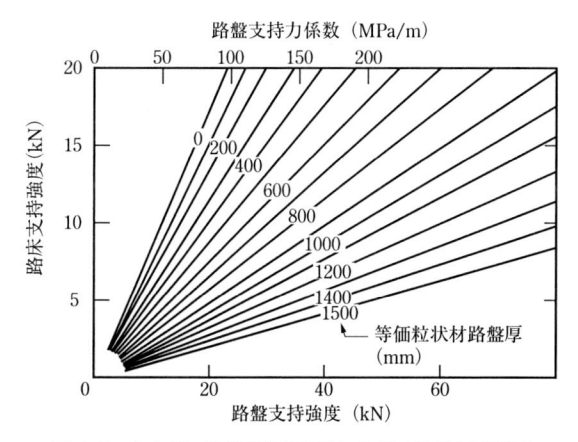

図4.48 カナダの空港舗装設計法における粒状材路盤厚

盤厚として150 mmが規定されているが，ALR = 12の大型航空機の場合には200 mm厚のセメント安定処理材が必要とされている．

カナダの設計法で特徴的な点は，環境，特に凍結融解に対する配慮である．具体的には**表4.35**に示すように，路床強度の凍結融解期における減少率を考慮しなければならない．また，地下水位が舗装表面から1 m以内にある場合には，この減少率を1.1倍しなければならないとされている．さらに，凍上対策としては10年間の平均の凍結指数に応じて最小舗装厚（コンクリート版と路盤の合計厚）を確保しなければならない．

表 4.34 カナダの空港舗装設計法における路盤の等価値

路盤材料	等価値
砕石	1.0
アスファルト安定処理材	1.5
セメント安定処理材	2.0
アスファルト混合物（高品質）	2.0
アスファルト混合物（低品質）	1.5
コンクリート（高品質）	3.0
コンクリート（普通）	2.5
コンクリート（低品質）	2.0

表 4.35 カナダの空港舗装設計法における路床強度の凍結融解期減少率

路盤の種類	凍結融解期減少率 (%)
GW（粒度のよい礫）	0
GP（粒度の悪い礫）	10
GM（シルト質礫）	25
GC（粘土質礫）	25
SW（粒度のよい砂）	10
SP（粒度の悪い砂）	20
SM（シルト質砂）	45
SC（粘土質砂）	25
ML（シルト）	50
CL（粘土）	25
MH（シルト）	50
CH（粘土）	45

(2) フランス

フランスの空港コンクリート舗装設計法では，コンクリート版中央部での荷重応力に対して適切な安全率を用いてコンクリート版厚を算定することが基本である．この場合の安全率は目地の荷重伝達性能に応じて 1.8 または 2.6 をとることになっている（**表 4.36**）．コンクリート版厚は，この安全率により定められるコンクリートの許容曲げ応力，設計航空機の脚荷重，路盤支持力の関数として得られる（**図 4.49**）．この設計曲線は 1 日当たり 10 便という交通量を想定したものであり，交通量の違いは図中の脚荷重の値をみかけ上増減することによって取り込むことが可能である．すなわち，脚荷重を日交通量に応じて**図 4.50**から求められる補正係数で除すことによって，荷重を補正するようになっている．

表 4.37 は目地の規定であり，ダウエルバーを用いない構造のものも使用できる．

表 4.36 フランスの空港舗装設計法におけるコンクリートの安全率

目地構造	適合項目*の数	安全率
なし	—	2.6
ダウエルバー型	—	1.8
かぎ型	3 未満	1.8
	3 以上	2.6

* ・路盤支持力係数が 20 MPa/m 未満，路盤厚が 200 mm 未満，粒状材料を使用
・大型航空機が運行
・日温度変化が著しい
・タイバーを使用しない

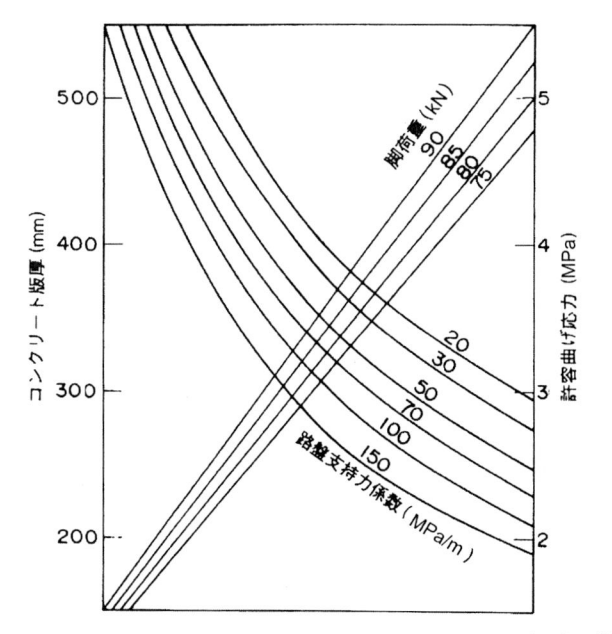

4.3 コンクリート舗装の仕様規定による構造設計 / 155

図 4.49 フランスの空港舗装設計法におけるコンクリート版厚設計曲線

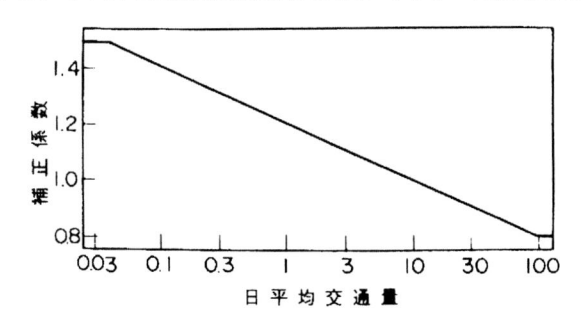

図 4.50 フランスの空港舗装設計法における荷重補正係数

表 4.37 フランスの空港舗装設計法における目地構造

目地の種類	目地構造	特徴
施工目地	かぎ型	かぎ型目地はコンクリート版厚が 200 mm 以下の場合のみ使用可能
	タイバー付かぎ型	タイバーは縦目地のみ使用可能
	ダウエルバー付突き合わせ型	ダウエルバーは路床条件不良の重交通用舗装に使用
収縮目地	突き合わせ型	縦目地は目地間隔（施工幅）が 5 m 以上の場合
膨張目地	端部増厚型 ダウエルバー付突き合わせ型	新旧コンクリート舗装の接合部

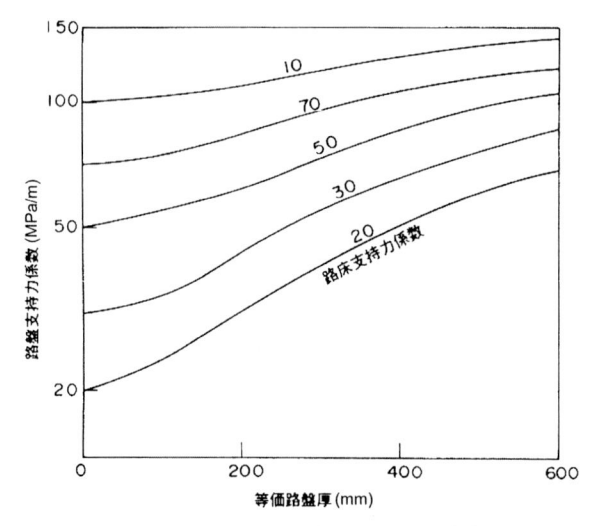

図 4.51 フランスの空港舗装設計法における路盤支持力係数

表 4.38 フランスの空港舗装設計法における路盤の等価値

路盤材料	等価値
アスファルト混合物	2.00
アスファルト安定処理材	1.50
アスファルト乳剤処理材	1.20
アスファルト以外の安定処理材 (セメント,スラグ,フライアッシュ,石灰)	1.50
砕石	1.00
安定処理した砂(セメント,スラグ)	0.75
砂	1.50

　路盤支持力係数は等価路盤厚（粒状材路盤としての換算厚）と路床支持力係数の関数として与えられている（**図 4.51**）が，粒状材以外の材料を路盤に使用した場合には**表 4.38**に示した等価値を用いて換算できる．最小路盤厚は 150 mm であり，安定処理材の使用が原則となっている．凍上対策としては，空港の規模，基本施設の種類，土質条件に応じて，完全（平年を超える場合も凍結防止），十分（平年時に凍結防止），軽度（若干の凍結許容）の 3 種類の対策を使い分けるようになっている．

(3) 米　　国

1967 年に発行された FAA の舗装設計法では，コンクリート版厚，路盤厚として図 **4.52**，**4.53** が示されている [25),26)]．コンクリート版厚は航空機総荷重と主脚形式によって与えられており，路盤厚は路盤支持力係数が 81 MPa/m となるように路床の土質特性（Ra～Rd）の関数として与えられている．この路床土の分類法はその後も 1978 年の設計法改訂時まで使用されていた方法で，土質を E-1～13 の 13 種類に分けたうえで，排水状態，凍上危険性によって Ra～Re に分類している．なお，コンクリート版の応力は，Westergaard の中央部載荷公式を用いて計算されており，コンクリート応力 2.8 MPa，タイヤ接地圧 1.05 MPa，路盤支持力係数 81 MPa/m が設計条件として採用されている．

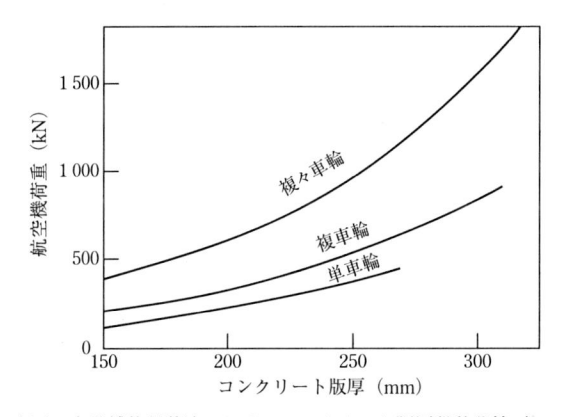

図 4.52　米国の空港舗装設計法におけるコンクリート版厚設計曲線（1967 年版）

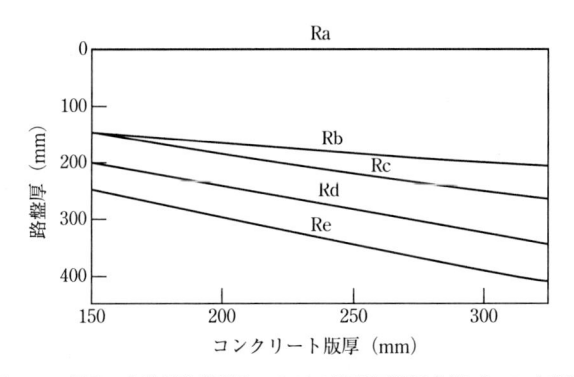

図 4.53　米国の空港舗装設計法における路盤厚設計曲線（1967 年版）

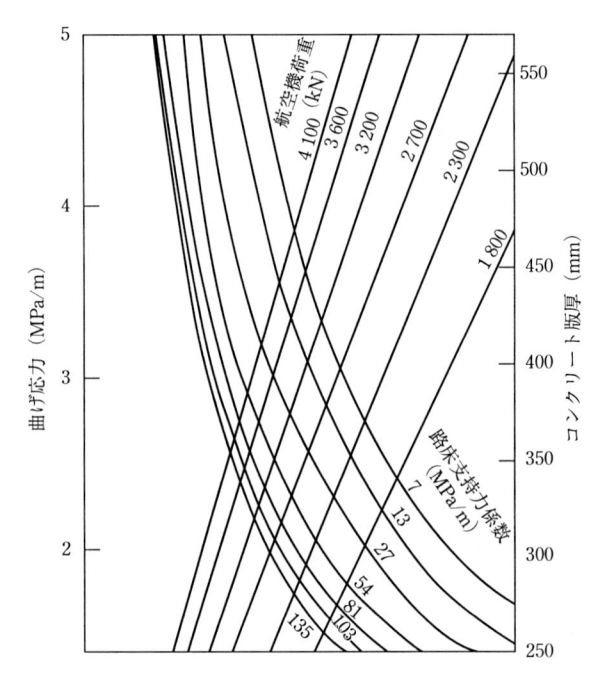

図 4.54 米国の空港舗装設計法におけるコンクリート版厚設計曲線（1974 年版）

表 4.39 米国の空港舗装設計法における
コンクリートの安全率（1974 年版）

安全率	年間出発便数
1.75	1 200 未満
1.85	1 200 以上 3 000 未満
1.90	3 000 以上 6 000 未満
2.00	6 000 以上

　1974 年に改訂された設計法では，コンクリート版厚がコンクリートの許容応力，路床支持力，設計航空機荷重の関数として与えられている（**図 4.54**）[27]．コンクリートの許容応力は曲げ強度を安全率で除した値であり，安全率としては**表 4.39** に示すように，交通量に応じて異なった値を用いる必要がある．また，路盤の最小厚も規定されており，路床土が Ra の場合を除いて 100 mm を確保することが原則となっている．なお，荷重 90 kN 以上の航空機が設計対象の場合には安定処理材路盤が必要とされるが，この場合には路盤効果を考慮できるようになっている．

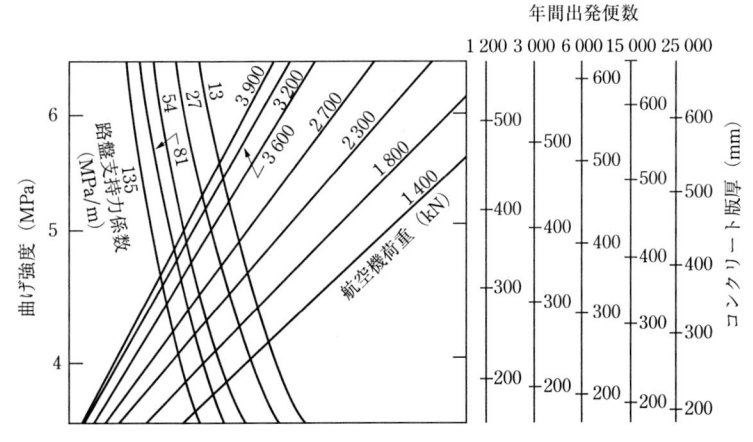

4.3 コンクリート舗装の仕様規定による構造設計 / 159

図 4.55 米国の空港舗装設計法におけるコンクリート版厚設計曲線（1978 年版）

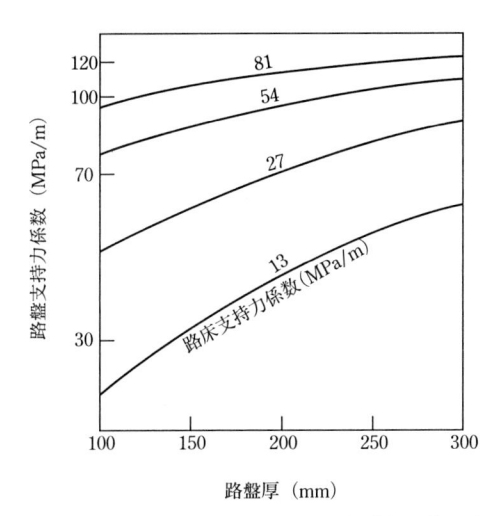

図 4.56 米国の空港舗装設計法における安定処理材路盤の効果（1978 年版）

1978 年に改訂された設計法ではコンクリート版の応力として縁部載荷応力の 75% を用いることに変更された[28]．コンクリート版厚は，コンクリートの曲げ強度，路盤支持力係数，航空機総荷重，年間出発便数の関数として与えられる（**図 4.55**）．この改訂版では路盤の効果を明らかにしたことも特徴であり，路盤支持力係数が路床支持力係数，路盤厚の関数として路盤材料別に示されている（**図 4.56**，**4.57** はそれぞれ安定処理材路盤，粒度調整砕石路盤の場合）．年間出発便

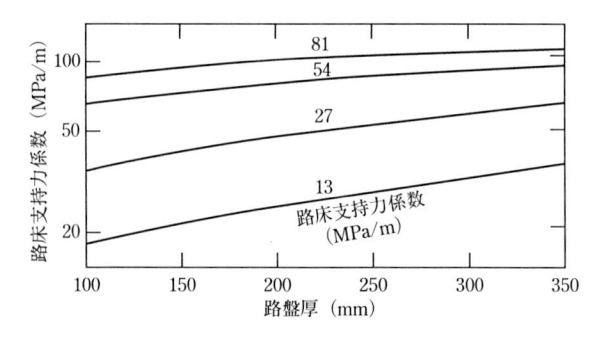

図 4.57 米国の空港舗装設計法における粒状材路盤の効果（1978 年版）

表 4.40 米国の空港舗装設計法における
コンクリート版の増厚（1978 年版）

年間出発便数	コンクリート版厚の比率(%)
25 000	100
50 000	104
100 000	108
150 000	110
200 000	112

表 4.41 米国の空港舗装設計法における目地構造（1978 年版）

目地の種類	目地構造	縦方向目地	横方向目地
施工目地	かぎ型 ダウエルバー型	下記以外	施工が遅れた場合 施工が終了した場合
	タイバー付かぎ型 タイバー付突き合わせ型	誘導路の全部 端部から 8 m 以内の箇所	—
収縮目地	ダウエルバー型	—	端部から少なくとも 3 つ目まで 膨張目地の両側 2 つ目まで
	タイバー付のこ溝型	誘導路の全部 端部から 8 m 以内の箇所	—
	のこ溝型	上記以外	上記以外
膨張目地	ダウエルバー型	—	他の舗装区域との交差部
	端部増厚型	ダウエルバー型が不適切な場合 他の構造物との接合部	将来の拡張計画がある場合

が25 000便以上となる場合には**表 4.40**に従ってコンクリート版を増厚することが必要となる．また，安定処理材を路盤に使用することが原則であり，コンクリート版厚と路盤厚を 1：1 とすることが効率的であるとしている．

表4.42 米国の空港舗装設計法における最大目地間隔（1978年版）

コンクリート版厚 (mm)	目地間隔 (m)	
	横方向目地	縦方向目地
230未満	4.6	3.8
230以上310未満	6.1	6.1
310以上	7.6	7.6

　目地構造は**表4.41**に，また最大目地間隔は**表4.42**に示してある．

　2009年版に記述されている新しい設計法は，**4.2.4**で記述したように，舗装の累積疲労度に基づくものである[29]．この場合の疲労度はコンクリート版の縁部における下面水平応力に着目したものである．この応力は従来と同様に25%低減した値である．

参 考 文 献

1) International Civil Aviation Organization (ICAO) : Aerodrome Design Manual, Part 3, Pavements, 346 p., 1983.
2) （社）土木学会舗装工学委員会 編：舗装標準示方書，335 p., 2007.
3) 国土交通省航空局 監修：空港舗装設計要領及び設計例，（財）港湾空港建設技術サービスセンター，2008.
4) 八谷好高，早野公敏，竹内　康，今西健治，坪川将丈：空港アスファルト舗装の表面性状の実態，土木学会舗装工学論文集，Vol.11，pp.147-154，2006.
5) （社）日本道路協会 編：道路土工―排水工指針，1987.
6) 国土交通省航空局 監修：空港土木工事共通仕様書，（財）港湾空港建設技術サービスセンター，2009.
7) Horonjeff, R. : Planning and Design of Airports, McGraw-Hill Inc., 460 p., 1975.
8) Ahlvin, R. G. : Flexible Pavement Design Criteria, Proc. of ASCE, Vol.88, No. AT1, pp.15-33, 1962.
9) Pereira, A. T. : Procedures for Development of CBR Design Curves, Waterways Experiment Station, S-77-1, p.57, 1977.
10) Department of the Army and the Air Force : Flexible Pavement Design for Airfields (Elastic Layered Method), 1989.
11) 須田　熙：空港瀝青舗装の舗装厚設計法に関する調査研究，港湾技研資料，No.52, 105 pp., 1968.
12) American Association of State Highway and Transportation Officials (AASHTO) : Guide for Mechanistic - Empirical Design of New and Rehabilitated Pavement Structures, 2004.

13) 須田　熙，佐藤勝久：空港舗装における各種路盤の"等価値"に関する提案，土木学会論文報告集，第218号，pp.53-65，1973．
14) 八谷好高，高橋　修：大粒径アスファルトコンクリートの空港舗装表層への適用性，土木学会論文集，No.732/V-59, pp.241-246, 2003．
15) 八谷好高，梅野修一，藤倉豊吉：空港滑走路のすべり抵抗性，土木学会，舗装工学論文集，第1巻, pp.159-166, 1996．
16) 八谷好高，坪川将丈：滑走路グルービングの航空機荷重に対する安定性，土木学会論文集E, Vol.62, No.4, pp.815-825, 2006．
17) 秋本恵一，金澤　寛，稲田雅裕，藪中克一：空港舗装発生材の新設滑走路舗装への再利用に関する検討，土木学会，舗装工学論文集，第1巻, pp.213-222, 1996．
18) 八谷好高，白石修章，池上正春，高橋　修，坪川将丈，郝　培文：再生アスファルトコンクリートの空港舗装表層への適用性，土木学会論文集，No.767/V-642, pp.75-86, 2004．
19) 八谷好高，松崎和博，坪川将丈，吉永清人，下司弘之：アスファルト・コンクリート塊の空港舗装路盤材料としての有効利用，土木学会，舗装工学論文集，第9巻，pp.117-124，2004．
20) Casagrande, A. and Shannon, W. L. : Base Course Drainage for Airport Pavements, Proc. American Society of Civil Engineers, Soil Mechanics and Foundation Division, Vol.77, pp.1-23, 1951.
21) Macmaster, J. B., Wrong, G. A. and Phang, W. A. : Pavement Drainage in Seasonal Frost Area, Ontario, Transportation Research Record, No.849, pp.18-24, 1982.
22) 八谷好高，秋元惠一：高地下水位下における空港アスファルト舗装の構造設計，土木学会論文集，No.613/V-42, pp.19-30, 1999．
23) 秋本恵一，金澤　寛，辻　安治，平山義夫，今井泰男，稲田雅裕：東京新国際空港新C滑走路の建設，土木学会論文集，No.560/VI-43, pp.43-55, 1997．
24) 佐藤勝久，八谷好高：空港におけるサンドイッチ舗装の実験と解析，第16回土質工学研究発表会講演集, pp.1297-1300, 1981．
25) Civil Aeronautics Administration (CAA) : Airport Paving, p.56, 1956.
26) Federal Aviation Administration (FAA) : Airport Paving, AC150/5320-6A, p.75, 1967.
27) FAA : Airport Pavement Design and Evaluation, AC150/5320-6B, p.124, 1974.
28) FAA : Airport Pavement Design and Evaluation, AC150/5320-6C, p.159, 1978.
29) FAA : Airport Pavement Design and Evaluation, AC150/5320-6E, p.116, 2009.
30) Packard, R. G. : Design of Concrete Airport Pavement, Portland Cement Association, EB050.03P, p.61, 1973.
31) Westergaad, H. M. : New Formulas for Stresses in Concrete Pavements, Transaction of ASCE, Vol.113, pp.452-444, 1948.
32) Picket, G. and Ray, G. K. : Influence Charts for Concrete Pavements, Transaction of ASCE, Vol.116, pp.49-73, 1951.
33) 福手　勤：空港コンクリート舗装厚設計への電算プログラムの応用，港湾技研資

料，No.262，p.20，1977.
34) 八谷好高，坪川将丈，佐々木健一，亀田昭一：高強度コンクリートを用いた空港舗装の実用化に関する研究，土木学会論文集，No.753/V-62，pp.95-105，2004.
35) 八谷好高，坪川将丈：空港コンクリート舗装における被膜養生剤の適用性に関する検討，土木学会，舗装工学論文集，第6巻，pp.186-195，2001.
36) 坪川将丈，八谷好高：空港コンクリート舗装の目地間隔に関する研究，土木学会，舗装工学論文集，第8巻，pp.195-205，2003.
37) 福手 勤，八谷好高：コンクリート舗装の目地部における荷重伝達機能，土木学会論文報告集，No.343，pp.239-246，1984.
38) 坪川将丈，八谷好高：空港コンクリート舗装の目地材料に関する性能評価，土木学会論文集，No.767/V-642，pp.273-278，2004.
39) ACI (American Concrete Institute) Committee 325 : Recommended Practice for Design of Concrete Pavements, Journal of ACI, pp.17-51, July 1958.
40) 久保 宏，美馬 孝，豊島真樹：美々試験道路の調査結果について，第12回日本道路会議論文集，pp.14-148，1975.
41) 須田 熈，佐藤勝久：多層系路盤面上におけるK値の推定方法に関する研究，土質工学会論文報告集，Vol.13，No.1，pp.107-150，1973.
42) 新東京国際空港公団：空港基本施設（舗装・照明）解析作業，1988.
43) Sato, R., Hachiya, Y. and Kawakami, A. : Development of New Design Method for Control of Cracking in Continuously Reinforced Concrete Pavement, 4 th International Conference on Concrete Pavement Design and Rehabilitation, pp.431-443, 1989.
44) 八谷好高，佐藤勝久，田中孝士：コンクリート舗装の新しい目地構造の開発，港湾技術研究所報告，Vol.26，No.1，pp.115-140，1987.
45) 森口 拓：空港におけるPC舗装の文献調査－空港舗装に関する調査研究（第1報），港湾技研資料，No.40，p.101，1967.
46) 山家 馨，赤塚雄三，川口昌宏：プレストレストコンクリート舗装の設計方法に関する調査研究-空港舗装に関する調査研究（第4報），港湾技研資料，No.51，p.48，1968.
47) 佐藤勝久，八谷好高，上中正志，犬飼晴雄，川本幸広，塚田 悟：沈下したプレストレストコンクリート舗装版のリストアップ工法の開発，港湾技術研究報告，Vol.28，No.2，pp.49-76，1989.
48) ACI Committee 325 : Recommendations for Designing Prestressed Concrete Pavements, ACI Structural Journal, pp.451-471, July - August 1988.
49) 福手 勤，佐藤勝久，山崎英男：第III種設計法によるスラブの空港舗装への適用性に関する研究，港湾技術研究所報告，Vol.18，No.3，pp.37-63，1979.
50) 早田修一，八谷好高：地盤の不同沈下を考慮した空港コンクリート舗装の構造設計，土木学会論文集，No.451/V-17，pp.313-322，1992.
51) 土田 孝，小野憲司：数値シミュレーションによる不同沈下の予測とその空港舗装設計への適用，港湾技術研究所報告，第27巻，第4号，pp.123-200，1988.

第5章 空港舗装の点検・評価

供用中の空港がどういう理由にせよ供用不可能となることは，航空機運航の混乱を招き，ひいては航空輸送の信頼性低下につながりかねない．そのため，空港の施設が何らかの損傷を受けた場合には，その部分を閉鎖して補修を行うというより供用しながら補修する方法をとらざるを得ない．

舗装の場合は航空機の荷重作用や環境作用により破損や劣化が比較的早く進行することから，それらの程度を判定したうえで適切な処置を施す必要がある．これを効率的に行うために，空港舗装の保全システムが**図 5.1** に示すように体系化されている．このシステムでは，まず舗装の点検を行い，その結果に基づいて，経過観察を行う，維持工事を行う，もしくは修繕を行うという次のステップを判定する．そして，修繕等規模の大きい補修工事が必要と考えられる場合には，詳細点検へ進み，その具体的な方法について検討することになる．

本章では，まず空港舗装の表面に現れてくる破損について説明してから，それらの調査を含めた空港舗装の点検システムを紹介する．そして，空港舗装の性能

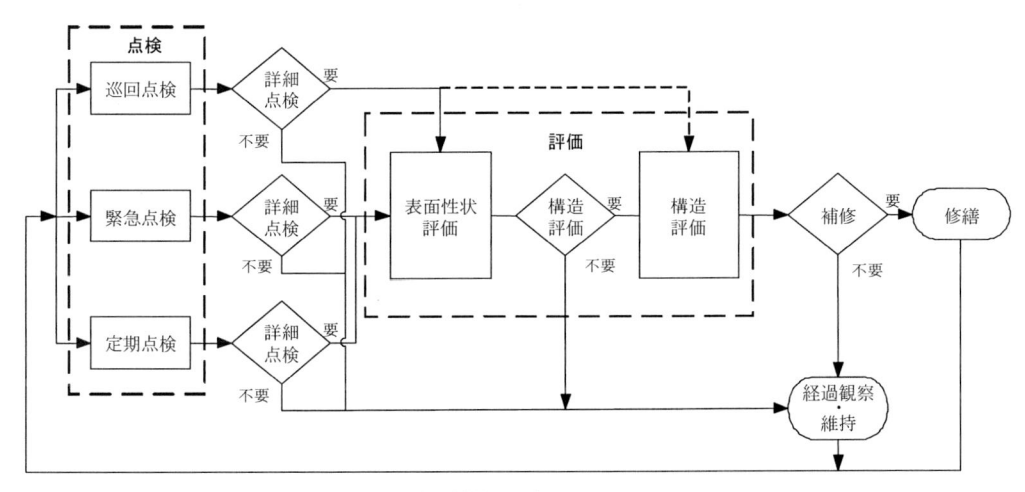

図 5.1 空港舗装の保全システム

に関する評価システムについてまとめる．具体的には，走行安全性能として舗装表面性状と航空機の運行安全性の評価方法を記述するとともに，荷重支持性能の非破壊評価方法をまとめる．

5.1 空港舗装の破損

　舗装の性能は供用につれて低下していくことから，それを確認することが必要である．特に空港の場合は，航空機による荷重が大きく，しかも航空機が高速で走行することから，舗装表面に現れてくる損傷を早期に発見して，適切に処理することが航空機運行の安全性を確保するうえで肝要である．

　そのような舗装の破損状況を確実に把握することによって，破損原因のおおよその推定と補修工法の選定ができるので，調査の最初のステップとしてこれに注目することが非常に重要である．破壊状況の調査では，その時点における破損そのものの把握ができるだけであることから，破損の進行状況を把握するためには定期的な調査が不可欠である．なお，舗装構造の調査によれば，このような破損の進行状況のみならず破損原因の究明も可能であるので，必要に応じて実行すればよい．

　舗装の破損は，**表 5.1** に示すように分類される．

5.2 空港舗装の点検

　空港舗装の点検システムは，巡回点検，緊急点検，ならびに定期点検に分けられる．このうち，巡回点検は空港舗装の性能を確認するために，主として目視により巡回して調べるものであり，緊急点検は地震，台風等があった場合に空港舗装の被害状況，性能低下について巡回点検の方法に準じて行うものである．また，定期点検は，空港舗装の性能を確保するために，定期的に行う定量的な調査である．

　これらの結果に基づき，より詳しい調査が必要と判断されたときは詳細点検を行う必要がある．なお，詳細点検は通常巡回点検および緊急点検により異常箇所を発見した場合にその部分の詳細な調査を行うことをいうが，定期点検の結果を踏まえて行う場合もある．

表 5.1 空港舗装の破損の分類と原因
(a) アスファルト舗装

分類	名称	主な原因
全面的ひび割れ	亀甲状ひび割れ	舗装厚不足，アスファルト混合物・路盤・路床の不適，過大な荷重・交通量，地下水
局部的ひび割れ	ヘアクラック	アスファルト混合物の品質不良，転圧時の初期ひび割れ，転圧時温度不適
	綿状ひび割れ	施工不良，切・盛土境の不同沈下，施工目地の不良，温度応力
変形	わだち掘れ	過大な荷重，アスファルト混合物の安定性不足
	縦断方向の凹凸	アスファルト混合物の品質不良，路床・路盤の支持力の不均一，地盤の不同沈下
	コルゲーション	プライムコート・タックコートの施工不良
	くぼみ	路床・路盤の転圧不足，地盤の不同沈下
崩壊	ポットホール	アスファルト混合物の品質不良，アスファルト混合物の転圧不足
	はく離	骨材とアスファルトの付着力不足，アスファルト混合物に浸透した水
	老化	アスファルト混合物中のアスファルトの劣化
摩耗	ポリッシング	アスファルト混合物・骨材の品質不良
	はがれ	アスファルト混合物の品質不良，転圧不足
その他	ブリージング	プライムコート・タックコートの施工不良，アスファルト混合物の品質不良，アスファルトの品質不良
	ブリスタリング	アスファルト混合物の品質不良，表層下の空気の膨張
	ブラスト焼け	高温のジェットブラスト
	グルービングの角欠け・つぶれ	アスファルト混合物の不適，過大な荷重・交通量
	凍上	凍上抑制層厚の不足，地下水

(b) コンクリート舗装

分類	名称	主な原因
全面的ひび割れ（底面に到達）	隅角部・横断・縦断	路床・路盤の支持力不足，目地構造・性能の不完全，コンクリート版厚の不足，地盤の不同沈下，コンクリートの品質不良
	亀甲状	上記ひび割れが進行
局部的ひび割れ（底面に未到達）	初期・隅角部・横断・縦断	路床・路盤の支持力不足，目地構造・性能の不完全，コンクリート版厚の不足，地盤の不同沈下，コンクリートの品質不良
	埋設構造物近傍	構造物と路盤との不同沈下，構造物による応力集中
変形	縦断方向の凹凸	路床・路盤の支持力不足，地盤の不同沈下
目地部の破損	目地材の破損	目地板の老化，注入目地材のはみ出し・老化・硬化・脱落，ガスケットの老化・変形・脱落等
	目地縁部の破損	目地構造・性能の不完全
段差	構造物付近の凹凸・段差	路床・路盤の転圧不足，地盤の不同沈下，ポンピング，ダウエルバー・タイバーの性能の不完全
座屈	ブローアップ	目地構造・性能の不完全
摩耗	ポリッシング	粗面仕上げ面の摩耗，軟質骨材の使用
	はがれ	コンクリートの施工不良，締固め不足
その他	穴あき	木材・不良骨材の混入，コンクリートの品質不良
	版の持ち上がり	凍上抑制層厚の不足

5.2.1 巡回点検

巡回点検は，その効果と効率を考えて，通常 2 種類に分けて実施される．その頻度ならびに時期は，表 5.2 に示すようなものであり，巡回点検 (I) はゴールデンウィーク，夏の繁忙期や年末年始の前に，また巡回点検 (II) はそれ以外の月に行われる．点検方法としては，巡回点検 (I) については徒歩による目視点検であるのに対し，巡回点検 (II) については車両に乗車しての目視点検が標準とされており，必要に応じて徒歩による目視点検が行われる．

点検で注目すべき事項は次のようなものである．

① 破損の発生時期
② 破損の進行程度
③ 同様な破損の発生状況
④ 周辺の破損箇所

巡回点検 (I) において対象となる項目は，舗装の破損と舗装の表面状況に分けられ，それぞれの具体的な破損の種類と対象にすべき破損の状況は表 5.3 に示すとおりである．また，巡回点検 (II) において対象となる舗装の破損は，表 5.4

表 5.2 巡回点検の頻度

区分	頻度（年間）	実施時期	対象
巡回点検 (I)	3 回	航空需要が特に高まる時期	全域
巡回点検 (II)	9 回	巡回点検 (I) を行わない月	滑走路の中央帯，利用頻度の高い誘導路，ローディングエプロンなど

表 5.3 巡回点検 (I) において対象となる舗装の破損

破損の種類	破損の分類	破損の名称
舗装の破損	ひび割れ 変形 段差 摩耗・はがれ 崩壊 グルービング形状 目地破損 座屈 表面の状態	線状ひび割れ，亀甲状ひび割れ，隅角部ひび割れ わだち掘れ等の凹凸，くぼみ 構造物付近の段差，コンクリート版の段差 角欠け，つぶれ 目地材破損，目地縁部欠損
舗装の表面状況	タイヤゴム付着の状況 舗装面油汚れの状況 異物の存在	

表 5.4 巡回点検 (II) において対象となる舗装の破損

破損の分類	破損の名称
ひび割れ	線状ひび割れ，亀甲状ひび割れ，隅角部ひび割れ
目地破損	目地材破損，目地縁部欠損

表 5.5 対象施設の重要度

重要度	対象施設
1	全域
2	滑走路の中央帯，利用頻度の高い誘導路，ローディングエプロンなど

表 5.6 処置の区分と方法

区分	方法
I	必要に応じて経過観察を行う
II	詳細点検を実施し，必要に応じて応急処置を行う
III	応急処置を施した後に，必要に応じて修繕等を行う

に示すように，ひび割れと目地の破損であり，巡回点検 (I) で経過観察が必要となったすべての箇所に加えて，車両に乗車しての目視調査で確認できる程度の破損が対象である．なお，車両乗車時の振動，横ぶれといった乗り心地からも破損の有無が確認可能である．

点検により破損を発見した場合は，破損の程度をその範囲，長さ，幅等によって 3 段階に分類し，施設の重要度に応じて適切な処置の方法を選択して実行する．施設の重要度は，**表 5.5** に示すように，滑走路の中央帯，利用頻度の高い誘導路，ローディングエプロンなど，航空機が離着陸・走行するときに特に重要な区域，舗装の破損の進行状況に特に注意を要する区域については高く設定している．また処置の方法については，**表 5.6** に示すように，経過観察，応急処置，修繕の 3 段階に分かれる．

舗装の破損の評価および処置については，破損の程度のみならず，その進行性，履歴および航空機の運行状況といったものも考慮して，総合的に評価することが必要である．具体的な破損の処置の例として，アスファルト舗装，コンクリート舗装のひび割れについて **表 5.7** に示す．ひび割れの程度の定量化に用いる指標は，アスファルト舗装とコンクリート舗装で異なり，前者は長さまたは範囲，後者は幅となっている．

表 5.7 破損の処置（ひび割れの場合）

舗装の種別	舗装の種類*	破損の名称	破損の指標	破損の程度**	処置の区分 重要度1	処置の区分 重要度2
アスファルト舗装	—	ヘアクラック 線状ひび割れ 施工目地の開き リフレクションクラック	長さ	～1 m	I	II
				1～5 m	II	II
				5 m～	III	III
		亀甲状ひび割れ	範囲	～0.2 m	I	II
				0.2～0.5 m	II	II
				0.5 m～	III	III
コンクリート舗装	NC	縦方向・横方向 隅角部ひび割れ	幅	～0.005C	I	I
				0.005C～	III	III
	CRC	縦方向・横方向 隅角部ひび割れ	幅	0.5～0.6 mm	I	I
				0.6 mm～	III	III
	PC	縦方向・横方向 隅角部ひび割れ	幅	～0.004C	I	I
				0.004C～	III	III

* NC, CRC, PC：それぞれ，無筋，連続鉄筋，プレストレストの各コンクリート舗装
** C：鉄筋のかぶり(mm)

5.2.2 緊急点検

　地震，台風等により空港舗装が被害を被った恐れがある場合には，緊急点検を実施してその被害状況，性能保持状況を把握する必要がある．地震については通常震度4以上のものが対象であるが，それ以外であっても空港の特性等を考慮して実施することが必要になる場合もある．

　緊急点検では，適切にしかも速やかに点検を行って被害の有無を確認するとともに，被害があった場合には，その状況ならびに原因を把握する必要がある．そのため，緊急点検の実施の条件，点検箇所，対象施設（区域），優先順位，点検項目などを実施規則としてあらかじめ定めておくとよい．

　緊急点検の実施方法は巡回点検のものに準ずればよいが，この点検は空港施設の運用を中断して実施することとなるので，点検時間を最小限にとどめることが重要である．そのため，車両による点検が標準となるが，特定の箇所や施設については徒歩による目視点検を行う必要がある．

　点検により異常を発見した場合の評価および処置は，巡回点検のものに準じて行えばよい．

5.2.3 定期点検

　空港舗装の性能を確保するためには，その状況を定期的に点検・調査することにより舗装の性能低下につながる変状や破損を早期に発見する必要がある．そのため，各種機器を用いて舗装の状況を定量的に把握することが肝要である．

　この定期点検には，舗装表面性状（破損状況）調査，舗装面高さ測量およびすべり摩擦係数測定がある．この場合の標準的な点検頻度は**表5.8**のようなものである．

　舗装の表面性状を調査する場合，アスファルト舗装，コンクリート舗装とも，3種類の破損についての状況を計測して算出する舗装補修指数（Pavement Rehabilitation Index, PRI）に基づく方法が使用されている．上記の3種類の破損は，アスファルト舗装では，ひび割れ，わだち掘れ，平坦性であり，コンクリート舗装では，ひび割れ，目地部の破損，段差である．この調査は，**表5.9**に示すように，舗装を一定の面積のユニットに分けて，ユニット単位で行っている．

　舗装面の高さ測量は，滑走路ならびに誘導路の中心線測量，縦断測量と横断測量に分けられる．それぞれの測点間隔は**表5.10**が標準である．なお，縦横断図が既存の場合には，沈下量等の変化を明らかにするために経年変化図を整備すると，空港施設の管理にとっては有用なものとなる．

　滑走路のすべり摩擦係数は，自動散水機能を有する連続すべり摩擦係数測定車両により測定される．この場合，SFT (Surface Friction Tester) を使用する方法が標準であり，滑走路中心から 5.5 m の位置で連続的に走行しながらすべり摩擦係数を測定する．

表5.8　定期点検の頻度

点検項目	滑走路	誘導路	エプロン
舗装表面性状	3年ごと	3年ごと	3年ごと
舗装面高さ	3年ごと	3年ごと	—
すべり摩擦係数	毎年	—	—

表5.9　滑走路，誘導路，エプロンの調査ユニットの大きさ

空港の種類	アスファルト舗装*	コンクリート舗装*
大型ジェット機が就航する空港	21 m × 30 m	21 m × 20 m
中小型ジェット機が就航する空港	14 m × 45 m	14 m × 30 m
プロペラ機・小型機のみが就航する空港	7 m × 90 m	7 m × 60 m

＊幅×長さ

表 5.10　測量の測点間隔

施設	中心線測量	縦断測量	横断測量
滑走路	滑走路中心線に沿って 100 m ごと	滑走路中心線に沿って 100 m ごとならびに勾配変化点	縦断方向 100 m ごとに滑走路直角方向に 5 m ごと，ならびに勾配変化点
誘導路	誘導路中心線に沿って 100 m ごと	誘導路中心線に沿って 100 m ごとならびに取付誘導路交点	縦断方向 200 m ごとに誘導路直角方向に 5 m ごと，ならびに勾配変化点

5.2.4　詳細点検

巡回点検および緊急点検により舗装の破損が発見された場合には，次のステップとして，その部分の詳細な点検，すなわち詳細点検を行う必要がある．同様に，定期点検により補修の必要性があると判断された場合にも詳細点検が必要となる．

詳細点検には舗装表面状況の調査と舗装構造の調査があり，前者では破損そのものの把握，後者では破損原因の推定，破損の進行状況の概略的把握ができる．この場合，舗装表面状況の調査と舗装構造の調査を組み合わせて行うが，前者のみとするか後者も実施するかについては，破損の程度により決定する必要がある．この詳細点検における調査内容は**表 5.11** に示すようなものである．

表 5.11　詳細点検の調査内容

調査の対象	アスファルト舗装	コンクリート舗装
舗装表面状況	舗装の破損状況調査 滑走路のすべり抵抗性調査	舗装の破損状況調査 滑走路のすべり抵抗性調査
舗装構造	非破壊調査 ・FWD 解体調査 ・CBR 試験 ・平板載荷試験 ・現場密度試験 ・アスファルト混合物の室内試験	非破壊調査 ・FWD 解体調査 ・平板載荷試験 ・コンクリートの曲げ試験 ・コンクリートの圧縮試験 ・現場密度試験

(1)　舗装表面性状調査

舗装の破損状況（一般的には表面性状と称される）は，前述のように，3 種類の破損の状況から算出される PRI に基づいて定量化され，補修の必要性として評価される．この補修の必要性については，A：補修の必要なし，B：近いうちの補修が望ましい，C：できるだけ早急に補修の必要がある，の 3 段階に判定される．

(2) 滑走路すべり抵抗性調査

滑走路表面のすべり抵抗性は，すべり摩擦係数として SFT を用いて定期的に測定することとされている．すべり摩擦係数が所定の値（例えば第 2 章の**表 2.17**）を満足していない場合は，滑走路舗装表面に付着したタイヤゴムの除去等の処置を検討する必要がある．

(3) 舗装構造調査

舗装構造の評価においては，舗装の荷重支持性能を的確に把握し，必要とされる性能を有しているかどうかを判定することが必要である．舗装構造の性能は，いうまでもなく建設時点が最も高く，その後供用につれて低下するので，限界とされる性能に近づいたときや新しい性能を付加する必要が生じたときに調査を実施する必要がある．その結果に基づいて，オーバーレイや打換え等の補修を実施する時期や規模を決定することになる．

舗装構造の調査には解体調査と非破壊調査がある．前者は舗装構造を掘削・解体し，舗装各層ならびに路床の材質，密度，強度等を調べる方法である．後者は，荷重を加えたときの舗装表面のたわみや曲率等を調べることによって構造調査を行う方法であり，一般的には FWD (Falling Weight Deflectometer) により測定されたたわみに基づく方法が使用されている．実際には，破損の状況，想定される補修工法，規模等を総合的に検討し，**表 5.12** に示す解体調査と非破壊調査の特質を踏まえて，これらを適切に選択または組み合わせて調査を実施すればよい．例えば，全区域を対象として非破壊調査を行って概要を把握してから，その調査結果から舗装の構造状態が懸念される箇所を抽出し，それについて解体調査を行って構造状態を重点的に調べるといった方法が考えられる．

表 5.12 非破壊調査と解体調査の比較

項目	解体調査	非破壊調査
調査時間	長い	短い
調査範囲	点	面的
費用	高価	安価
調査時の舗装の損傷	あり	なし
舗装内部の状況	直接評価	間接評価

a. 解体調査

アスファルト舗装の解体調査では，得られた路床 CBR ならびに評価対象箇所の設計条件を用いて舗装を新たに建設するとした場合の基準舗装厚 T を計算し，これを既設舗装の換算基準舗装厚 t' と比較することによって舗装を評価する．

表 5.13　既設舗装各層の上層路盤としての等価値

材料名	状況	等価値
表・基層 アスファルト 混合物	ひび割れがなく，マーシャル安定度が 4.90 kN 以上 ひび割れがなく，マーシャル安定度が 3.45 kN 以上 ひび割れが多く，アスファルト安定処理材の材質を満足しない	2.0 1.5 1.0
アスファルト 安定処理材	マーシャル安定度が 4.90 kN 以上 マーシャル安定度が 3.45 kN 以上 粒度調整砕石としての材質を満足する	2.0 1.5 1.0
セメント 安定処理材	一軸圧縮強さが 2.90 MPa 以上 粒度調整砕石としての材質を満足する	1.5 1.0
粒度調整砕石	修正 CBR ≥ 80%	1.0

その結果，$T > t'$ となれば何らかの補修を行う必要がある．換算基準舗装厚 t' は式 (5.1) により算出できるが，表層・基層ならびに上層路盤の材料の等価値については，それらの状況に基づいて**表 5.13** に示すように定める必要がある．各層の材料がこの表に示す状況を満足しない場合には，それらの材料は下層路盤あるいは路床とみなさざるを得ない．この場合，下層路盤とみなすために必要な材料特性は構造設計時に用いたものと同じである．なお，既設舗装が表層・基層ならびに上層路盤の標準厚を有していない場合には，既設舗装の構造状態は不十分と評価される．

$$t' = t_1 + (a_{21}t_{21} + a_{22}t_{22} + \ldots) + t_3 \tag{5.1}$$

ここに，　　　t_1：表層と基層の合計厚
　　　$t_{21}, t_{22}, \ldots$：上層路盤各層の厚さ
　　　$a_{21}, a_{22}, \ldots$：上層路盤各層の等価値
　　　t_3：下層路盤の厚さ

これに対して，コンクリート舗装の解体調査では，得られた路盤設計支持力係数ならびに既設コンクリート版の曲げ強度を用いて既設コンクリート版の安全率を算定し，**表 5.14** に従って舗装を評価する（この場合の設計カバレージは設計期間 10 年とした場合）．

b. 非破壊調査

空港舗装構造の非破壊調査には，上記のように FWD が使用される．

アスファルト舗装を対象とする場合には，FWD の最大たわみ D_0（載荷板中心たわみ）を舗装表面温度 20°C の場合に換算した値の 75 パーセンタイル値を算出して規準値と比較し，これより大きな場合には何らかの補修を考える必要が

表5.14 既設コンクリート舗装の評価

コンクリート版の安全率	評価
2.2 以上	設計カバレージ 20 000〜40 000 回に耐える
2.0 以上 2.2 未満	設計カバレージ 10 000〜20 000 回に耐える
1.7 以上 2.0 未満	設計カバレージ 3 000〜10 000 回に耐える
1.7 未満	設計カバレージ 3 000 回未満の交通にしか耐えられない

ある．

　コンクリート舗装を対象とする場合には，FWD により測定されたたわみ（曲線）に基づいて，コンクリート版の弾性係数，路盤の支持力係数，目地の荷重伝達率，路盤空隙の有無について評価する．

5.3　空港舗装の表面性状の評価

　空港舗装の表面性状の調査は，表 5.1 にあげた破損のすべてについて行うのが本来は望ましい．しかし，5.2 に記したように，詳細点検においてはその結果が舗装性能についての判定に寄与する度合を考えて，3 項目に絞って調査を実施し PRI を算出して，補修の必要性を判定するようになっている．

5.3.1　舗装補修必要性の判定方法

　舗装の表面性状は，前述のように，舗装補修指数 (PRI) として定量化され，補修の必要性が判定される[1]．PRI の算定式は，アスファルト舗装，コンクリート舗装のそれぞれで次のようになる（それぞれ，式 (5.2)，(5.3)）．

① アスファルト舗装

$$PRI = 10 - 0.45CR - 0.0511RD - 0.655SV \tag{5.2}$$

　　ここに，CR：ひび割れ率 (%)
　　　　　RD：わだち掘れ (mm)
　　　　　SV：平坦性（縦断方向の凹凸の標準偏差，mm）

② コンクリート舗装

$$PRI = 10 - 0.29CR - 0.296JC - 0.535SV \tag{5.3}$$

ここに，*CR*：ひび割れ度 (cm/m^2)
　　　　JC：目地部の破損率 (%)
　　　　SV：段差（最大，mm）

この PRI による補修必要性の判定方法は，技術者による主観的評価と表面性状の客観的評価を実施して，両者を結びつけることによってシステム化されたものである．具体的には，24 名の技術者（空港舗装の管理に携わる者 14 名，舗装工事に携わる者 10 名）に，いろいろな破損状態のものを網羅するようにあらかじめ選定した空港内の舗装区画をそれぞれ評価してもらうとともに，表面性状について定量的な測定を実施している．舗装の表面性状としては，**表 5.1** に示すもののうち主要な破損を選んである．各技術者には破損項目ごとにその状態を 3 段階に評価するとともに，該当する舗装区域の損傷の程度を総合的に評価することにより補修の必要性を判断することを求めた．この場合，滑走路としてみた場合，誘導路としてみた場合，エプロンとしてみた場合，それぞれについて補修の必要性に関して判断を求めた．その結果得られたものが，式 (5.2)，(5.3) で表される PRI による表面性状の定式化方法である．

補修の必要性は，**表 5.15** に示すように，PRI に基づいて A，B，C の 3 段階により表される．これは，上記の現地調査結果を解析することにより，滑走路，誘

表 5.15　PRI による補修の必要性の評価

(a) アスファルト舗装

施設	評価*		
	A	B	C
滑走路	8.0 以上	3.8 以上 8.0 未満	3.8 未満
誘導路	6.9 以上	3.0 以上 6.9 未満	3.0 未満
エプロン	5.9 以上	0.0 以上 5.9 未満	0.0 未満

(b) コンクリート舗装

施設	評価*		
	A	B	C
滑走路	7.0 以上	3.7 以上 7.0 未満	3.7 未満
誘導路	6.4 以上	2.3 以上 6.4 未満	2.3 未満
エプロン	5.7 以上	0.0 以上 5.7 未満	0.0 未満

* A：補修の必要なし
　B：近いうちの補修が望ましい
　C：できるだけ早急に補修の必要がある

表 5.16　1 種類の破損項目による補修必要性の評価

(a) アスファルト舗装

項目	施設	評価		
		A	B	C
ひび割れ率 (%)	滑走路	0.1 未満	0.1 以上 6.5 未満	6.5 以上
	誘導路	0.9 未満	0.9 以上 12.7 未満	12.7 以上
	エプロン	1.9 未満	1.9 以上 17.0 未満	17.0 以上
わだち掘れ (mm)	滑走路	10 未満	10 以上 38 未満	38 以上
	誘導路	17 未満	17 以上 57 未満	57 以上
	エプロン	22 未満	22 以上 70 未満	70 以上
平坦性 (mm)	滑走路	0.26 未満	0.26 以上 3.64 未満	3.64 以上
	誘導路	0.91 未満	0.91 以上 6.57 未満	6.57 以上
	エプロン	1.50 未満	1.50 以上 8.63 未満	8.63 以上

(b) コンクリート舗装

項目	施設	評価		
		A	B	C
ひび割れ度 (cm/m^2)	滑走路	0.2 未満	0.2 以上 5.6 未満	5.6 以上
	誘導路	0.6 未満	0.6 以上 7.6 未満	7.6 以上
	エプロン	1.1 未満	1.1 以上 11.1 未満	11.1 以上
目地の破損率 (%)	滑走路	0.1 未満	0.1 以上 1.3 未満	1.3 以上
	誘導路	0.1 未満	0.1 以上 3.2 未満	3.2 以上
	エプロン	0.1 未満	0.1 以上 5.7 未満	5.7 以上
段差 (mm)	滑走路	5 未満	5 以上 10 未満	10 以上
	誘導路	5 未満	5 以上 12 未満	12 以上
	エプロン	5 未満	5 以上 14 未満	14 以上

導路, エプロン別に導かれたものである.

　舗装表面性状の評価は, 上記のように PRI 算定に用いる 3 種類の破損の状況に基づいて実施することを原則としているが, 何らかの事情により 3 種類すべての破損項目が測定できなかった場合や 1 種類のみの破損が際立つといった場合には, **表 5.16** に基づいて評価することもできる.

5.3.2　破損の定量化方法

　PRI 算定時に必要となる各項目の破損の程度を定量化するときには, アスファルト舗装, コンクリート舗装のそれぞれで次のような方法を用いる. これは, 上記の PRI 式を開発するときに用いた方法を踏襲したものである. また, ユニット

の大きさは前掲の**表 5.9** に示すとおりであるが，これも PRI 式開発時に用いられたものである．

(1) アスファルト舗装

a. ひ び 割 れ

　ひび割れの調査は連続撮影記録装置により舗装表面を撮影することにより行う．この場合，撮影された画像または映像を解読し，式 (5.4) によりユニット内のひび割れ面積の割合としてひび割れ率を算出する．なお，パッチングによって補修された部分は，通常切削打換えといった方法により補修がなされていることから，設計時の性能が保持できているとみなしてひび割れ面積には含めない．

$$\text{ひび割れ率 (\%)} = \frac{\text{ひび割れ面積 (m}^2\text{)}}{\text{ユニットの面積 (m}^2\text{)}} \times 100 \tag{5.4}$$

ここに，ひび割れ面積は線状ひび割れ，亀甲状ひび割れ，施工目地開き，リフレクションクラックの合計であり，線状ひび割れ，施工目地の開き，リフレクションクラックについては，ひび割れ長さに 0.3 m を乗じて面積とする．

b. わだち掘れ

　わだち掘れの調査は，ユニットの中でわだち掘れが最大と思われる 1 断面について行う．この場合，わだち掘れ量は**図 5.2** に示すように定義するものとし，基準点は，滑走路等の横断方向の交通量の分布から考えて，わだち掘れがほとんどない箇所に設定する．

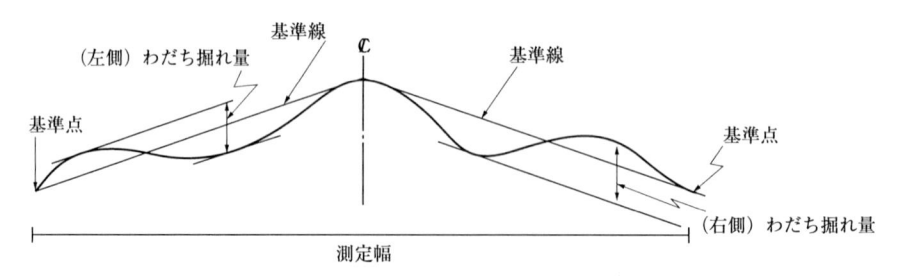

図 5.2 わだち掘れ量の定義

c. 平 坦 性

　平坦性調査は，高速縦断プロフィロメーターや 3 m プロフィロメーターにより，特定の横断方向位置においてユニット全長を測定する．滑走路の場合は，**表 5.17** に示すように，滑走路の幅に応じて変えた位置としているが，誘導路・エプ

表 5.17 滑走路の平坦性調査時の
横断方向測定位置

滑走路の幅 (m)	横断方向の測定位置
60	中心線から 10 m
30〜45	中心線から 7 m
25	中心線から 5 m

ロンの場合は中心線あるいは走行線から横断方向に 5 m の位置としている．測定結果は 1.5 m 間隔で読み取って標準偏差を求め，それを平坦性とする．

(2) コンクリート舗装

a. ひ び 割 れ

ひび割れの調査方法は，アスファルト舗装の場合と同様であるが，式 (5.5) によりひび割れ度として定量化する．

$$\text{ひび割れ度 (cm/m}^2) = \frac{\text{ひび割れの長さ (cm)}}{\text{ユニットの面積 (m}^2)} \tag{5.5}$$

ただし，ひび割れの長さは線状ひび割れ，亀甲状ひび割れ，隅角部ひび割れの合計であり，網状ひび割れにおいてもひび割れの長さを計測する．

b. 目地部の破損

目地部の破損の調査方法はひび割れの場合と同様であるが，目地部の破損長さを測定して式 (5.6) により目地部の破損率を算出する．この場合，スポーリング（角欠け）は含むものとする．また，全目地の長さとしては，ユニットに完全に含まれる目地の長さについてはその 2 倍（両側の版）を考え，ユニット境界に位置する目地についてはその長さそのものを考える．

$$\text{目地部の破損率 (\%)} = \frac{\text{目地部の破損長さ (m)}}{\text{全目地の長さ (m)}} \times 100 \tag{5.6}$$

c. 段　　　差

段差は目地およびひび割れでの段差を意味する．ユニットごとに段差が大きいと思われる箇所を約 10 点選んで測定し，その中の最大値を段差量とする．この場合，段差は図 5.3 の要領で測定すればよい．

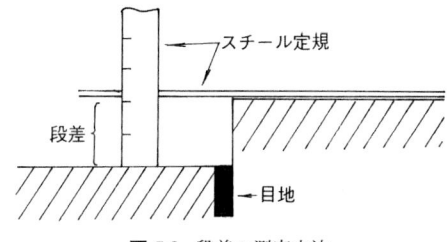

図 5.3 段差の測定方法

5.3.3 空港舗装の表面性状の実態
(1) わが国の空港における舗装表面性状

舗装表面性状の実態として 1985～1987 年時点のものをまとめた事例がある[2]．**図 5.4** は PRI の分布状況を示している．平均値でみると，アスファルト舗装では，滑走路，誘導路，エプロンともに補修の必要性は A と判定され，表面性状は良好であるとわかる．コンクリート舗装は，誘導路とエプロンに用いられているが，いずれの場合も A と判定される．

このうち，アスファルト舗装については 1998～2002 年において同様の調査がなされている[3]．PRI の分布状況については**図 5.5** に示す結果が得られている．PRI の平均値をみると，滑走路と誘導路では 1 割程度の差であるが，PRI の小さいもの，すなわち破損の進行しているものは誘導路に多くあることがわかる．なお，ひび割れ，わだち掘れ，平坦性の 3 種類の破損のいずれをみても，誘導路のほうが滑走路に比べると状況は悪く，この結果が上記の PRI の値に反映されて

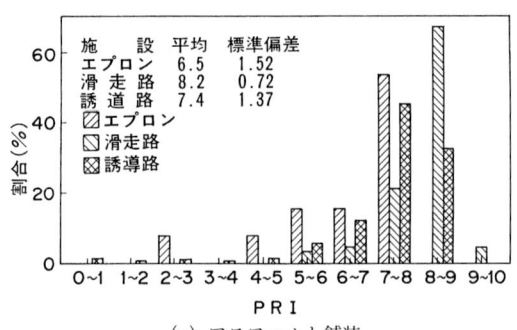

図 5.4 空港舗装の表面性状の実態（1985～1987 年）

(a) アスファルト舗装

施　　設	平均	標準偏差
エプロン	6.5	1.52
滑走路	8.2	0.72
誘導路	7.4	1.37

(b) コンクリート舗装

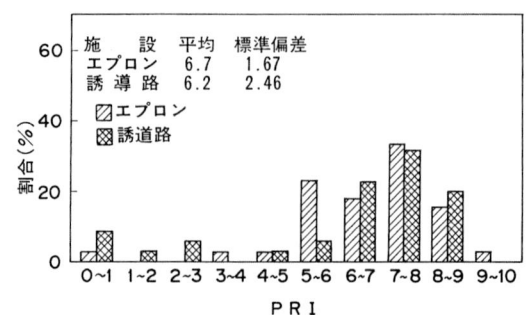 施　　設	平均	標準偏差
エプロン	6.7	1.67
誘導路	6.2	2.46

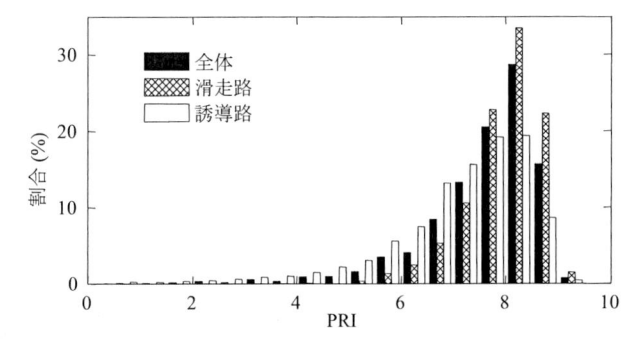

図 5.5 空港舗装の表面性状の実態（1998〜2002 年）

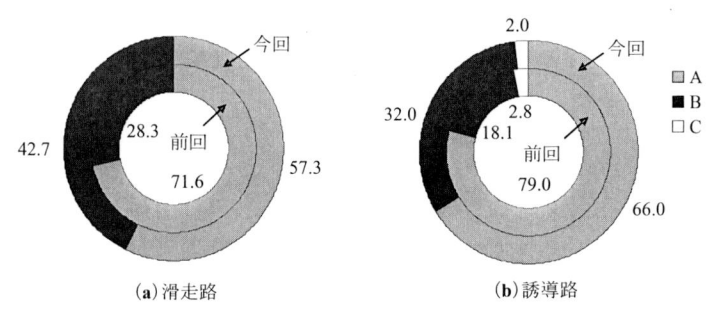

図 5.6 前回と今回の調査における補修必要性の比較
(a) 滑走路
(b) 誘導路

いる．

PRI に基づく補修の必要性についての 2 つの調査結果を比較した結果を**図 5.6**にまとめた．滑走路，誘導路とも，前回の調査からみると A と判定される範囲が 10 ポイント以上減少し，その分 B と判定される範囲が増加していることがわかる．ただし，C と判定される範囲については前回と今回の調査で違いがなく，誘導路で 2% 程度が該当するだけである．このことから，前回から今回調査までの 20 年の間に，表面性状は若干悪化傾向にあるといえよう．

PRI の構成因子であるひび割れ，わだち掘れ，平坦性について，**図 5.7** に破損の状況をまとめた（1998〜2002 年のデータ）．ひび割れ率は，その平均値が，滑走路，誘導路のそれぞれで 0.5%，1.4% であるが，ひび割れ率 0.5% 以下の部分が滑走路では 70%，誘導路では 50% 程度を占めており，誘導路ではひび割れの発生している部分が多くなっている．わだち掘れ量については，滑走路，誘導路では，平均値が，それぞれ 14 mm，18 mm となっているが，誘導路のほうが値が

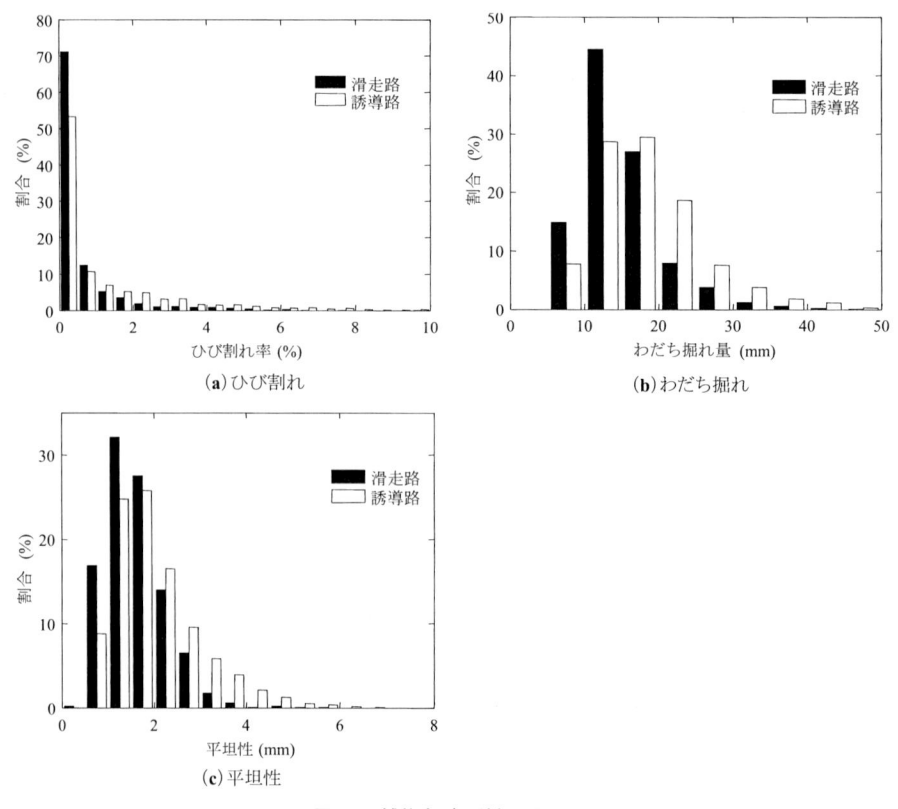

図 5.7　舗装表面の破損の状況

分散しており，わだち掘れ量が大きくなっている部分が多いものとなっている．平坦性では，滑走路，誘導路の平均値はそれぞれ 1.6 mm，2.0 mm となっているが，他の破損の場合と同様に，誘導路のほうが分散が大きくなっている．

(2) わが国と米国における評価方法の比較

米国における空港舗装の破損に関わる評価方法は Pavement Condition Index (PCI) に基づくものであり[4]，この方法は 1998 年に ASTM D5340 として制定されている．PCI は，舗装表面に現れてくる破損のひどさとその破損がみられる舗装の範囲を調べて，それらを総括するものとして計算される．これらの破損の種類は，アスファルト舗装の場合で 16 種類，コンクリート舗装で 15 種類となっている（**表 5.18**）．破損の程度については，severity（ひどさ）と density（範囲）で定量化されている．前者は，原則として，high（ひどい），medium（中程度），

表 5.18 PCI の計算に用いられる破損の種類

アスファルト舗装	コンクリート舗装
線状ひび割れ	線状ひび割れ
亀甲状ひび割れ	"D" クラック
面状ひび割れ	収縮ひび割れ
せん断ひび割れ	ひび割れによるコンクリート版の分割
リフレクションクラック	パッチング（0.46 m² 未満）
パッチング	パッチング（0.46 m² 以上）
わだち掘れ	目地部破損（局部的）
局部沈下	目地材損傷
膨れ上がり	目地・ひび割れ部の段差
コルゲーション	隅角部の破壊
ジェットブラスト	隅角部破損（局部的）
オイル漏れ	ポップアウト
ブリージング	ブローアップ
骨材のポリッシング	ポンピング
レベリング	スケーリング
コンクリート舗装との接合部の破損	

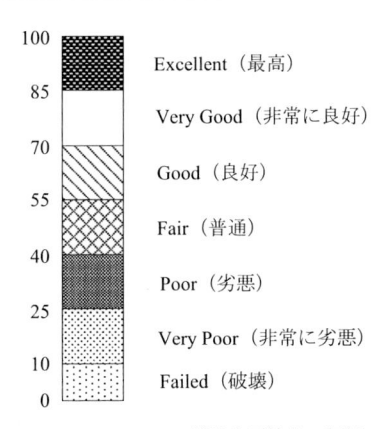

```
100 ┬────┐
    │▓▓▓▓│ Excellent（最高）
 85 ├────┤
    │    │ Very Good（非常に良好）
 70 ├────┤
    │////│ Good（良好）
 55 ├────┤
    │XXXX│ Fair（普通）
 40 ├────┤
    │▓▓▓▓│ Poor（劣悪）
 25 ├────┤
    │····│ Very Poor（非常に劣悪）
 10 ├────┤
    │    │ Failed（破壊）
  0 └────┘
```

図 5.8 PCI による舗装表面性状の評価

light（軽度）の 3 段階に分類され，後者は破損面積の区画面積に対する比，すなわち破損密度で表されるようになっている．なお，この場合のユニットの大きさは 450 m² である．

具体的には，破損程度を数量化した図表が用意されており，これを用いて PCI が計算できるようになっている（0〜100 点の範囲の値）．そして，その値に応じて，図 5.8 に示すように舗装の表面性状が 7 段階にランク分けされる．

図 5.9 PRI と PCI の比較

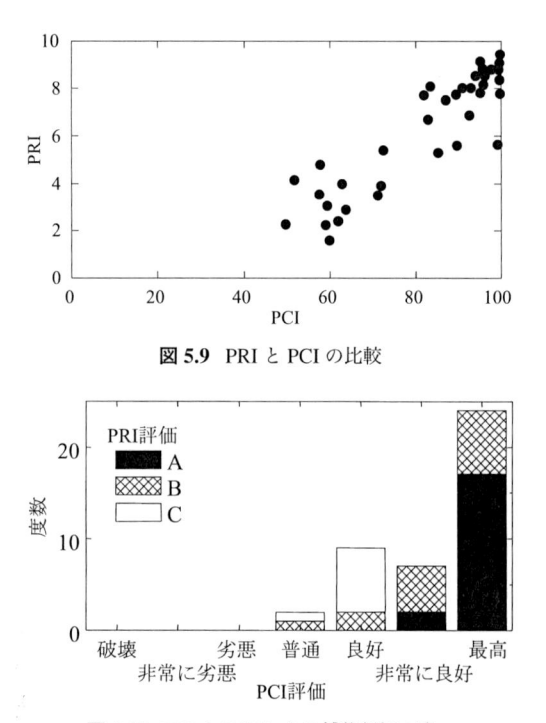

図 5.10 PRI と PCI による舗装評価の違い

　PRI と PCI による舗装の評価方法を比較するために，PRI の開発過程で行われた現地調査で得られた詳細な破損状況のスケッチ図を使って PRI と PCI の両方を算定した．ただし，わだち掘れについては，このスケッチからは PCI の算定に用いる情報を得ることはできないことから，ここでは両者ともわだち掘れがないものとして計算した．得られた PRI と PCI の関係を**図 5.9** に示す．データ数が十分ではないので断定はできないが，両者の相関性は良好といえる．ただし，PCI で 60 程度に評価される舗装も PRI では 2〜4 に評価されるというように，相対的にみれば PRI のほうが厳しい評価になっているものと思われる．

　最終的な舗装の評価としては，上記のように PRI では補修の必要性を 3 段階に，PCI では破損状況を 7 段階に分類するようになっている．それらの結果を対比して示したものが**図 5.10** である．**図 5.9** から予想されるように，PCI に比べて PRI による方法が厳しいものとなっていることがわかる．

5.4 航空機運行の安全性に関わる舗装の評価

航空機運行の安全性は空港舗装に対する要求性能である走行安全性能に相当するものである．第4章で記したように，走行安全性能の照査項目としては，すべり，わだち掘れと段差があるが，滑走路においては航空機が 300 km/h にも達する速度で走行することから，パイロットの航空機操縦性や乗客の乗り心地に直接影響を及ぼす縦断方向凹凸，すなわち平坦性といった点も照査項目のひとつに加えられるべきものと考えられる．わだち掘れと段差については 5.3 で舗装表面性状（破損）の評価として記述されていることから，ここではすべり（すべり抵抗性）と縦断方向平坦性に焦点をあてることにする．

5.4.1 航空機運行の安全性の評価項目

航空機のパイロットはその安全運行を確保するうえで最も重要な役割を有していることから，パイロットに対して空港舗装に関する主観的評価について調査をした[5]．調査対象は国内主要航空会社のパイロット 84 名である．アンケートにおいては，まず乗り心地（パイロットの操縦性と乗客の乗り心地）と走行安全性をとりあげ，表面性状としてあげた以下の 9 項目がそれらに及ぼす影響度合について評価を求めた．次に，わが国の空港舗装の一般的な状況についても滑走路，誘導路，エプロン別に評価を求めた．ここではいずれも 5 段階での評価を求めている．

① 段差
② わだち掘れ
③ ひび割れ
④ 破片散乱（ひび割れによる）
⑤ 縦断勾配
⑥ 横断勾配
⑦ 水たまり
⑧ 雪氷
⑨ 航空灯火

パイロット全体からみた現状の空港舗装に対する航空機の走行安全性に関する評価について，滑走路，誘導路，エプロンの施設別にまとめたものを図 5.11 に示す．いずれも「普通」との評価が半数程度を占めること，これに「よい」，「多少

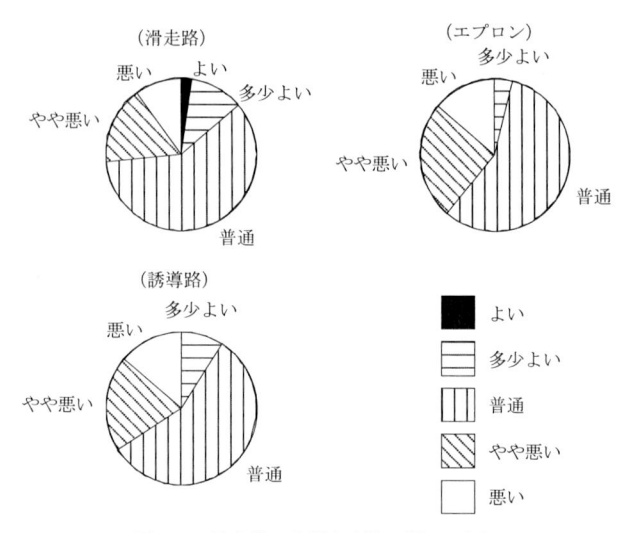

図 5.11 航空機の走行安全性に関する評価

よい」を加えると，パイロット全体の 6〜7 割が空港舗装に対して肯定的な評価をしていることがわかる．

次に，舗装表面性状としてとりあげた 9 項目の破損が舗装施設の総合的評価，すなわち，乗り心地と走行安全性に及ぼす影響度合について検討し，それらに関する評価を高めるうえで改善を図るべき表面性状の項目について考察している．

図 5.12 は，滑走路における航空機の乗り心地に関してまとめたものである．全体として，段差ならびに航空灯火による凹凸の影響度が高くなっていることがわかる．同様に，滑走路における航空機の走行安全性について表面性状の影響度に関する項目別の集計結果を図 5.13 に示している．この場合は，乗り心地とは異なり，雪氷やひび割れに伴う破片散乱といった項目が大きな影響を有するとの結果が得られた．

パイロットの空港舗装に対する総合評価を高めるために改善する必要がある舗装表面性状の種類について検討するために，舗装表面性状の各項目の独立係数と舗装の総合評価における満足率から改善すべき項目の優先順位を定量化できる，cs グラフの手法[6]が採用されている．その結果として，乗り心地を向上させるためには航空灯火と段差を改善する必要のあること，走行安全性については特に滑走路における雪氷と段差を改善する必要のあることが示されており，空港舗装に関するパイロットの主観的評価においては縦断方向平坦性とすべり抵抗性がそ

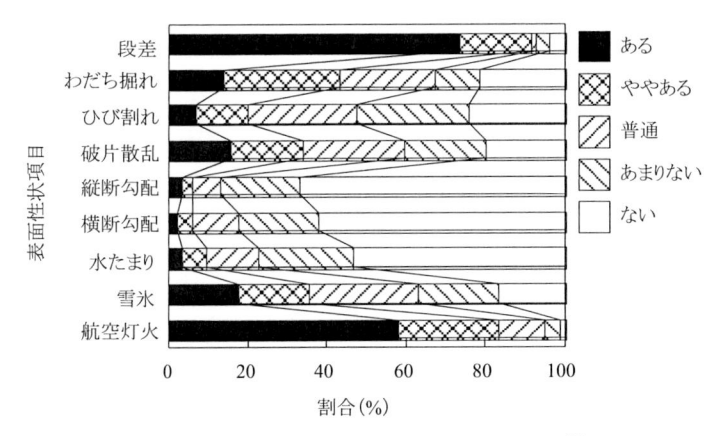

図 5.12 滑走路の乗り心地に対する表面性状の影響

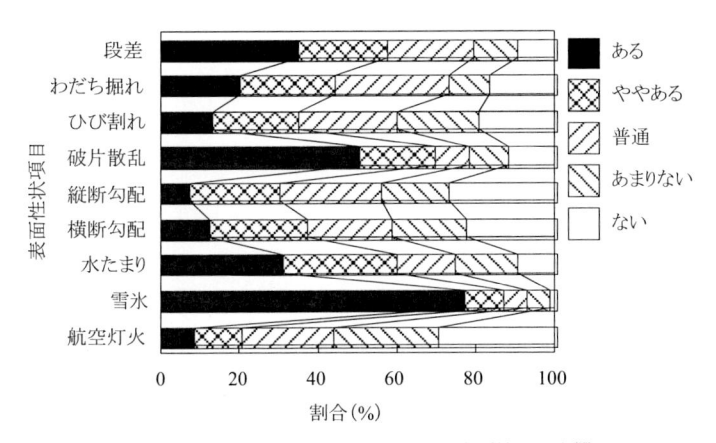

図 5.13 滑走路の走行安全性に対する表面性状の影響

の要因として支配的なものであるとまとめられている．

5.4.2 すべり抵抗性
(1) すべり抵抗性の重要性
　航空機の操縦性の問題は，航空機の大型化ならびにそれに伴う離着陸速度の増加につれてクローズアップされてきた．特に，降雨時のハイドロプレーニング現象が重大事故につながることから最重視されてきたが，滑走路が湿潤状態であったり，雪氷で覆われていて滑走路表面がすべりやすくなっていたりすることも，航空機の離着陸時の事故の大きな原因のひとつとなっている．このような場合の

対策は，滑走路の延長，航空機質量の減少といったことも考えられようが，現実的には滑走路表面のすべり抵抗性を改善することである．

航空機が滑走路上を走行する場合を考えると，タイヤと舗装そのものが同一だとしても，気象や運行の状況によりタイヤと舗装の接触面の状態は大きく異なったものとなり，その結果すべり抵抗性も大きく異なってくる．具体的には，舗装面が湿潤状態にあるときは乾燥状態にあるときに比べるとすべり抵抗性は低下し，しかも航空機の走行速度が増加するにつれてすべり抵抗性はさらに低下したものとなる．ただし，この場合でも接触面から水を排除してやることにより乾燥時の値近くまで回復させることも可能である．ちなみに，滑走路が排水を十分に行えないで滞水状態となっていると，その上を航空機が高速走行するときにはタイヤと舗装面の接触部分の前部が浮き上がる状態となり，走行速度がさらに増加すると残りの部分も浮き上がる状態，すなわちハイドロプレーニング現象が生ずることとなる．

(2) 滑走路舗装表面のすべり抵抗性の規定

滑走路を含む舗装は，降雨，降雪等により，表面のすべり抵抗性が変化することから，ICAO はその状況について常時明らかにしなければならないことを規定している[7]．すべり抵抗性が変化する例として，**図 5.14** には滑走路表面のすべり摩擦係数の測定結果を示してある．乾燥面と湿潤面，雪氷面における違いは明らかであるが，雪氷の状態による違いにも大きいものがある．雪氷面におけるすべり抵抗性のさらなる特徴は，**図 5.15** に示すように，乾燥面，湿潤面と異なり，すべり抵抗性が速度によってあまり変化しないことである[8]．

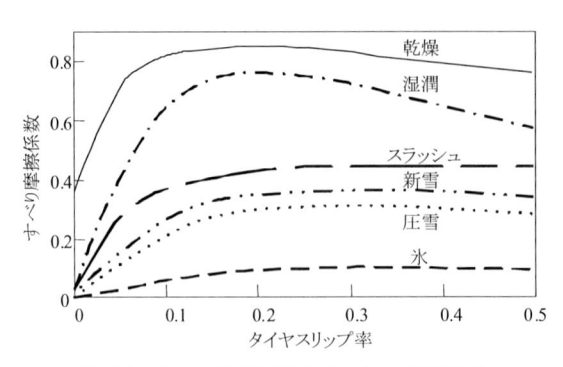

図 5.14 種々の滑走路表面でのすべり摩擦係数

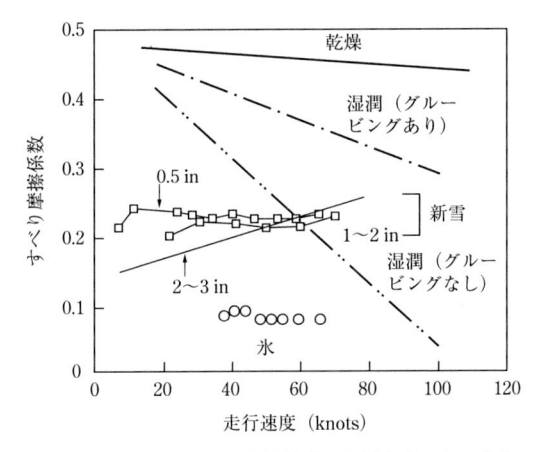

図 5.15 航空機のすべり摩擦係数の走行速度による変化

a. 湿潤滑走路表面のすべり抵抗性

ICAO は，第 2 章に記したように，滑走路が湿潤状態にある場合，その状態について，damp（湿っている），wet（濡れている），water patches（水たまりがある），flooded（水浸し）のいずれかに分類して報告すべきこと，すべり摩擦係数を測定して slippery（すべりやすい）と判定される場合にはその旨を表示しなければならないことを規定している．この場合，情報の表示は NOTAM により行われ，slippery である状態が改善されるまで継続される．湿潤時の滑走路表面がすべりやすいと判定されるのはすべり摩擦係数が**表 2.16** に示す最小値を下まわった場合であるが，実務的には最小値の上位に補修計画を開始する値（補修計画値）を設けて，滑走路全体または一部において測定値がこれを下まわったときはすべり抵抗性の復旧計画を立案し，最小値を下まわったら直ちに復旧させることが肝要である．

すべり摩擦係数の測定装置は**表 2.16** に示した車両タイプのものである．いずれも水深 1 mm での測定が可能な自動散水装置を有し，平滑なトレッドの測定車輪を有する測定装置である．ICAO はこれらの測定装置を用いてすべり摩擦係数を定期的に測定すべきことを勧告しており，その測定時期（間隔）は航空機の種類・運行頻度，気象条件等を勘案して適切に定める必要があるとしている[7]．

ICAO は上記のように，滑走路の全体または一部（100 m 単位）がすべりやすいと判定されれば，それを復旧しなければならないことを規定している．このほかにも，勾配変化や凹凸により排水が良好に行われず水たまりができるときも，

すべり摩擦係数を測定し，必要に応じて復旧することを規定している．この場合には通常の降雨状況のときに測定を実施する必要がある．

わが国においては，第2章に示したとおり，湿潤時における滑走路のすべり摩擦係数の目標値として**表 2.17** に示すものが提案されている（水膜厚 1 mm）[9]．測定装置として，従来はミューメーター (Mu-meter) が使用されていたが，再現性の問題等のためより信頼性の高いサーフェスフリクションテスター (Surface Friction Tester, SFT) を使用していく方向に変わっている．SFT は前輪駆動式の乗用車にすべり摩擦係数測定用の測定輪（第5輪）を後軸近傍に組み込んで走行方向（縦方向）のすべり抵抗を測定できるようにしている試験装置である．測定輪には通常 1.4 kN の垂直荷重がかかるようになっており，この状態で測定輪が約 10% のスリップ率で回転する場合の制動トルクを計測して，縦すべり摩擦係数が計算されるようになっている．また，試験装置には舗装表面が湿潤状態となるように自蔵式散水装置が組み込まれていて，水膜厚を一定にできるようになっている．

実際の空港におけるすべり摩擦係数の測定は，滑走路中心線から 5.5 m の位置において，滑走路全長を連続走行して実施するようになっている（1 測線当たり 3 往復）．この場合，舗装表面の水深を 1 mm とし，走行速度を 95 km/h とすることが標準的な方法である．そして，得られた結果を 100 m 間隔で読み取って平均値を求める．

b. 雪氷滑走路表面のすべり抵抗性

滑走路に雪，スラッシュ（水で飽和した雪），氷がある状態で，降雪等を十分に除去できず，滑走路の全体または一部が雪や氷で覆われてしまう状況になることも時としてある．ICAO は，第2章に示したように，そのような場合には滑走路全体にわたってすべり摩擦係数を測定し，滑走路全体を 1/3 ずつ 3 区画に分けて**表 2.18** に従ってブレーキングアクションを判定し，SNOTAM として公表することを規定している．**表 2.18** に示した値は締まった雪ならびに氷の場合のものであるが，1950 年代のスウェーデンの空港における滑走路表面のすべり抵抗性の報告方法が元になっている．その方法では当初 Skiddometer を使用してすべり抵抗性を数値化していたが，運航管理担当者が交代するにつれて数値の意味がだんだん曖昧になってきた．そこで，航空会社のパイロットに対するアンケートを行い，すべり摩擦係数の測定結果である数値に基づいて航空機の操縦性について定性的な評価をするという方法に改められた．それが**表 2.18** に示されているものであり，その後 ICAO 等で検討がなされたものの，最終的にはこれが基準とし

て採用されている．

　雪氷滑走路表面のすべり摩擦係数の測定方法には，第2章で記述したように，車両タイプと減速度計を用いるものがある．前者は湿潤路面における測定方法と同様のものであり（散水なし），後者は Tapley Meter, James Brake Decelerometer といった車載型の小型測定装置を使用する方法である．いずれも締まった雪や氷の場合には適用可能であるが，後者はゆるく積もった雪やスラッシュの場合には対応が難しいとされている．このほか，測定装置がない場合の方法として，通常車両を用いて所定の速度の時点でタイヤをロックした状態にて制動をかけたときの停止距離または時間に基づいてブレーキングアクションを推定するもの，気象状況に基づくものもある．

(3) 滑走路舗装表面のすべり抵抗性の確保方策

　上記のように，航空機の運行安全性を確実なものとするためには，滑走路表面のすべり抵抗性を確保することが必要である．以下では，そのために設けられている規定を示してから，わが国の空港で実施されているすべり抵抗性の調査事例を記述し，グルービングに対する要求性能についてまとめる．

a．すべり抵抗性を確保するために設けられている規定

　滑走路舗装表面のすべり抵抗性を確保するための方策としては，第2章で記述したように，舗装表面のテクスチャー，舗装表面の形状，グルービングに関する規定が設けられている[7),10),11)]．

　滑走路の表面部分に使用されているアスファルト混合物やコンクリートのテクスチャーのうち，航空機走行時のすべり抵抗性に大きく影響するのは波長数 mm 以下のものであり，この部分のテクスチャーが十分であればすべり摩擦係数は乾燥状態の値に近づくことがわかっている．このテクスチャーは 0.1 mm より大きいマクロテクスチャーと，0.1 mm より小さいミクロテクスチャーとに分けられ，ICAO は新設時の滑走路表面のきめ深さを 1.0 mm 以上とすべきと，前者についてのみ定量的な規定を設けている．

　舗装の表面形状については，勾配，平坦性，表面処理方法等として規定されているが，表面に凹凸のないこと，具体的には滑走路表面では 3 m 定規を用いた場合に 3 mm 以上の凹みがないことが求められている．

　グルービングについては，ICAO では必要に応じて設ければよいとしているのに対して，わが国では設けることを原則としている．この場合，幅・深さ 6 mm の矩形の溝を 32 mm 間隔で，滑走路中心線の直角方向に設けることが必要であり，その範囲は滑走路全長で，滑走路の幅の 2/3（寒冷地にあっては全幅）である．

b. わが国の空港滑走路におけるすべり抵抗性の実態

わが国の 5 つの空港の滑走路において SFT により測定したすべり摩擦係数（μ_{SFT} と記す）を滑走路端からの距離に対してプロットしたものを図 5.16 に示す[12]．これから，滑走路端から 500 m 付近が他の部分に比較してすべり摩擦係数が 3 割から 5 割程度（値では 0.2〜0.4）小さくなっていることがわかる（舗装表面温度は 25.0〜30.2°C）．

これを詳しくみたのが図 5.17 で，1 つの空港における全測定データをまとめてある．ここで，接地帯付近，中間部とは滑走路末端からそれぞれ，350〜850 m，1 050〜2 150 m の範囲のものである．この図からも，接地帯付近のすべり摩擦係数が中間部に比べて 0.2 ほど小さいことがわかる．この地点は接地点標識近傍にあたり，航空機の着陸位置がこの接地点標識付近に集中していること[13]から，滑走路表面に航空機のタイヤゴムが付着していることがその原因と考えられる．

すべり抵抗性を回復するための方策としては，タイヤゴムを除去することが有効であろう．タイヤゴム除去前後のすべり摩擦係数の変化について，上記の空港において SFT により測定した結果を図 5.18 に示した．タイヤゴム除去前は 0.7 程度であったものが，除去後は 0.8 程度にまで，比率でみて 15% ほど回復することから，タイヤゴム除去の効果は顕著であることがわかる．

このほか，舗装工事を実施したばかりでグルービングを施工できていない場合には，いうまでもなく，グルービングを設置することによるすべり抵抗性の向上が期待できる．その例を図 5.19 に示すように，グルービングを設置することにより 0.1 程度すべり摩擦係数が増加することが明らかである．

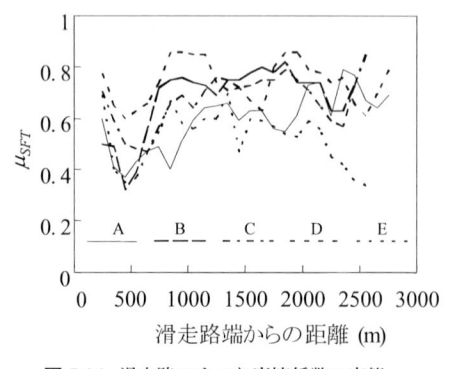

図 5.16 滑走路のすべり摩擦係数の実態

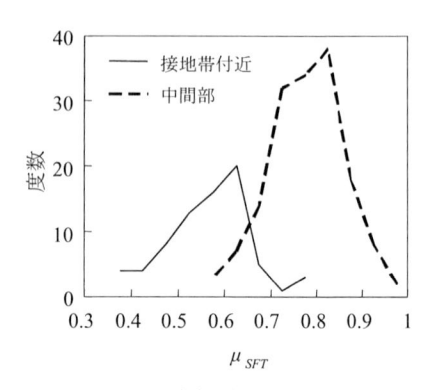

図 5.17 滑走路内の位置によるすべり摩擦係数の違い

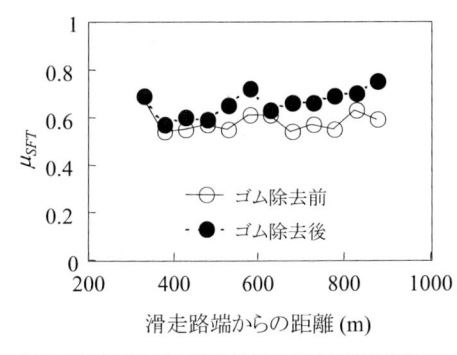

図 5.18 タイヤゴム除去前後のすべり摩擦係数

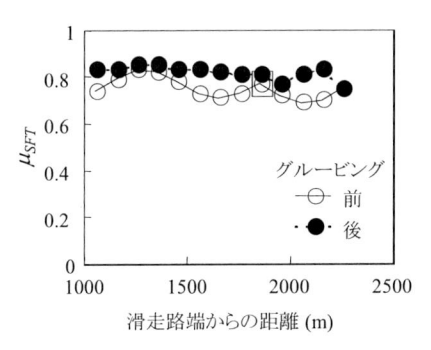

図 5.19 グルービング設置前後のすべり摩擦係数

c. すべり抵抗性を確保するために必要となるグルービングの性能

　上記のようにグルービングの効果は明らかであるが，タイヤゴムの付着以外にもグルービングの溝が航空機の繰返し走行を受けて変形することによってグルービングの性能は低下する．この問題に対処するためにアスファルト混合物を用いて滑走路舗装の工事を行ったときは，施工後 2 か月以上経過してからグルービングを設置することが規定されている [14] が，大規模空港をはじめとしいくつかの空港においては依然としてグルービングの溝の変形がみられている．このことは，現行規定は溝形状を保持するうえではいくらか効果があるものの，十分といえるものではないことを示唆していよう．特に，近年は航空機が大型化し，また運行回数も増加していることから，グルービング溝の変形の進行が懸念されるところである．

　この問題に対処するために，降雨時における滑走路表面の滞水状態を数値解析により検討し，すべり抵抗性を確保するために必要となるグルービングの性能が明らかにされている [15]．具体的には，関東地区にある空港を想定して，現在わが国で標準として用いられているグルービングの溝形状が舗装供用中に変化した場合の降雨時における水深を計算している．その方法としては，滑走路の横断方向への雨水排水状態を開水路における定常流として解析するものを用いた [16]．具体的な入力値は，可能な限り空港土木施設構造設計要領及び設計例 [17] に示されているとおりに決定したが，それ以外のものについては適切に定めた．

① 排水長——30 m（滑走路片側）
② グルービング設置範囲——20 m（滑走路片側，中心寄り）
③ 横断勾配——1.0%

④ きめ深さ——0.25 mm
⑤ グルービングの形状——幅 6 mm，深さ 6 mm の矩形の溝を 32 mm 間隔で設置．溝容積変化率は 0%（健全），30%，58%，83%
⑥ 降雨強度——空港排水施設・地下道・共同溝設計要領[18]にある東京地区の 60 分降雨強度（50 年，10 年確率に相当する 90 mm/h，60 mm/h）．このほかに，30 mm/h

グルービングのない場合とある場合で降雨強度 60 mm/h の条件下で計算した結果，グルービングなしの場合は滑走路中心から 2 m 程度の位置で水深は 1 mm に達してしまうのに対して，グルービングを設置して溝が健全な場合には中央帯部分（滑走路中心から 10 m までの範囲）には滞水しないことが判明した．しかし，溝の変形が進行し，溝容積が減少するにつれて，滞水範囲が滑走路中心寄りに拡大するとともに，同一地点での水深も増加していくこともわかった．同様の計算を降雨強度 30 mm/h，90 mm/h の場合について実施した結果も用いて，水深が 1 mm となる位置を滑走路中心からの距離として**図 5.20** に示した．この図から，滞水したとしても中央帯部分が水深 1 mm 以下とできる降雨強度は，溝が健全な場合に 75 mm/h であるのが，溝容積が 30% 減少すると 55 mm/h に，60% 減少すると 20 mm/h 程度にまで低下することがわかる．

次に，降雨時における航空機の走行安全性を確保するために必要となる滑走路舗装の性能として降雨強度 60 mm/h の降雨があった場合に，滑走路中央帯部分の水深を 1 mm 以下に保持できることとし，これを満足するために必要となるグルービングの溝容積変化率の限界値について検討した．水深 1 mm という値は，前述のように降雨時における航空機の走行安全性を確保するためには可能な限り

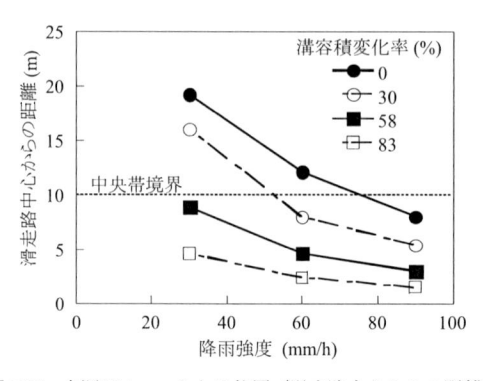

図 5.20 水深が 1 mm となる位置（滑走路中心からの距離）

水深を浅くしなければならないと実験的にわかったことと，車両形式の測定装置によるすべり摩擦係数測定時の水深を 1 mm としていること [7] に基づいている．また，滑走路中央帯部分は航空機の走行が集中する範囲である．上記の計算結果から，この要求性能を満足するためにはグルービングの溝容積を 20% 程度の減少にとどめなければならないことが導かれる．なお，このために必要となるグルービングの溝形状を確保する方法については，第 4 章で示したように，アスファルト混合物の材料を工夫することにより可能となる．

5.4.3 縦断方向平坦性
(1) 航空機の乗り心地と走行安全性

　航空機の乗り心地と走行安全性は，文字どおり，航空機走行時における乗員ならびに乗客の乗り心地や安心感，パイロットの航空機操縦性に関する事項であるが，これらは現行の空港舗装に関する基準に反映されているとは必ずしもいえないものと思われる．それは，**5.4.1** に示した，現行の規定に従って管理・運用されている空港舗装についてのパイロットによる評価の結果にも表れていよう．滑走路，誘導路等の縦断方向平坦性が航空機の乗り心地ならびに走行安全性に及ぼす影響を明らかにするためには，これらに規定されている波長成分以外のもの，すなわち，空港土木施設の設計基準にある長波長成分や施工基準にある短波長成分の中間に位置するものも含めて検討することが必要であると考えられる．

　乗り心地を測定するために従来より用いられている装置は 2 種類に大別される．1 つはプロフィロメーター等により舗装の縦断形状を相対的高低差として計測する方法であり，もう 1 つは車両に測定装置を搭載すること等によって舗装の縦断形状に対する車両の応答を直接測定する方法である．わが国ではこのうち前者を用いることが一般的となっている．しかし，この方法による測定結果はプロフィロメーター自身の長さ，すなわち測定車輪間隔により大きく影響されることがわかっている [19]．これに代わるものとして舗装の縦断形状をレベル測量や非接触式測定法 [20] により直接測定する方法がある．縦断形状を定量化する方法としては従来パワースペクトル密度を用いるもの [21] や世界銀行が提唱している IRI（International Roughness Index）がある [22]．IRI は，車両の 1/4 モデル（クォーターカーモデル）を一定の速度で舗装上を走行させたときに車両に生ずる上下方向の運動変位量の累積値と走行距離との比として定義されるもので，標準的な縦断方向平坦性の定量化方法として考案されたものである．IRI の標準的な値については，**図 5.21** に示すように，舗装・施設に応じてその範囲がまとめ

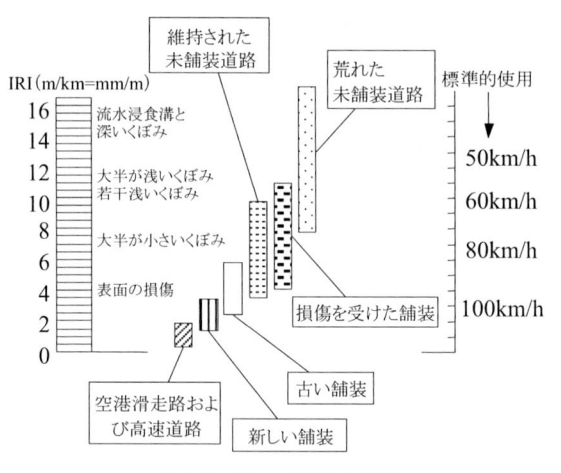

図 5.21 IRI の標準的な範囲

られているが，航空機と車両の運動特性は異なったものであることから，空港舗装の縦断方向平坦性を評価するために IRI を使用することは難しいものと考えられる．

以上のことから，パイロットに対するアンケート調査で明らかにされた乗り心地については，単に平坦性を測定したり，車両を対象にした評価法を準用することによって把握することは不可能であると考えられる．したがって，その定量化には他の方法により舗装表面形状と航空機の動的応答の関係を見出すことが必要となる．以下では，縦断形状に対する車両の応答を IRI として定量化する手法と同様の方法を空港舗装の評価に適用したものとして提案された，航空機走行時の上下方向加速度を計算するための数値解析プログラム TAXI (現 APRas) [22],[23] を用いて検討した事例を記述する．

(2) TAXI による航空機運動特性の検討

a. 解析方法

航空機の運動状態は縦断形状が同一であったとしても航空機の機種や走行状態によって異なったものとなる．この点について定量的な評価をするために，走行時における航空機の動的応答のシミュレーションを行った [5),25)]．

TAXI で考えられている走行時の航空機の運動モデルは**図 5.22** に示すとおりである．ここでは航空機は軸対称の機体を有し，前脚ならびに左右１つずつの主脚により舗装面と接触しているものとしてモデル化されている．主脚のエネ

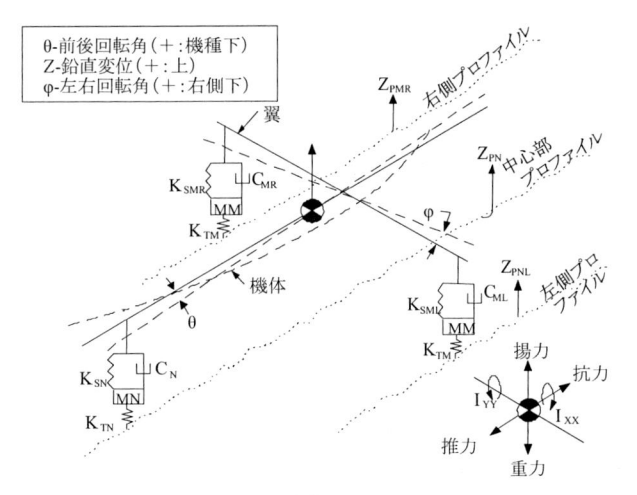

図 5.22 航空機の運動モデル

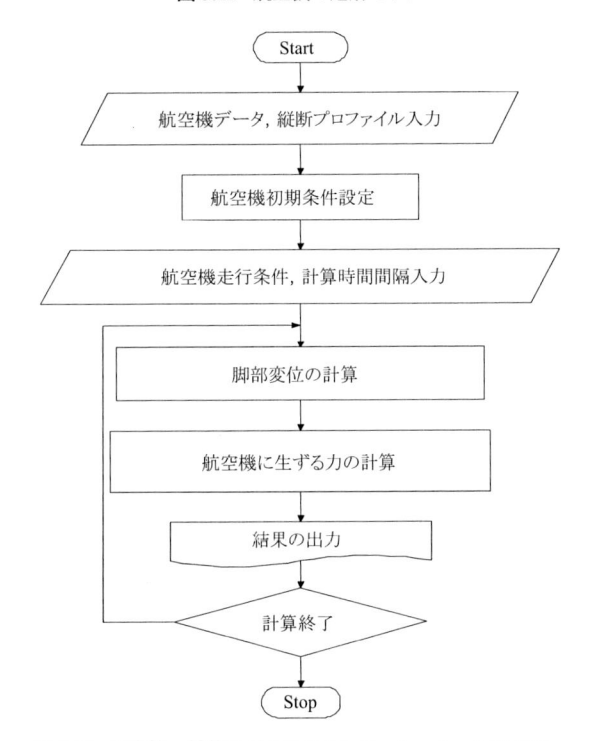

図 5.23 航空機−舗装モデルによるシミュレーションのフロー

ギー吸収装置はばね・ダッシュポットによりモデル化されているのに対して、タイヤは舗装面と点接触する線形ばねとしてモデル化されている．

この航空機-舗装モデルによるシミュレーションは2段階に分けて行われるようになっている．すなわち、第1段階では航空機が剛体であるとして、また、第2段階では機体と主翼の曲げを考慮できるように航空機が弾性体であるとして解析され、両者を合成することによって最終的な解が得られる．

図 5.23 にはこのプログラムを用いたシミュレーションのフローを示してある．ここでは、一定時間間隔（例えば 0.001 秒）で第3項まで考えたテイラー級数を用いている．得られる結果のうち乗客の乗り心地とパイロットの操縦性を考慮するために、それぞれ、航空機重心位置、パイロット位置における鉛直加速度に注目した．

b. 誘導路走行時の特性

航空機が誘導路を一定速度で走行する場合を想定して行った解析では、縦断方向凹凸（縦断プロファイル）として舗装表面の波長を 1～50 m、振幅を 2～10 mm とした連続サイン波形を用いている．縦断プロファイルの入力間隔は 0.01 m とし、全長は 300 m とした．解析に用いる航空機の種類としては、**表 5.19** に示すとおり、大型機として B747-400 型機（B747）を、中型機として DC9-40 型機（DC9）を選択した．航空機が誘導路を走行する際の速度としては、直線誘導路を走行するときを想定して、既往の研究[26]に基づいて 45 km/h、30 km/h、15 km/h の3種類とした．また、走行開始位置の標高は海抜 5 m とし、気温は 15°C で無風条件としている．

表 5.19 解析に使用した航空機種

航空機	総質量 (kg)	前脚と主脚の間隔 (m)
B747-400	362 880	25.60
DC9-40	51 710	17.07

航空機の鉛直加速度の代表値として、解析により得られた鉛直加速度の 85 パーセンタイル値を採用した．これは、航空機に瞬間的に発生する最大鉛直加速度だけではなく、走行中に生じる加速度全体の大きさを定量的に評価するために用いたものである．この 85 パーセンタイル値は、鉛直加速度が正規分布すると仮定した場合、その平均値に標準偏差を加えたものにほぼ相当する値である．

舗装表面の振幅が 10 mm である誘導路を走行する際に、航空機に生じる鉛直加速度と波長との関係としてパイロット位置のものを**図 5.24** に示す．両航空機

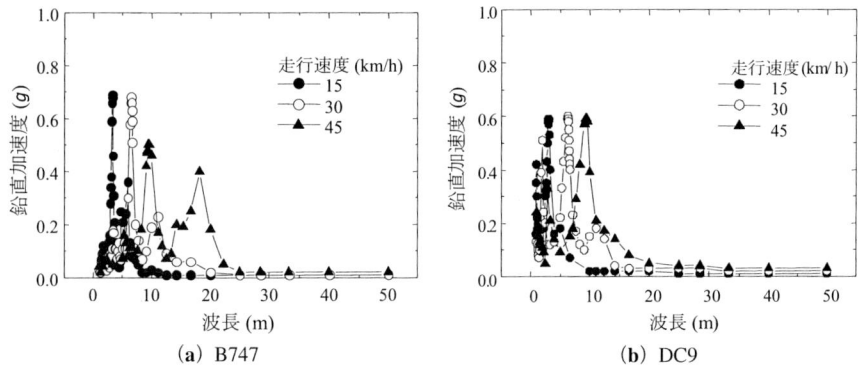

図 5.24 誘導路走行時のパイロット位置における鉛直加速度と波長の関係

の鉛直加速度を比較すると，鉛直加速度は B747 のほうが大きいことがわかる．なお，重心位置とパイロット位置の鉛直加速度を比較すると，B747 の場合はパイロット位置における鉛直加速度が重心位置のそれよりも大きいが，DC9 の場合は両位置の鉛直加速度に差がみられないこともわかっている．

次に，縦断プロファイルの波長に注目すると，鉛直加速度が最大となる舗装表面の波長は，航空機の走行速度により異なり，走行速度が遅いほど短いことがわかる．誘導路を航空機が走行する速度が 45 km/h 以下であれば，航空機の鉛直加速度が大きくなるのは波長が 20 m 以下の舗装表面を走行する場合であるといえる．また，ある特定の波長では非常に大きな鉛直加速度が生じているが，それ以外の波長では鉛直加速度は非常に小さいこともわかる．

c. 滑走路走行時の特性

航空機が滑走路を加速しながら走行して離陸に至るまでを想定して行った解析では，縦断プロファイルとして舗装表面の波長を 1〜100 m，振幅を 10〜50 mm とした連続サイン波形を用いたが，これ以外は誘導路走行の場合と条件は同一である．

滑走路走行時の航空機の鉛直加速度と舗装表面波長の関係としてパイロット位置におけるものを**図 5.25** に示している．航空機に生じる鉛直加速度はおおむね振幅に比例して大きくなっていることがわかる．また，誘導路走行時ではある特定の波長以外では鉛直加速度が非常に小さかったのに対し，滑走路走行時では短波長領域から長波長領域にかけての比較的広い範囲で鉛直加速度が大きくなっており，特に短波長の舗装表面を走行する際の鉛直加速度が大きいことがわかる．

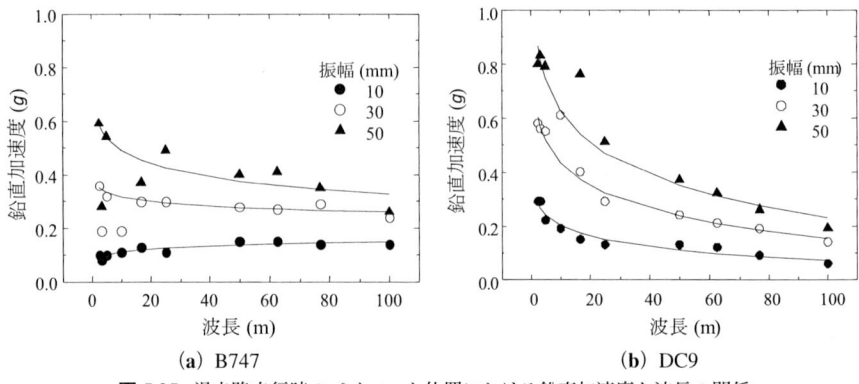

図 5.25 滑走路走行時のパイロット位置における鉛直加速度と波長の関係

この傾向は航空機種に関わらず現れている．特に，短波長領域では DC9 のほうが鉛直加速度は大きく，長波長領域では B747 のほうが鉛直加速度は大きいようである．なお，航空機の種類によらず，重心位置よりもパイロット位置における鉛直加速度のほうが大きいこともわかっている．

d. 許容凹凸量

　パイロットが航空機を操縦するときに正確に計器を視認できる限界の鉛直加速度を $\pm 0.4\,g$ としている既往の研究[27]に基づいて，走行中の航空機に生じる鉛直加速度を $\pm 0.4\,g$ までに抑制するために許容される舗装表面の凹凸量が計算されている．この場合，航空機のパイロット位置における鉛直加速度が重心位置における鉛直加速度と同等かそれより若干大きくなる傾向があるので，パイロット位置の鉛直加速度に着目している．

　図 5.24，5.25 に示した鉛直加速度と振幅の関係から計算された誘導路走行時と滑走路走行時の許容凹凸量（サイン波振幅の 2 倍）を**図 5.26** に示す．誘導路走行の場合は，20 m 以下のある特定の波長の場合に鉛直加速度が卓越したものとなることから，許容凹凸量は B747 で 9 mm，DC9 で 8 mm と非常に小さいものとなる．一方，滑走路走行の場合は，短波長のほうが鉛直加速度が大きくなることから，舗装表面の波長が短いほど許容凹凸量が小さくなっている．航空機の機種による違いをみると，短波長領域では DC9 のほうが，長波長領域では B747 のほうが，許容凹凸量は小さくなる．このことから，空港舗装の平坦性を評価するためには，大型航空機以外についても検討する必要があると考えられる．

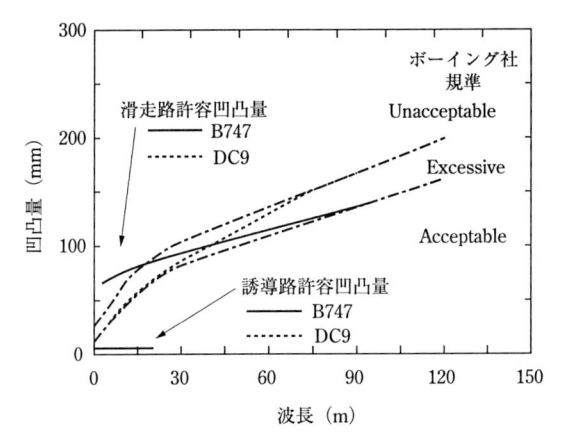

図 5.26 許容凹凸量と波長の関係

　この図にも示してあるボーイング社が定めた滑走路の平坦性規準[27]では，ある波長に対して航空機が許容できる凹凸量を acceptable（許容できる），excessive（過大），unacceptable（許容できない）の3段階で定めている．ここで得られた滑走路における許容凹凸量をこの規準と比較すると，B747 と DC9 の場合の許容凹凸量曲線の包絡線がボーイング社規準における Excessive にほぼ相当することがわかる．また，誘導路の許容凹凸量については，この解析により得られたものがボーイング社の規準よりもかなり厳しくなっていることもわかる．

　この許容凹凸量の妥当性を検証するために，実際の空港滑走路において3か年にわたって1年間隔で測定された縦断プロファイルを用いて航空機走行時の挙動の解析が実施されている．この縦断プロファイルは，滑走路中心線ならびに滑走路中心線より左右に 1.92 m，4.65 m，5.50 m 離れた位置の合計7測線においてレーザープロフィロメーターにより測定されたものである．その例として，滑走路中心線から 5.50 m 離れた測線において測定された縦断プロファイルを**図 5.27** に示す．

　これを用いて B747 と DC9 が滑走路南端から離陸走行を開始する場合の応答を計算した結果として，パイロット位置における鉛直加速度を**図 5.28** に示す．鉛直加速度が比較的大きくなる位置としては，航空機の機種に関わらず，滑走路南端より 500 m 付近および 1000 m 付近であると考えられる．しかし，両航空機の鉛直加速度を比較すると，500 m 付近では DC9 のほうが，1000 m 付近では B747 のほうが鉛直加速度は大きくなっている．これは，**図 5.26** からわかるよう

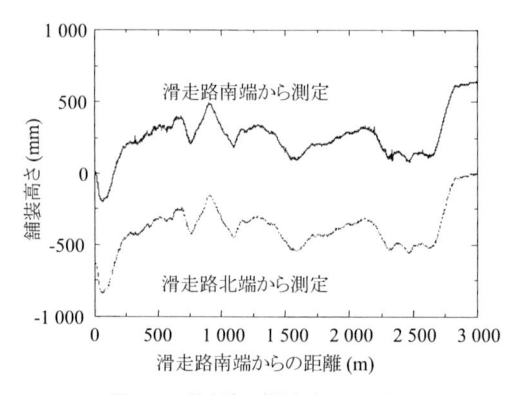

図 5.27 滑走路の縦断プロファイル

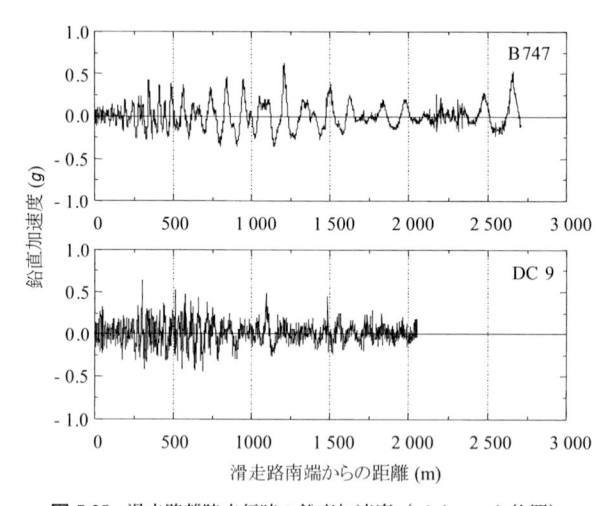

図 5.28 滑走路離陸走行時の鉛直加速度（パイロット位置）

に，短波長の舗装表面を走行する際は DC9 のほうが，長波長の舗装表面を走行する際は B747 のほうが鉛直加速度は大きくなることから，鉛直加速度が大きくなる両地点の表面性状の特性が異なるためと考えられる．このように，航空機の応答特性と舗装表面の波長に対応する凹凸量を考慮することで，航空機の鉛直加速度が大きくなる箇所を推定することが可能である．

次に，3 か年にわたり測定した滑走路の縦断プロファイルを用いて，それぞれの舗装表面の波長に対応する凹凸量の 85 パーセンタイル値を整理した結果を図 5.29 に示す（凹凸量は図 5.30 のように定義した）．これによると，縦断プロファ

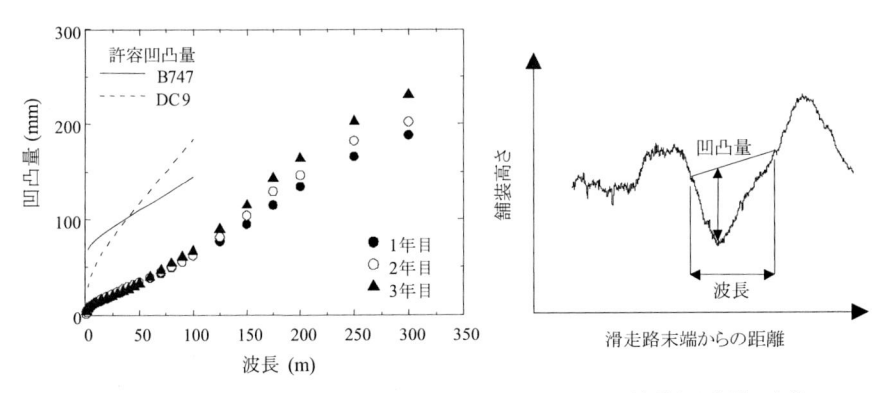

図 5.29 滑走路の凹凸量と波長の関係

図 5.30 波長と凹凸量の定義

イルを測定した空港が埋立地盤上にあることに起因する地盤沈下の影響もあってか，100 m 以上の舗装表面波長に対応した凹凸量が3か年で増大していることがわかる．

この凹凸量を航空機走行時の応答解析により得られた許容凹凸量と比較すると，実測値は広い範囲の舗装表面波長において許容値よりも小さくなっていることがわかる．また，測定された縦断プロファイルを入力として離陸走行時のパイロット位置における鉛直加速度を計算して，85 パーセンタイル値を求めたものが**表 5.20** である．これから鉛直加速度が最大で $0.2\,g$ 程度と許容値と考えられる $0.4\,g$ を下まわっていることがわかり，今回縦断プロファイルを測定した空港の滑走路は良好な舗装表面状態を保っているといえる．以上のように滑走路の凹凸量と航空機の鉛直加速度がともに許容値の半分程度となっており，パイロットによる主観的評価結果[5]も勘案すると，得られた許容凹凸量の値はほぼ妥当なものであると考えられる．

表 5.20 航空機走行時のパイロット位置における鉛直加速度

測定年次	鉛直加速度 (g)	
	B747	DC9
1 年目	0.18	0.15
2 年目	0.14	0.17
3 年目	0.23	0.21

5.5 空港舗装構造の非破壊評価

舗装構造の評価は，5.2 に記したように，詳細点検の一環として行われるものである．その目的は舗装の荷重支持性能を把握することであり，この結果に基づいて補修の必要性ならびにとるべき方法が決定されることとなる．この非破壊試験には FWD を使用することが標準となっている．ただし，アスファルト舗装とコンクリート舗装ではその構造ならびに荷重支持機構に大きな違いがみられることから，FWD を用いることは同じであっても評価の方法は異なっている．

5.5.1 FWD

Falling Weight Deflectometer (FWD) は，その外観が**写真 5.1** に示すとおりであり，試験地点まで車両により牽引していくことができるようになっている．FWD の機構は，重錘を任意の高さまで持ち上げて自由落下させることにより舗装に衝撃荷重を加え，それにより生ずるたわみを数点にて測定するというものである．FWD の模式図を**図 5.31** に示すが，載荷部は重錘とばねにより構成されており，直径 450 mm の載荷板（鋼製であるが，舗装面には厚さ数 mm のゴムを介して接している）により舗装に荷重を加えられるようになっている．このときの荷重としては最大 250 kN が載荷可能である．なお，衝撃荷重の最大値は式 (5.7) により計算することも可能ではある [28] が，通常載荷板に取り付けられたロードセルにより荷重（応力）を計測するようになっている．たわみは，載荷板中心ならびに中心からの距離が 300, 450, 600, 900, 1 500, 2 500 mm の合計 7 点に取り付けられた変位計により検出されるようになっている．各点で測定されたたわみ

写真 5.1 FWD の外観

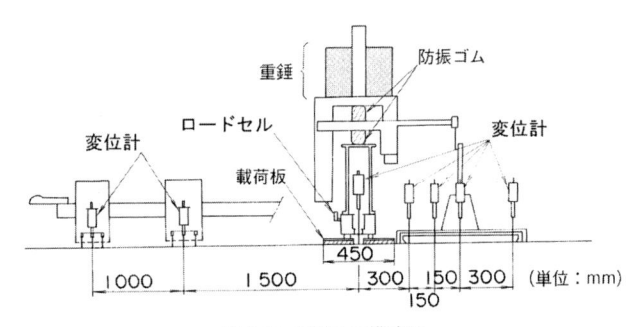

図 5.31 FWD の模式図

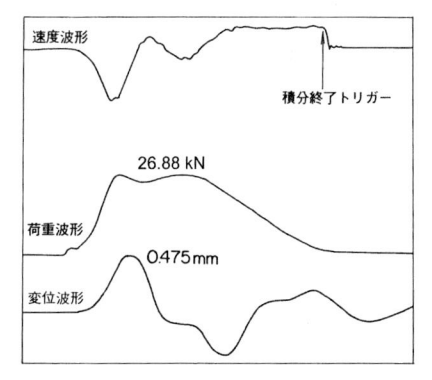

図 5.32 FWD の出力波形

の最大値は，載荷板中心からの距離に応じて $D_0 \sim D_{250}$ と表記される．荷重ならびにたわみとも時系列での計測も可能ではあるが，実用的にはそれぞれの最大値を測定することが一般的である．**図 5.32** は，ロードセルならびに載荷板中心での変位計からの出力波形を示したものである[29]．なお，FWDによるたわみ測定は通常同一地点で4回連続して行われ，そのうち1回目を棄却した3回分が採用される．

$$F_{\max} = \sqrt{2MgHR} \tag{5.7}$$

ここに，$F_{\max}$：衝撃荷重の最大値
　　　　M：重錘の質量
　　　　R：ばね定数
　　　　H：落下高
　　　　g：重力加速度

5.5.2 アスファルト舗装の評価
(1) 基本システム

FWD を用いた空港アスファルト舗装の非破壊構造評価の方法は，そのフローチャートを**図 5.33** に示すように，最大たわみ D_0 に注目した簡易評価とアスファルト混合物層ならびに路床のひずみに注目した詳細評価の 2 つから構成されている[30]．この非破壊評価システムの入力データは**表 5.21** に示すとおりである．

D_0 に注目した簡易評価法では，まず実測値を標準状態，すなわち荷重 200 kN，アスファルト混合物層の代表温度 20°C のものに補正する．そして，設計図書を参考にして路床 CBR を推定したうえで，この補正たわみを規準値と照合することによって舗装構造状態が判断される．この場合，ひずみに基づく方法における

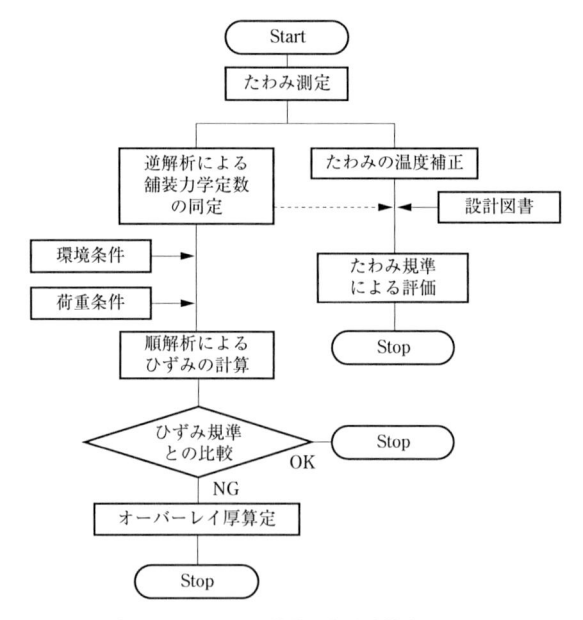

図 5.33 空港アスファルト舗装の非破壊構造評価法のフロー

表 5.21 構造評価システムの入力データ

種類	項目
測定地点・日時	測定地点，年月日，時刻
FWD 測定値	荷重，標準荷重，$D_0 \sim D_{250}$
舗装構成	層厚，路盤種類
環境条件	表面温度，気温，最高気温，路床 CBR 低減係数
荷重条件	設計荷重，カバレージ

逆解析結果を用いれば，調査時点における路床 CBR の値が推定できるので，より現実に即した評価が可能となる．

ひずみに基づく詳細評価法では，実測たわみ曲線を逆解析することによって舗装各層の力学定数を推定し，アスファルト混合物層の弾性係数を環境条件（温度）ならびに交通荷重条件に応じた標準状態のものに変換したうえで，路床上面垂直ひずみ ε_v，アスファルト混合物層下面水平ひずみ ε_t を算出する．そして，環境条件（路床の設計 CBR）を考慮に入れて規準値と照合する．その結果，得られたひずみの値が規準値を超える場合には，オーバーレイ厚とひずみの関係を求めることによって，オーバーレイ厚が算定可能となる．

(2) D_0 に注目した簡易評価

アスファルト舗装を対象にした舗装構造の非破壊調査においては，5.2 に記したように，FWD の最大たわみ D_0（載荷板中心たわみ）の 75 パーセンタイル値を式 (5.8) により算出して規準値と比較し，これより大きな場合には何らかの補修を考える必要がある．たわみの代表値として 75 パーセンタイル値を採用している理由は，設計 CBR の算定時に 4 分位数をとっていることと符合させているからである．

$$D_{0_{75}} = \overline{D}_0 + \frac{D_{0\,\text{max}} - D_{0\,\text{min}}}{d'_2} \tag{5.8}$$

ここに，$D_{0_{75}}$, $\overline{D}_0$, $D_{0\,\text{max}}$, $D_{0\,\text{min}}$：D_0 の 75 パーセンタイル値，平均値，最大値，最小値，d'_2：**表 5.22** に示す係数

最大たわみ D_0 の規準値は，空港舗装の構造，すなわち建設時の設計条件・方法により異なったものとなっている．**図 5.34** は滑走路を対象にした LA-1 の場合である（カバレージは設計期間 10 年のもの）．

FWD により舗装に加えられる荷重はこれが重錘の自由落下による衝撃荷重であることから，必ずしも一定の大きさとはならない．そのため，線形変換により測定たわみを荷重 200 kN の場合のたわみに補正する必要がある．また，表・基

表 5.22 D_0 の 75 パーセンタイル値の計算に用いる係数

n^*	3	4	5	6	7	8	9	10	11	12	13	14
d'_2	2.547	3.089	3.489	3.801	4.059	4.271	4.455	4.617	4.760	4.887	5.004	5.111
n^*	15	16	17	18	19	20	21	22	23	24	25	
d'_2	5.208	5.298	5.382	5.460	5.534	5.603	5.667	5.729	5.787	5.843	5.897	

* データ数

(a) 粒状材路盤

(b) アスファルト安定処理材路盤

図 5.34 最大たわみ D_0 に関する規準

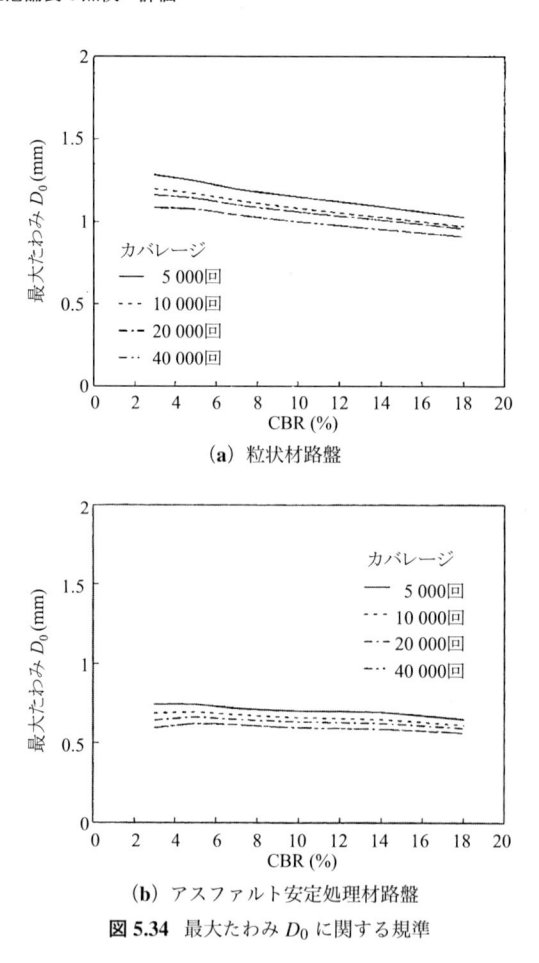

層や路盤に使用されているアスファルト混合物の力学特性は温度の影響を大きく受けることから，構造状態が同一であったとしても，測定時の温度により最大たわみ D_0 は異なったものとなる．そのため，さまざまな温度条件下で測定されたたわみを温度 20°C のものに換算することが必要となる．温度が 20°C と異なる場合のたわみの補正係数は**図 5.35** に示すとおりで，たわみを補正係数で除すことによって補正できる．

(3) ひずみに注目した詳細評価

a. 評価方法の概要

ひずみに注目した舗装の評価方法では，実測たわみ曲線を逆解析することに

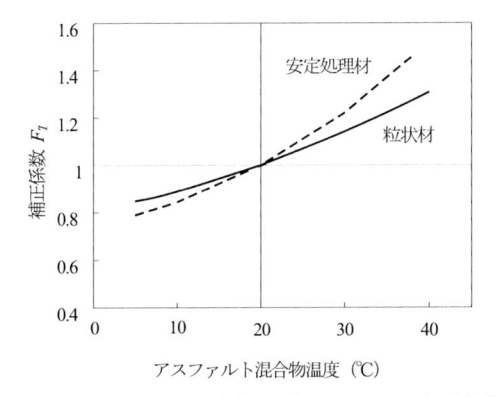

図 5.35 アスファルト混合物の温度によるたわみ補正係数

よって舗装各層の力学定数を推定し，アスファルト混合物層の弾性係数を環境条件（温度）ならびに交通荷重条件に応じた標準状態のものに変換したうえで，ε_v，ε_tを算出する．そして，環境条件（路床の設計 CBR）を考慮に入れて規準値と照合する．その結果，得られたひずみの値が規準値を超える場合には，オーバーレイ厚とひずみの関係を算出し，それを用いることによってオーバーレイ厚が算定可能となる．

逆解析により得られた路床の力学特性は，そのままでは設計用値とはならない．それは，第 4 章で記したように，構造設計に用いる路床力学特性の設計用値は自然環境上の最悪期における原位置試験，もしくはその状態を想定した 4 日水浸供試体に対する室内試験によって求める必要があるからである．そのため，路床力学特性（CBR）の低減係数を導入して，解析により得られた路床 CBR を設計用値へ変換することとした．既往の研究から，路床が乾燥状態から水浸状態へ移行するにつれて，その弾性係数は低下するようになり，乾燥状態のものに対する比でみれば，路床の半分，全体が水浸する場合のそれぞれで 0.95，0.8 となることがわかっている[31]．このことから，低減係数の値は 0.8〜1.0 の範囲で適切に設定すればよいものと考えられる．

b. ひずみ規準の設定

ε_v，ε_t の破壊規準値として既往の研究成果に基づくものは，空港アスファルト舗装に対して適用できないことがわかっている．そこで，仕様規定型構造設計法に従って設計された空港アスファルト舗装に設計荷重が載荷された場合の ε_v，ε_t を多層弾性理論により計算し，その結果から新たな規準値を見出すことを考えた．

空港アスファルト舗装としては，上層・下層路盤ともに粒状材を用いるものと上層路盤にアスファルト安定処理材を用いるものの2種類とし，設計荷重 LA-1，設計カバレージ 5 000～40 000 回（設計期間 10 年），路床設計 CBR 3～18% の構造を想定した．

舗装各層の力学特性の設計用値については次のように設定した．まず表・基層のスティフネス（以下では弾性係数と称す）については，舗装に対する標準的な載荷条件を設定して決定した．具体的には，温度として20°Cを[32]，周波数として空港誘導路舗装，滑走路舗装のそれぞれに対して米国軍用飛行場の舗装構造設計法で用いられている 2 Hz，10 Hz を採用した[33]．これに対応する弾性係数は，アスファルトの品質として空港舗装で一般的な針入度 70（1/10 mm），軟化点 48°C を用い，アスファルト量を 5.8% と仮定して，Heukelom らの示した方法[34] に従うと周波数 2 Hz，10 Hz の場合で，それぞれ 2.5 GPa，5.2 GPa となる．路床の弾性係数としては，載荷条件によらず，CBR (%) の数値の 10 倍（MPa 単位で）を用いた．粒状材路盤の弾性係数は，試験舗装に対する載荷試験結果を解析することにより載荷条件によらず 300 MPa となった．同様に，上層路盤にアスファルト安定処理材を使用した場合の粒状材下層路盤の弾性係数は，載荷条件によらず 200 MPa となった．なお，各層のポアソン比として 0.3 をとり，舗装表面から 6 m 以深には基盤層（弾性係数 7 MPa）を仮定した[35]．

以上のような条件において算出された，設計航空機荷重 LA-1 の代表機種である B747 に対するひずみ規準として，上層路盤に粒状材，アスファルト安定処理材を用いた場合を図 5.36, 5.37 に示す．なお，上層路盤にアスファルト安定処理

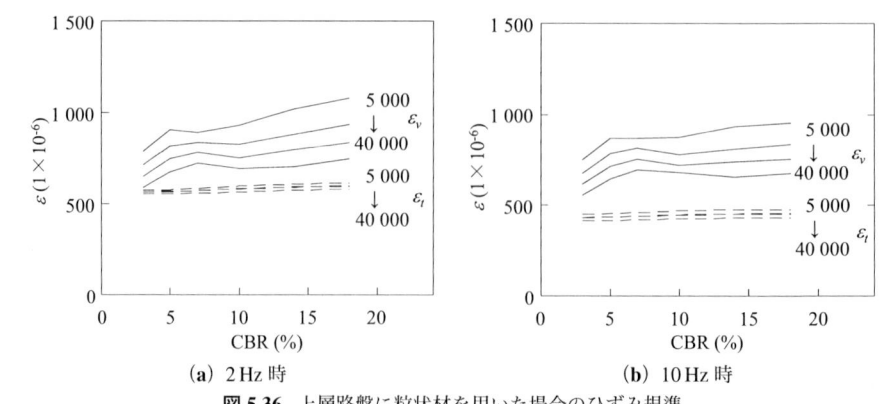

(a) 2 Hz 時　　　(b) 10 Hz 時

図 5.36 上層路盤に粒状材を用いた場合のひずみ規準

(a) 2 Hz 時 　　　　　　　　　(b) 10 Hz 時

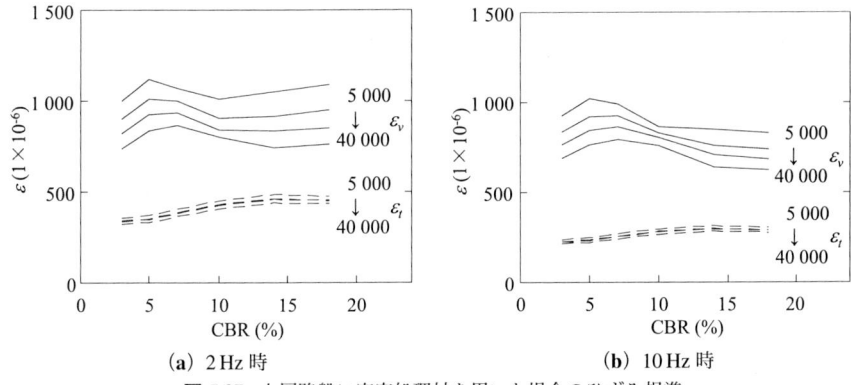

図 5.37　上層路盤に安定処理材を用いた場合のひずみ規準

材を使用した場合の水平ひずみは，基層下面ではなく，この安定処理材層下面のものとなる．図には設計カバレージ（設計期間10年）が5 000，10 000，20 000，40 000回に対応するものを示してある（5 000 → 40 000 と表示）．

c. オーバーレイ厚の算定法

　後述するように，アスファルト舗装の補修方法としてはオーバーレイが一般的なので，FWD による非破壊構造評価システムでは評価結果がその厚さ設計にそのまま利用できるようになっている．具体的には，調査時点における舗装に航空機荷重が載荷される場合の舗装のひずみをまず算定する．そして，厚さを変えてオーバーレイを実施した場合の舗装のひずみを計算し，これが設計条件ごとに定められているひ

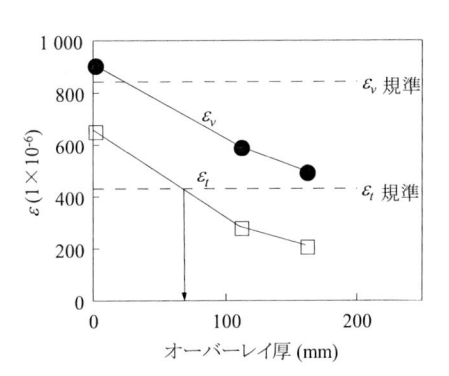

図 5.38　オーバーレイにともなうひずみの変化（2 Hz 時）

ずみ規準に合致するときの厚さを求めると，それが所要オーバーレイ厚となる．図 5.38 は，オーバーレイ厚の増加につれてひずみが減少していき，ある厚さのときにひずみ規準値と一致するようになる状況を示している．この場合は，ε_v よりも ε_t に関する規準値のほうが厳しいものとなっており，オーバーレイ厚が後者により定められることを示している．

(4) FWD を用いた非破壊評価システムの適用事例

　供用開始後比較的早期に破損が生じた空港滑走路において，FWD を用いて構

造調査を実施した事例がある．この舗装は，設計荷重が LA-1，設計カバレージが 20 000 回（設計期間 10 年），路床の設計 CBR が 10% であり，その層構成は 160 mm 厚の表・基層，240 mm 厚の粒度調整砕石上層路盤（滑走路両端から 600 m の範囲は 300 mm 厚），400 mm 厚の水硬性粒度調整スラグ下層路盤である．FWD によるたわみ測定は，滑走路中心線から左右に 5 m 離れた位置を縦断方向に 100 m 間隔で実施した（以下の図では東側，西側と表記）．このたわみ測定は航空機運行のない夜間に実施した．

　図 5.39 は荷重ならびにアスファルト混合物層温度が標準状態の場合に換算した D_0（D_{0_std}）の滑走路縦断方向分布状況である．滑走路両端部分で舗装が厚くなっていることが反映されて，D_{0_std} はその部分で小さな値となっている．これを CBR 10% 時の規準値と比較すると，滑走路両端部分については比較的良好な状態であると判定されるものの，滑走路中間部にあっては規準値を超える場合もあることから構造上の問題が懸念される．

　次に，ひずみ規準に基づく構造評価結果として所要オーバーレイ厚を**図 5.40** に示す．これから所要オーバーレイ厚 (h_{ol}) は滑走路全体では平均で 120 mm 程度となるが，中間部においては 200 mm を超える箇所もあることがわかる．

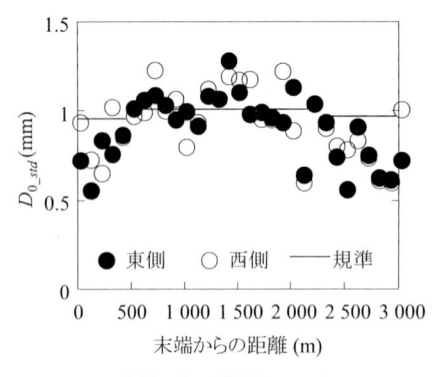

図 5.39 破損のある滑走路における D_{0_std} の分布

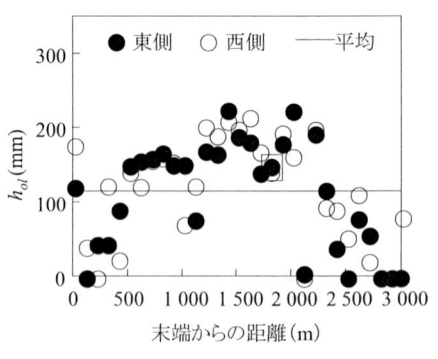

図 5.40 破損のある滑走路における h_{ol} の分布

5.5.3　コンクリート舗装の評価

(1) 基本システム

　コンクリート舗装構造の非破壊評価法では，コンクリート舗装の構造設計に必要となる設計用値を確認することが必要となる．また，連続鉄筋コンクリート舗装等，ひび割れを許容するコンクリート舗装におけるひび割れの構造健全度を確

認することも必要となる．このことから，構造評価法は次の3項目から構築される[36]．なお，コンクリート版のポアソン比も設計用値ではあるが，その影響程度は弾性係数に比較して小さいことから，一般的とされている数値（例えば0.15）を使用すればよい．

① コンクリート版中央部での測定により，コンクリート舗装の荷重支持力を推定する．
② 目地・ひび割れ部での測定により，荷重伝達性能を推定する．
③ 目地・ひび割れ部での測定により，コンクリート版下の空洞の有無，大きさを推定する．

このうち，①についてはコンクリート版中央部でのFWDにより測定されたたわみ（曲線）に基づいて，②と③については目地・ひび割れ部でのものに基づいて実施される．FWDによる空港コンクリート舗装の非破壊構造評価システムのフローは，図5.41に示すとおりまとめられる．

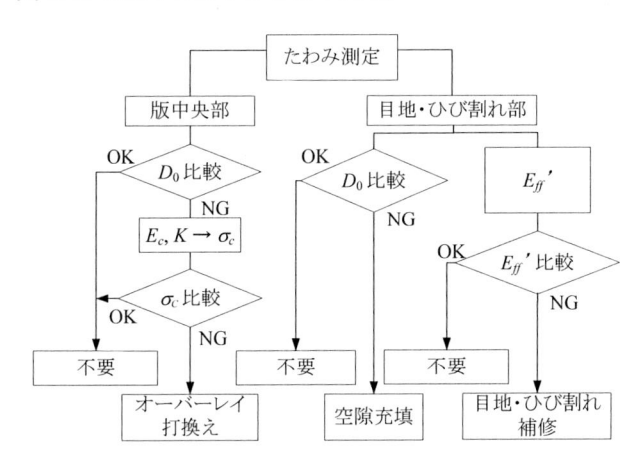

図5.41 空港コンクリート舗装の非破壊構造評価法のフロー

(2) コンクリート舗装の荷重支持力の評価

コンクリート舗装の荷重支持力については，アスファルト舗装の場合と同様に，載荷板中心における最大たわみ D_0 に注目する簡易評価と，設計荷重が載荷された場合のコンクリート版応力に注目する詳細評価の2つから構成される．後者の場合は，たわみ曲線を逆解析することによりコンクリート舗装の力学定数を把握することが必要になるので，以下ではその方法をまず示したあと，コンクリート舗装の荷重支持力の評価方法について記述する．

a. 力学定数の逆解析方法

コンクリート版中央部での FWD を用いた載荷試験で測定されたたわみを逆解析することによりコンクリート版の弾性係数 E_c，路盤支持力係数 K を求める際には，順解析方法としてたわみが剛比半径，載荷板半径，荷重中心からたわみ測定点までの距離により表される回帰式を用いる．この逆解析方法は得られた 7 点のたわみをすべて用い，路盤以下を 1 層とみなした弾性地盤上の平板理論を用いたものであるので，K はこの逆解析により得られた路盤以下の弾性係数から求めることが必要となる．

コンクリート舗装は剛なコンクリート版が路盤に支持された構造であるので，一般的には弾性支承上の平板としてモデル化される．このとき，路盤は Winkler（ウィンクラー）支承もしくは弾性地盤と考えられ，それらの力学特性は，前者においては支持力係数 K，後者においては弾性係数 E_b とポアソン比 ν_b で表されるが，従来用いられている空港コンクリート舗装の版厚算定法においては，路盤を Winkler 支承とみなす方法が用いられているので，いずれにしても K が必要となる．

これらの力学特性は，コンクリート版中央部における FWD の測定値から Newton-Rapson（ニュートン・ラプソン）法を用いた逆解析により求められる．その場合，路盤のモデル化の方法，逆解析に用いるたわみ等により逆解析結果が大きく異なるが，精度のよい結果を得るためには，路盤を弾性地盤とみなした弾性支承上の平板としてモデル化すること，測定可能な全点のたわみ，すなわち 7 点のたわみを用いることが必要であるとわかっている．具体的な方法は次のとおりである．

コンクリート舗装に，荷重 P，載荷半径 a の円形等分布荷重が載荷された場合のたわみは，路盤を弾性地盤とモデル化した場合，式 (5.9) で表される．

$$w_e(r) = \frac{P \cdot (1-\nu_b^2)}{E_b \cdot l_e} \cdot \overline{w}_e(r, l_e) \tag{5.9}$$

ここに，$w_e(r)$：載荷板中心から距離 r の地点のコンクリート舗装のたわみ
　　　　r：載荷板中心からたわみ測定点までの距離
　　　　l_e：路盤を弾性地盤としたときの剛比半径 ($= \sqrt[3]{2D(1-\nu_b^2)/E_b}$)
　　$\overline{w}_e(r, l_e)$：路盤を弾性地盤としたときのたわみ係数
　　　　D：コンクリート版の曲げ剛性 ($= E_c \cdot h_c^3 / 12(1-\nu_c^2)$)

h_c：コンクリート版厚

v_c：コンクリート版のポアソン比

$\overline{w}_e(r, l_e)$ は a/l_e と r/l_e に関する多項式による回帰式が得られており，その信頼度も確かめられている[37]．たわみが剛比半径と載荷板中心からの距離の関数として表されるので，荷重からの距離が異なる 2 点のたわみに対して Newton-Rapson 法を適用して l_e について逆解析を行えば，E_b（v_b：一定値）ならびに E_c が算出できることとなる．そして，K は得られた E_b から $l_e = l_k$（路盤を Winkler 地盤としたときの剛比半径，$= \sqrt[4]{D/K}$）とすることにより推定できる．

b. コンクリート版と路盤の構造評価

FWD によるコンクリート舗装の実用的な構造評価方法は，上記の前段としての FWD による最大たわみ D_0 に注目した簡易評価と，それに引き続く設計荷重に対するコンクリート版応力に注目した詳細評価からなる．

簡易評価は次の方法による．まず，設計図書等にあるコンクリート弾性係数 E_{cd} と設計路盤支持力係数 K_d（実際には $l_e = l_k$ による路盤弾性係数 E_{bd}）を用いて，式 (5.9) で表される弾性地盤上の平板理論により，コンクリート舗装に 200 kN の FWD 荷重が載荷された場合の載荷板中心たわみ D_{0d} をあらかじめ計算しておく．その例として，コンクリート版厚 350 mm とし，コンクリートの弾性係数 E_{cd}，ポアソン比 v_{cd} を，それぞれ標準値と考えられる 34 GPa, 0.15 としたものを**図 5.42** に示す．次に，実際に測定された D_0 に対して線形補間を施して荷重 200 kN に相当する補正たわみ D_{0c} を求め，この D_{0c} が D_{0d} よりも大きけれ

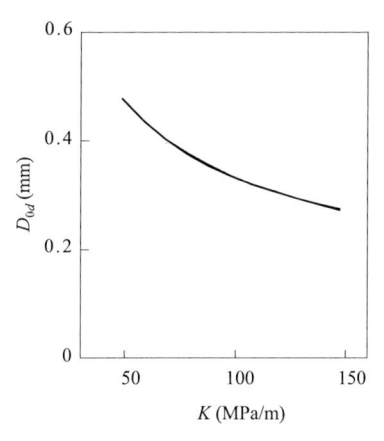

図 5.42 最大たわみ D_0 に関する規準

ば構造上何らかの問題があると判定する．

詳細評価では，逆解析により得られた E_c, K を設計用値として Westergaard の中央部載荷公式等により設計航空機荷重が載荷されたときのコンクリート版応力 σ_{cc} を計算する．同時に，この E_c を有するコンクリートの曲げ強度を推定し，設計カバレージに応じた安全率を考慮して設計応力 σ_{cd} を計算する．そして，σ_{cc} が σ_{cd} よりも大きければ，この舗装は構造的に何らかの問題があると判定される．**図 5.43** にはコンクリート版厚 350 mm の場合のコンクリート版応力を示してある（図中の M, N, O は設計カバレージで，曲げ強度 5.0 MPa のときの設計応力を示している）．

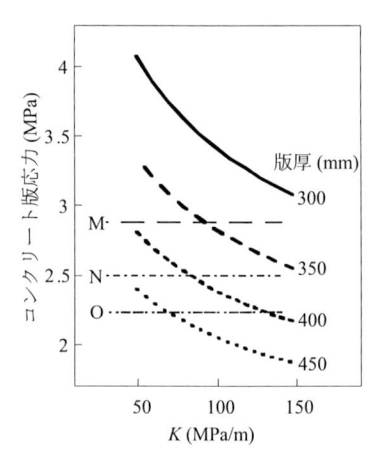

図 5.43 コンクリート版応力に注目した評価規準

(3) 目地・ひび割れ部の荷重伝達性能の評価

コンクリート版応力に着目して評価されるべき目地・ひび割れ部における荷重伝達性能は，従来コンクリート版の目地近傍に荷重を加えることによって生ずる目地から等距離の地点における載荷側と非載荷側のたわみに基づく定量化方法が用いられてきている[38]．FWD によるコンクリート舗装の構造評価においては，荷重伝達率 E_{ff}' が，**図 5.44** に示すように，載荷板を目地・ひび割れに接して設置したたわみ測定により得られる D_0, D_{45}（載荷板中心からそれぞれ，0, 450 mm 離れた点のたわみ）を用いて式 (5.10) により計算される．

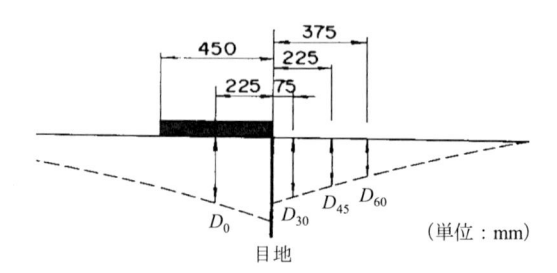

図 5.44 E_{ff}' 算定時のたわみ測定方法

$$E_{ff}' = \frac{D_{45}}{(D_0 + D_{45})/2} \times 100 \, (\%) \tag{5.10}$$

　一方，コンクリート舗装の構造設計においては，目地の荷重伝達性能は荷重がコンクリート版縁部（隣接版とは荷重伝達装置等で連結されていない）に載荷されたときの応力，すなわち縁部載荷応力の低減度として表されることが一般的であるので，FWDを用いて測定する荷重伝達率 E_{ff}' による評価規準もこの応力低減度に基づいて定められるべきものと考えられる．**図 5.45** は，この考え方に基づいて，縁部載荷時応力に対する目地部載荷時応力の比 σ_j/σ_e を E_{ff}' に対してプロットしたものである（コンクリート版厚 380 mm）．これを使えば，FAA の規準[39]のように σ_j/σ_e として 0.75 を採用するとした場合には，E_{ff}' が 85% 以上必要となることがわかる．

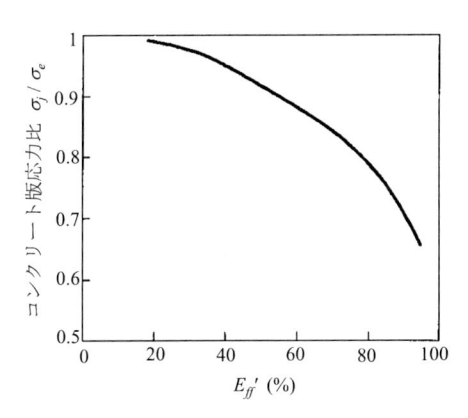

図 5.45　荷重伝達率がコンクリート版応力比に及ぼす影響

(4) コンクリート版下の空洞の評価

　航空機は車両に比べて質量が大きいことから，航空機がコンクリート舗装上を繰り返し走行する空港舗装では，その層構成や使用材料等が原因で路盤以下に不可逆的な変形の生ずることが懸念される．これは，荷重載荷時のたわみがコンクリート版中央部よりも大きい目地部や隅角部で生ずる危険性が大きく，目地からの雨水の浸入や外部からの浸透水の流入があったり，地下水位が高い場合には，航空機が目地上を走行するときに水と一緒に路盤材料が舗装表面に出てくる，いわゆるポンピング現象も生じ，最終的にはコンクリート版と路盤との間に空洞が生ずるに至る恐れが大きい．

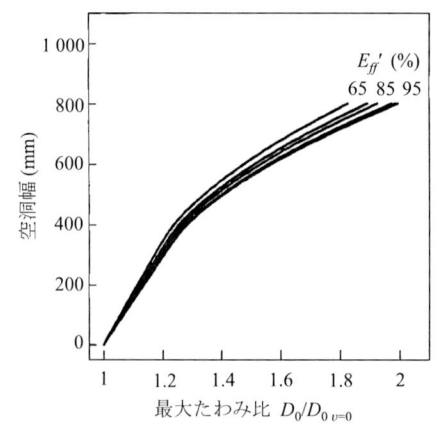

図 5.46 D_0 と E_{ff}' に注目した空洞幅の推定

したがって，目地部の構造評価においてはコンクリート版下方の空洞の有無，大きさを推定することが必要となる．この場合，(3) で示した E_{ff}' と D_0 に注目することによって，その有無，大きさを判定するという簡便な方法を採用している．具体的には，空洞の発生が懸念される箇所の D_0 と E_{ff}' を求め，明らかに空洞がない箇所の D_0，すなわち $D_{0\,v=0}$ に対する D_0 の比 $(D_0/D_{0\,v=0})$ と E_{ff}' から，空洞幅を推定する．ちなみに，空洞の大きさは平面的なものと考え，目地からのコンクリート版内側方向への水平距離 (v) で表しており，深さ方向についてはこのような解析方法では評価できない．図 5.46 は，コンクリート版厚 300 mm の場合について，空洞の大きさを種々に変えて FWD 荷重が載荷された場合の D_0 を有限要素法により計算し，$D_0/D_{0\,v=0}$ を空洞幅ならびに E_{ff}' に対してプロットしたものであり，評価規準として使用可能である．

参 考 文 献

1) 福手　勤，佐藤勝久，八谷好高，山崎英男：路面性状による空港舗装の供用性評価，港湾技研資料，No.414，20 pp., 1982.
2) 八谷好高：空港舗装の路面性状の実態，港湾技研資料，No.634，40 p., 1988.
3) 八谷好高，早野公敏，竹内　康，今西健治，坪川将丈：空港アスファルト舗装の表面性状の実態，土木学会，舗装工学論文集，第 11 巻，pp.147-154, 2006.
4) US Army Engineer Waterways Experiment Station : Condition Survey Procedures,

49 p., 1985.
5) Hachiya, Y., Yin, J., Takahashi, O. and Himeno, K. : Aircraft Response Based Airport Pavement Roughness Evaluation, 土木学会論文集, No.634/V-45, pp.403-411, 1999.
6) 菅　民郎：アンケートデータの分析, 現代数学社, 374 p., 1998.
7) International Civil Aviation Organization (ICAO) : Aerodromes, Annex 14, 1999.
8) Yager, T. J. : Aircraft and Ground Vehicle Winter Runway Friction Assessment, NASA/TM-1999-209142, 1999.
9) (財)航空保安協会：グルービング滑走路の安全性に関する第二次調査研究報告書, 101 p., 1986.
10) ICAO : Airport Services Manual, 1984.
11) 国土交通省航空局 監修：空港舗装設計要領及び設計例, (財)港湾空港建設技術サービスセンター, 2008.
12) 八谷好高, 梅野修一, 藤倉豊吉：空港滑走路のすべり抵抗性, 土木学会, 舗装工学論文集, 第1巻, pp.159-166, 1996.
13) 八谷好高, 梅野修一：航空機走行位置分布の実態と舗装構造への影響, 港湾技研資料, No.757, p.25, 1993.
14) 国土交通省航空局 監修：空港土木施設施工要領, (財)港湾空港建設技術サービスセンター, 2009.
15) 八谷好高, 坪川将丈：滑走路グルービングの航空機荷重に対する安定性, 土木学会論文集 E, Vol.62, No.4, pp.815-825, 2006.
16) Reed, J. R., Kibler, D. F. and Proctor, M. L. : Analytical and Experimental Study of Grooved Pavement Runoff, DOT/FAA/PM-83/34, 65 p., 1983.
17) 国土交通省航空局 監修：空港土木施設構造設計要領及び設計例, (財)港湾空港建設技術サービスセンター, 2008.
18) 運輸省航空局 監修：空港排水施設・地下道・共同溝設計要領, (財)港湾空港建設技術サービスセンター, 156 p., 1999.
19) Hudson, W. R. : Road Roughness : Its Elements and Measurement, Transportation Research Record, No.836, pp.1-7, 1981.
20) 秋本　隆, 姫野賢治, 川村　彰, 福原敏彦：舗装路面の絶対プロファイルデータ収集システムの開発, 土木学会論文集, No.606/V-41, pp.13-19, 1998.
21) (社)土木学会・空港舗装研究委員会：新東京国際空港の舗装に関する研究報告書, 258 p., 1985.
22) Sayers, M. W., et al. : Guidelines for Conducting and Calibrating Road Roughness Measurements, World Bank Technical Paper, No.46, The World Bank, 87 p., 1986.
23) Gerardi, A. G. : Digital Simulation of Flexible Aircraft Response to Symmetrical and Asymmetrical Runway Roughness, Technical report AFFDL-TR-77-37, August 1977.
24) Gerardi, A. and Krueger, D. : The Effects of Runway Roughness on Aircraft Fatigue Life, Aircraft/Pavement Interaction; An Integrated System, ASCE, pp.77-95, 1991.
25) 坪川将丈, 八谷好高, 董　勤喜, 姫野賢治, 川村　彰：航空機の応答を考慮した空

港舗装の平坦性評価に関する研究，土木学会，舗装工学論文集，第9巻，pp.1-8，2004．
26) 青木義郎，豊福芳典，塚田由紀：航空機の自動地上誘導完成の最適化，(独)交通安全環境研究所 研究発表会概要集，2001．
27) De Bord, K. J. : Runway Roughness Measurement, Quantification and Application—The Boeing Method, Boeing Document No. D6-81746, Boeing Commercial Airplane Company, 1990.
28) Claessen, A. I. M., Valkering, C. P. and Ditmarsch, R. : Pavement Evaluation with the Falling Weight Deflectometer, Proceedings, Association of Asphalt Paving Technologists, Vol.45, pp.122-157, 1976.
29) 笠原 篤，岳本秀人，伊藤保彦，古川真男：フォーリングウエイトデフレクトメータについて，舗装，Vol.20, No.5, pp.15-19, 1985．
30) 八谷好高，高橋 修，坪川将丈：FWDによる空港アスファルト舗装の非破壊構造評価，土木学会論文集，No.662/V-49, pp.169-183, 2000．
31) 八谷好高，秋元惠一：高地下水位下における空港アスファルト舗装の構造設計，土木学会論文集，No.613/V-42, pp.19-30, 1999．
32) 佐藤勝久，福手 勤：ダイナフレクトによる空港アスファルト舗装強度評価とかさ上げ厚設計，土木学会論文報告集，第303号，pp.109-118, 1980．
33) Department of the Army and the Air Force : Flexible Pavement Design for Airfields (Elastic Layered Method), 1989.
34) Shell International Petroleum Company Limited : Shell Pavement Design Manual, 332 p., 1978.
35) 八谷好高，野田 工，藤本憲久：路床モデルが舗装構造評価に及ぼす影響，土木学会第49回年次学術講演会講演集第V部，pp.52-53, 1994．
36) 八谷好高，坂井典和，廣田道紀，高橋 修：200 kN荷重のFWDによる空港コンクリート舗装の非破壊構造評価，土木学会，舗装工学論文集，第4巻，pp.199-208, 1999．
37) Yin, J. and Hachiya, Y. : Back-Calculation for Structural Parameters of Pavement Slab on Winkler and Elastic Solid Subgrades, 土木学会論文集，No.606/V-41, pp.165-169, 1998.
38) 福手 勤，八谷好高：コンクリート舗装の目地部における荷重伝達機能，土木学会論文報告集，No.343, pp.239-24, 1984．
39) Federal Aviation Administration (FAA) : Airport Pavement Design and Evaluation, AC150/5320-6E, 116 p., 2009.

第6章 空港舗装の補修

　空港舗装は，交通荷重の繰返し作用，降雨・日照等の環境作用に加え，舗装を構成する材料自体の老化・劣化によって，建設後徐々に性能が低下し，航空機等の運行の安全性が損なわれるような事態に陥る危険がある．これを防止するためには，舗装表面の状況を把握して，必要に応じて適切な作業を行い，良好な状態を常時保持することが必要になる．このような作業が通常維持と称される．このような維持によっても舗装の性能を保持することが難しい場合，交通条件の変化がある場合等には，比較的広い範囲の舗装の性能を回復したり，向上したりしなければならない．このような場合に行う作業が通常修繕と称される．そして，維持と修繕を併せて補修と称される．

　舗装の破損の程度でみると，破損には舗装表面だけのものと舗装内部にまで及んでいるものとがある．維持は，いうまでもなく，前者の場合が対象となるが，後者においては両者が対象となる．すなわち，表面性状の改善ですむ修繕と内部構造まで改善しなければならない修繕の2種類である．前者の場合はオーバーレイや切削オーバーレイが一般的であり，後者の場合は舗装の荷重支持性能を回復あるいは増加することが必要となるので，オーバーレイ，切削オーバーレイに加えて，打換えが採用されることもある．

　本章では，空港舗装の維持について記述したあと，補修としてアスファルト舗装とコンクリート舗装とに分けてまとめる．

6.1 空港舗装の維持

　維持は，緊急性を有するものとそれほどではないものに大別される．
　前者は，巡回点検などにより，滑走路，誘導路，エプロンの舗装において，航空機の運行等に支障となる破損が生じたり，またはその恐れがあることを発見したりした場合に緊急に作業を行うものである．この場合，航空機の運行に対する影響を十分に考慮することが必要である．また，作業した部分が再び破損するこ

ともあるので，経過観察を行うことも重要である．

後者の緊急性を有さない作業は将来の大幅な性能低下を防止するという意味で予防保全的な作業であるとも位置づけられ，その種類は緊急維持作業の場合よりも多い．

しかし，緊急維持作業と一般維持作業で用いられる方法には大きな違いがないことから，以下では両者を区別せずに維持として具体的な方法について記述する．

6.1.1 アスファルト舗装の維持

アスファルト舗装は，舗装の破損した部分に雨水が浸透すると破損が急速に進行しやすいため，迅速に修正することが肝要である．アスファルト舗装に関する維持の方法は**表 6.1**のとおりである．

表 6.1 アスファルト舗装の維持の方法

方法	対象となる破損	維持の方法
ひび割れ充填	線状ひび割れ，リフレクションクラック	アスファルト系材料を充填する
パッチング	ポットホール，段差，局部的なひび割れ	補修材料を充填する

(1) ひび割れ充填

ひび割れ充填は，文字どおり，適切な材料をひび割れに注入・充填して雨水の浸透を防止する方法である．対象となるひび割れは，線状ひび割れ，セメント安定処理材路盤やコンクリート版上のアスファルト混合物表・基層に現れてくるリフレクションクラック等，幅の広いひび割れである．

施工方法は，まず，角欠け部分やひび割れ内部の異物・ほこり等を取り除いたうえで，ひび割れ内部が湿潤状態にあればバーナーにより加熱乾燥させたあと，プライマーを塗布する．この場合，ひび割れが深く，充填材料の流し込みのみでは十分にひび割れの深部に達しないと判断される場合には，ひび割れに沿って**図 6.1**のようにＵ字形やＶ字形の溝を設け，材料をひび割れに沿って充填してブラ

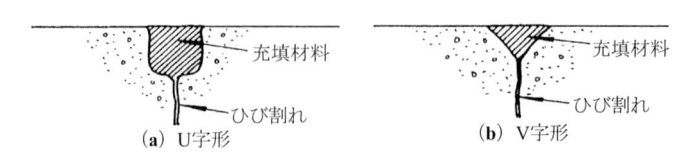

図 6.1 ひび割れ上部に設ける溝
(a) U字形　(b) V字形

シなどを用いてひび割れ面によく浸透させる．施工後充填材料が所定の温度に下がるまで，または硬化するまで養生する．なお，必要に応じて航空機や車両の車輪への付着を防止するために施工後砂または砕石を適宜散布する．充填材料としては，一般的にアスファルト系加熱充填材やポリサルファイド系目地材が用いられる．

(2) パッチング

パッチングは，舗装表面に生じたポットホール，段差，局部的なひび割れ，くぼみといった破損箇所を補修材料により埋めて，舗装表面の平坦性を回復する方法である．補修材料としては一般に加熱アスファルト混合物が使用される．

施工方法は，まず，破損部分とその周辺の不良部分を含んだ範囲を矩形に切り取って整形し，その内部や周辺にあるごみや土を取り除く．次に，切削面が湿潤状態にあればバーナーにより加熱乾燥させたあと，底面や側面にタックコートを施工する．そして，補修材料を投入して敷き均したあと，ローラー，タンパーなどで締め固め，表面が50℃以下に低下するまで養生する．パッチングの手順を**図 6.2** に示す．

切削面
(a) 破損部分とその周辺の切削

加熱アスファルト混合物充填
(b) 加熱アスファルト混合物による充填

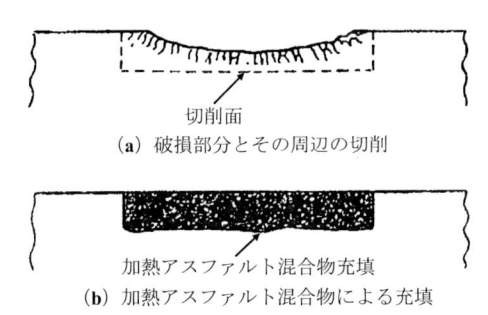

図 6.2 パッチングの手順

6.1.2 コンクリート舗装の維持

コンクリート舗装においては，いったん破損が生ずるとそれが急速に進行する恐れがあることから，日常の維持が重要である．コンクリート舗装に関する維持の方法は**表 6.2** のとおりである．

(1) ひび割れ充填

コンクリート舗装のひび割れ充填は，コンクリート版にひび割れが生じたり，注入目地材が脱落・剥離したりといった場合に，アスファルト系加熱充填材料やポリサルファイド系目地材を充填する方法である．これはアスファルト舗装の場

表 6.2 コンクリート舗装の緊急維持

方法	対象となる破損	維持の方法
ひび割れ充填	コンクリート版のひび割れ	シール材を注入する
パッチング	段差，変形，摩耗，目地部やひび割れ部の角欠け，穴あき，座屈	補修材料を充填する
角欠け修正	コンクリート版の隅角部・目地付近で開き幅の大きいひび割れ	破損部分のコンクリートを取り除いて，補修材料により打ち換える
目地修正	目地材のはみ出しや脱落があったり，老化などにより破損したりした目地	破損した目地に注入目地材を再充填する

合と大きく異なるようなことはない．

(2) パッチング

　コンクリート舗装のパッチングは，コンクリート版に生じた段差，摩耗，目地部やひび割れ部の角欠け，穴あき，座屈といった破損箇所を超早強コンクリート等の材料を用いて元どおりに埋める方法である．これもアスファルト舗装の場合と基本的には同様である．ただし，パッチング材料としてコンクリートを用いるときには，コンクリートと既設コンクリート版の切削面との付着を保持するため，まず切削面の異物，ほこり等を除去して，健全なコンクリート面を露出させる（必要に応じてショットブラスト等により粗面を形成する）．そして，その面が湿潤状態にある場合はバーナー等により加熱乾燥したあと，セメントペーストやモルタルを塗布してから，コンクリートを打設して所定の期間養生する．コンクリートとしては樹脂ファイバー入り超早強コンクリートが代表的なものである．

(3) 角欠け修正

　目地部の破損である角欠けの修正は，コンクリート版の隅角部や目地部に生じたひび割れが開いて荷重伝達が期待できなくなったといった場合に，その部分のコンクリートを取り除いて適切な材料を用いて局部的に打ち換える工法である．

　施工方法は，まず破損部分のコンクリートをブレーカー等により鉄筋に損傷を与えないようにして取り除く．このとき，ダウエルバーやタイバーに腐食等の欠陥がある場合は新しいものと交換する．そして，使用材料に応じたプライマーを打継ぎ面に塗布して補修材料を施工したあと，所定の期間養生を行う．なお，補修材料としては超早強コンクリートやエポキシ樹脂といったものが用いられる．

(4) 目地修正

　目地修正は，目地材のはみ出しや脱落，老化などにより破損した目地に注入目地材を再充填し，目地から雨水等が路盤へ浸入するのを防止する工法である．

施工方法は，まず目地から既存の目地材，ごみ，泥，その他の異物を取り除き，エアコンプレッサー等により清掃する．次に，必要に応じてバックアップ材を挿入してからプライマーを塗布し，目地材を注入して所定の期間養生する．使用材料としては常温ポリサルファイド系目地材が一般的であるが，温度変化等による膨張・収縮が著しいため，それに応じて注入量を調整する必要がある．

(5) プレキャスト版舗装の目地の修正

プレキャスト版舗装は，あらかじめ工場において製作したプレキャスト版を現地で敷き並べる形式の舗装であり，短い施工時間で供用が可能となる．プレキャスト版は他のコンクリート舗装のコンクリート版に比べて薄くなっていることから，荷重による路床・路盤の変形が相対的に大きくなるため，目地部から水が路盤に浸透した状態で航空機の走行による大きなたわみが繰り返し生ずると，ポンピングが生ずることにもなりかねず，目地部に段差や破損の生ずる危険性が大きい．

このことから，プレキャスト版舗装の目地の修正は目地だけの修正では対応できない場合も多く，そのようなときには次のような対応が必要となる．まず問題となっている目地の箇所のプレキャスト版を撤去し，必要に応じて新しい材料を投入して路盤を整える．このとき，撤去したプレキャスト版が再利用できるよう，特に目地の荷重伝達装置の撤去には十分な注意を払う必要がある．次に，撤去済みのプレキャスト版を再敷設し，新しい荷重伝達装置を用いて隣接版と接合する．そして，目地材の充填ならびに裏込めグラウトの注入を行う．

6.2 空港アスファルト舗装の修繕

アスファルト舗装の修繕方法は，**図 6.3** に示すように，オーバーレイ（単純オーバーレイとも称される），切削オーバーレイ，打換えに大別される．これは既設舗装の撤去の有無ならびにその範囲による分類である．

6.2.1 修繕方法の選定

アスファルト舗装の修繕は，舗装の破損状態に応じて，すなわち，破損が舗装表面部分にとどまる場合と内部の構造にまで及んでいる場合に応じて2種類がある．

前者の構造に問題なく表面性状のみを修正する方法としては，オーバーレイや

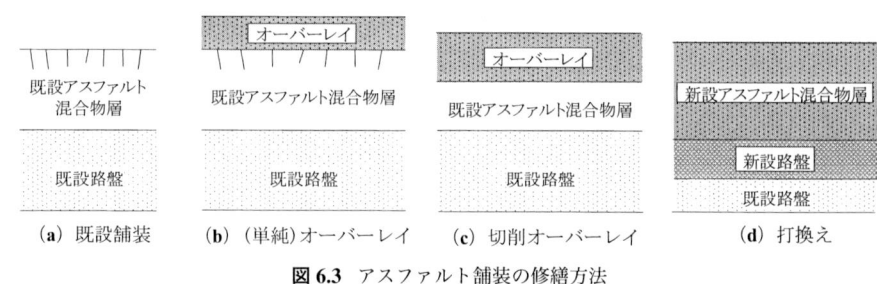

図6.3 アスファルト舗装の修繕方法

（a）既設舗装　（b）（単純）オーバーレイ　（c）切削オーバーレイ　（d）打換え

切削オーバーレイが採用されることが一般的である．舗装に構造上問題のない場合の状況とは次のようなものである．
① 縦断方向の凹凸やくぼみ等で舗装の平坦性が悪化している場合
② 表層・基層のわだち掘れが顕著な場合
③ 舗装のすべり抵抗性が十分でない場合
④ 表層アスファルト混合物に老化によるひび割れが入っている場合
⑤ 施工目地が開いている場合

これに対して，舗装に構造上の問題のある場合の修繕方法は舗装の状況により異なったものとなる．まず，舗装には損傷がないものの，就航する航空機の変化等のために舗装厚が不足している場合には，オーバーレイが行われることが多い．また，既設舗装の表層・基層，上層路盤といった上部のみに破損がとどまっている場合には，破損部分を切削してからオーバーレイが行われる．さらに，舗装の破損が進行していて，荷重支持性能が低下している場合には，切削オーバーレイあるいは打換えが用いられる．なお，切削オーバーレイでは舗装の性能が長期的に保持できないと考えられる場合には，全面的に打ち換えて新しい舗装を構築することも検討する必要がある．

修繕に用いる材料としては，アスファルト混合物が一般的であるが，コンクリートや半たわみ性舗装材料も使用される．

6.2.2 アスファルト舗装のオーバーレイ

アスファルト舗装の一般的な修繕方法であるアスファルト混合物によるオーバーレイは，前述のように，維持作業では性能回復が十分に行えず，近い将来に破損が全面的に及ぶことが予想される場合や舗装材料の劣化等により荷重支持性能が不十分となった場合に，既設舗装上にアスファルト混合物層を重ねる修繕方法である．既設舗装上にオーバーレイを施すことで，既設のアスファルト混合物

層および路盤に作用する応力が減少して荷重支持性能の増加となり，平坦性が向上することで航空機等の走行安全性能の回復を図ることができる．既設舗装の荷重支持性能に問題がない場合には，平坦性を回復するために比較的薄層のオーバーレイを実施することもある．

上記の既設舗装上にアスファルト混合物層を単に重ねる（単純）オーバーレイに対し，切削オーバーレイは既設アスファルト混合物層の一部分を切削したあとにオーバーレイを行う修繕方法である．この切削オーバーレイには切削した厚さだけを打ち換える方法とそれより厚く施工する方法がある．切削オーバーレイは，施工区域の周辺の舗装や旅客ターミナルビル等の施設に接合する場合，舗装表面高さに何らかの制約がある場合に加え，わだち掘れやアスファルト混合物の流動による変形が生じている場合，老化等の理由により表層にひび割れが入っている場合に用いられる．

(1) アスファルト舗装のオーバーレイの設計

アスファルト舗装のオーバーレイとしては，既設舗装の表面性状のみを改善するためのものと荷重支持性能を改善するものとの2種類があり，設計法についても異なったものとなっている．

a. 表面性状のみを改善するためのオーバーレイ

表面性状を改善するためのオーバーレイの厚さは，オーバーレイ後の縦・横断勾配が規定値を満足する範囲で最小オーバーレイ厚が確保できるように設定すればよい．わだち掘れ等，舗装表面の凹凸の状況によっては，凸部を切削・撤去してオーバーレイを施すほうが経済的となることもあるので，切削する面積，切削による舗装厚の減少，施工に関わる費用といったものを考慮してオーバーレイ厚を算定する必要がある．

オーバーレイの1層当たりの最小施工厚は骨材最大寸法の2.5倍程度が標準であり，最大施工厚は80 mm程度である．オーバーレイ厚がこの1層最大施工厚を超える場合には2層以上で施工する必要があるが，下層には基層材料を用いることも可能である．また，オーバーレイ厚が表層・基層の標準厚を超える場合には下層にアスファルト安定処理材を用いることも可能であるが，オーバーレイが全部終了する前に舗装を部分的に供用するときには基層用アスファルト混合物を用いる必要がある．なお，滑走路等でオーバーレイ後にグルービングを設置する場合には厚さを10 mm増加する必要がある．

b. 荷重支持性能を改善するためのオーバーレイ

荷重支持性能を改善するためのオーバーレイの厚さは，既設舗装の解体調査や

FWDを用いた非破壊調査の結果に基づいて算定すればよい．これは第5章にて記述した舗装の構造調査に引き続いて行うものである．

i) 解体調査に基づくオーバーレイ厚の算定

解体調査に基づく方法は，設計条件に対して新規に舗装を建設するとした場合の厚さ T と，既設舗装厚 t をその材料ならびに構造状態に応じて換算してこれに表層・基層の標準厚を加えた厚さ t'' の大小関係，ならびに既設の表層・基層の状況に応じて3通りの設計方法がある．この場合，t'' は次式により算定される（**図 6.4**）．

$$t'' = t'_1 + (a_{21}t'_{21} + a_{22}t'_{22} + \ldots) + t'_3 \tag{6.1}$$

ここに，　　t'_1：新しい舗装の所要表層・基層厚
　　　　　　$t'_{21}, t'_{22}, \ldots$：既設舗装の表層・基層，上層路盤のうち，新しい舗装の上層路盤として考えられる層の厚さ
　　　　　　$a_{21}, a_{22}, \ldots$：$t'_{21}, t'_{22}, \ldots$ の等価値
　　　　　　t'_3：下層路盤として考える部分の厚さ

① $T - t'' < 0$ で，既設の表層・基層にひび割れ，わだち掘れ等がなく，新しい舗装の基層として使用できる場合

$$h = t'_1 - \frac{t'' - T}{a_{21}} \tag{6.2}$$

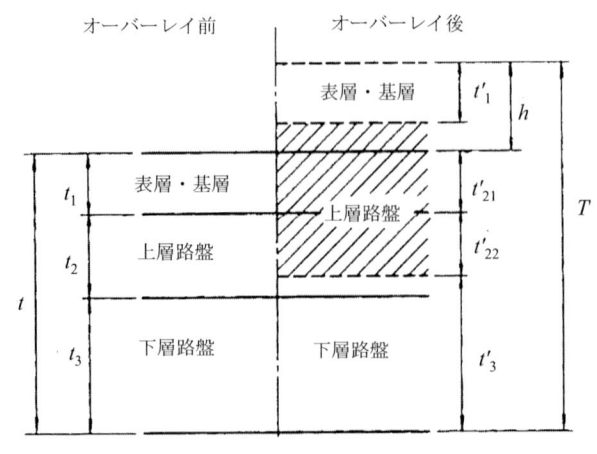

図 6.4 オーバーレイ前後の舗装構造

② $T - t'' < 0$ ではあるが，既設の表層・基層が新しい舗装の基層としては不適切な場合

$$h = t'_1 \tag{6.3}$$

③ $T - t'' > 0$ の場合

$$h = T - t'' + t'_1 \tag{6.4}$$

なお，既設舗装に構造上影響が大きいと思われるひび割れが多い場合には，オーバーレイ層にリフレクションクラックが発生する恐れがあるので，オーバーレイを厚くする必要がある．しかし，舗装表面の高さに制約がある場合には，大きなひび割れを切削してから薄いオーバーレイを施すことや，リフレクションクラック防止用シートを適用して薄いオーバーレイとすることを考慮する必要もあろう．切削オーバーレイの場合の厚さ算定法は上記の方法と同様でよい．

ii) 非破壊調査に基づくオーバーレイ厚の算定

FWDを用いた非破壊構造調査に基づくオーバーレイ厚の算定は，第5章で詳細に記述したように，舗装構造の評価と一体となってシステム化されており，評価に引き続いて実行される．具体的には，FWDにより測定されたたわみ曲線を逆解析することによって舗装各層の力学定数を推定し，アスファルト混合物層の弾性係数を環境条件ならびに交通荷重条件に応じた標準状態のものに変換したうえで，設計航空機荷重が載荷されたときの路床上面垂直ひずみ ε_v とアスファルト混合物層下面水平ひずみ ε_t を算出する．そして，環境条件を考慮に入れて規準値と照合する．その結果，得られたひずみの値が規準値を超える場合には，厚さを種々に変えてオーバーレイを実施した場合のひずみを計算し，これが設計条件ごとに定められているひずみ規準に合致するときの厚さを求めると，それが所要オーバーレイ厚となる．

(2) アスファルト舗装のオーバーレイの施工

オーバーレイの施工は，**図 6.5** に示すフローに従って実行する．

工事前の準備としては，新旧アスファルト混合物層の付着を確保するために，マーキングの消去や舗装表面に付着したタイヤゴムの除去を行う．また，既設舗装で破損が生じている箇所は，その状況に応じてひび割れ充填やパッチングをあらかじめ行う．

タックコートの施工にあたっては，舗装表面を清掃して，ごみや土などを取り除き，ディストリビューター等を用いてその所定量を均一に散布する．そして，

異物が付着しないようにして，タックコート中の水分が蒸発するまで養生する．タックコートとしては一般的なアスファルト乳剤 (PK-4) を用いるが，滑走路等でアスファルト混合物層同士の付着（接着）力を特に高める必要がある場合にはゴム入りアスファルト乳剤 (PKR-T) 等を用いることが必要となることもある．なお，タックコートの散布量は $0.3\,\mathrm{L/m^2}$ が一般的である．

航空機の制動時や曲線部走行時には，後述するように，舗装表面に水平荷重が加わるので，オーバーレイ層と既設層との間で剥離が生じて舗装の破壊に至ることが懸念される．そのため，このような箇所では，施工前には既設面の清掃，また施工後にはタックコートの養生を特に入念・確実に行わなければならない．養生時間が確保できない場合には，より高性能のアスファルト乳剤の使用を考える必要がある．また，寒冷期の施工や急速施工の場合には，アスファルト乳剤散布後の養生時間を短縮するために，加温して散布する方法，施工後ヒーターにより加熱する方法，所定の散布量を2回に分けて散布する方法といったものが必要となることもある．

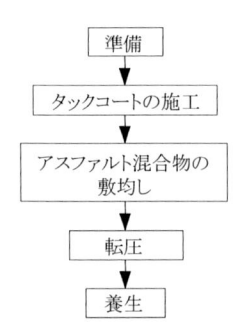

図 6.5 オーバーレイの施工のフロー

アスファルト混合物の敷均しは，所定の厚さが確保できるようにアスファルトフィニッシャーを用いて行う．そして，アスファルト混合物の密度が規格値を満足するように十分に転圧する必要がある．この転圧作業は，一次転圧（初転圧），二次転圧，仕上げ転圧の順に行うが，一度に2層以上の施工がなされる場合は下層の仕上げ転圧は不要である．一次転圧にはマカダムローラーやタンデムローラーが，二次転圧にはタイヤローラーが用いられて，アスファルト混合物の密度増加が図られる．また，仕上げ転圧にはタンデムローラーやマカダムローラーが用いられて，不陸の修正やローラーマークの消去が行われる．このほか，施工区域端部の継目はマカダムローラーやタンデムローラーにより，段差が生じないように転圧が行われることが必要となる．

1日の施工における最上層は，施工後その表面温度が 50°C に低下するまで養生を行う．なお，最上層でない場合には上層の施工や供用開始までの時間を考慮して，上層の施工が可能となる温度に低下するまで養生すればよい．

切削オーバーレイの場合は最初に既設アスファルト混合物層を切削するという過程が入ってくる．既設舗装の切削は切削機を用いて行うが，航空灯火，電線路管等の構造物を破損することのないように注意する必要がある．

(3) 剥離ならびにブリスタリング事故への対応

近年，滑走路や誘導路のアスファルト舗装で航空機が加速・制動をかけたり曲線走行したりする箇所に，ひび割れ，グルービングの変形，スポーリングといったアスファルト混合物層の破損が夏季において散見されている．ここは航空機の重量である鉛直荷重のほかに，航空機の走行，すなわち，制動や曲線走行に起因する水平荷重が加わる箇所に相当する[1]．また，広範囲にわたってブリスタリングがみられる事例も増えており，上記の水平荷重の作用する箇所にブリスタリングが生じて舗装に大きな破損を招いた事例も報告されている[2]．

このような破壊現象は次のような経緯で生ずるものと考えられる．まず，水平荷重が負荷されることにより表・基層間の境界面にせん断応力が生じ，両者の付着が十分でないと層間剥離が発生する．このほか，層間剥離はブリスタリングの発生によっても生ずる．そして，層間剥離のある状態で荷重が加わることによりアスファルト混合物層が破壊する．

この問題への対策としては層間付着力を高めることが第一にあげられ，タックコートの施工後に砂，ほこり等が付着しないようにタックコートの水分が蒸発するまで十分に養生することが必要である（**図 6.6, 6.7**）．このときの時間としては，昼間の場合は 1 時間程度，夜間の場合は 6 時間以上を確保する必要があることになる．しかし，この方法に従うことは昼間はともかく，夜間は不可能であり，**6.2.2 (2)** で記したような高針入度を有するゴム入りアスファルト乳剤を使用することが 1 つの解決策として示されている．

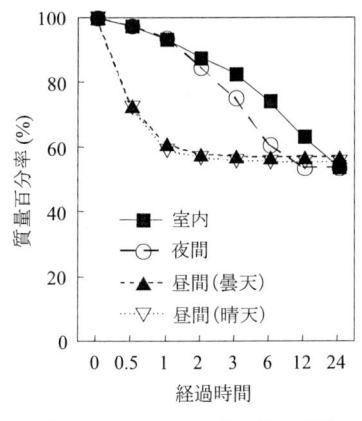

図 6.6 タックコート施工後の時間経過に伴う質量変化

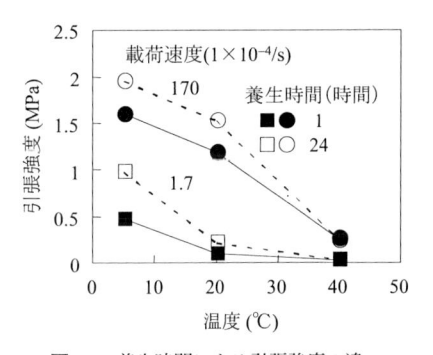

図 6.7 養生時間による引張強度の違い

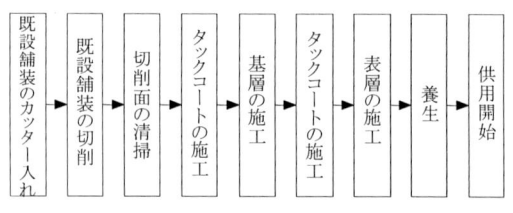

図 6.8 試験施工の手順

工程: 既設舗装のカッター入れ → 既設舗装の切削 → 切削面の清掃 → タックコートの施工 → 基層の施工 → タックコートの施工 → 表層の施工 → 養生 → 供用開始

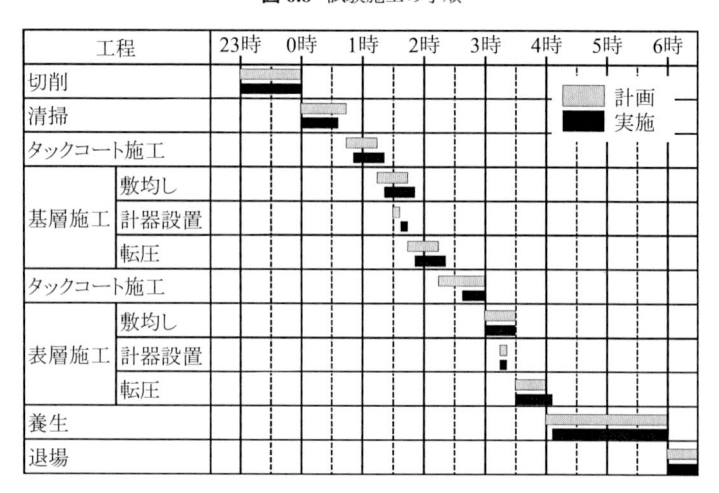

工程		23時	0時	1時	2時	3時	4時	5時	6時
切削									
清掃									
タックコート施工									
基層施工	敷均し								
	計器設置								
	転圧								
タックコート施工									
表層施工	敷均し								
	計器設置								
	転圧								
養生									
退場									

(凡例: 計画／実施)

図 6.9 切削オーバーレイ工事のタイムスケジュールの例

このような破損が広範囲で生じた空港滑走路の補修事例として，既設舗装のうち損傷を受けている厚さ 220 mm の部分を撤去して，140 mm 厚の基層と 80 mm 厚の表層により構成されるアスファルト混合物層を敷設したものがある[3]．

施工のフローは**図 6.8** に示すとおりである．そのタイムスケジュールの一例を**図 6.9** に示すように，切削から転圧までの作業が 5 時間程度で終了し，そのあと 2 時間程度の養生をして午前 6 時半までに退場するという工程になっている．

このとき使用した材料は**表 6.3** に示すとおりである．表層材料としては，改質アスファルトと中温化添加剤を組み合わせることで，施工後比較的早く舗装内部の温度を低下することが可能である．また，基層材料としては，変形抵抗性の点からギャップ粒度の大粒径アスファルト混合物の適用性が高く，タックコートとしては速乾性に優れた改質アスファルト乳剤の適用性が高い．

施工に関しては，供用開始後の初期わだち掘れを抑制するという観点から，供用開始時に表層ならびに基層の内部温度をそれぞれ 60°C，70°C までに低下させ

表 6.3 使用材料一覧

材料	箇所	内容
アスファルト	表層・基層	改質 II 型
骨材	表層 基層	密粒度，最大粒径 20 mm 大粒径，最大粒径 30 mm
中温化添加剤	表層・基層	−30°C タイプ
アスファルト乳剤	基層面 切削面	改質乳剤，散布量 0.2 L/m^2 改質乳剤，散布量 0.3 L/m^2

る必要があると考えられた．施工管理目標として供用開始時刻を午前 7 時とすると午前 6 時における舗装表面温度を 60°C と設定したが，初期わだち掘れをさらに抑制するためには，舗装表面温度が 60°C となる時刻を早めることが必要であるとしている．

6.2.3 アスファルト舗装の打換え

既設舗装の破損が著しく，アスファルト混合物層の修繕だけでは舗装の性能回復が不可能な場合には，表層・基層に加えて路盤も，場合によっては路床も含めて打ち換える必要がある．この場合の破損としては，路床・路盤の支持力低下や沈下などが原因で生じたわだち掘れやひび割れがあげられる．また，舗装表面の高さに制約があって，荷重支持性能の回復や増加を図らなければならない場合にも打換えが適用される．

打換えによる修繕の場合の設計ならびに施工の方法は，舗装を新設する場合のものと大きく異なることはないが，設計においては既設舗装の状態を適切に評価すること，施工においては作業量が多いことに注意する必要がある．特に，1 日当たりの作業可能時間に制約がある場合はフルデプス構造（路盤以上にすべてアスファルト混合物を使用する）やシックリフト施工法（1 層施工厚を厚くする）を用いるといった工夫が必要となることもある．なお，供用開始後にわだち掘れや工事境界部での段差が生じやすいため，転圧を十分に行う必要がある．

6.3 空港コンクリート舗装の修繕

コンクリート舗装の修繕方法は，アスファルト舗装の場合と同様に，オーバーレイと打換えの 2 つに大きく分けられる．

6.3.1 修繕方法の選定

　コンクリート舗装の修繕方法は，アスファルト舗装と同様に，舗装の破損状態に応じて2種類がある．舗装の構造に問題はなく，表面性状のみを修正する方法としてはオーバーレイが一般的であり，構造に問題のある場合にはオーバーレイや打換えが用いられる．

　オーバーレイのうちコンクリートによるものでは，既設舗装の破損状態，新旧コンクリート層の付着程度，ひび割れが生じないために必要となるオーバーレイ厚，既設コンクリート版とオーバーレイ層の目地位置等が重要な検討項目となる．アスファルト混合物によるオーバーレイでは，既設コンクリート版の目地やひび割れ部におけるアスファルト混合物層のリフレクションクラックの防止が重要となる．このほか，開粒度アスファルト混合物中の空隙にセメントペーストを充填する形式の半たわみ性舗装材料によるオーバーレイもある．この材料は，その力学特性がアスファルト混合物よりもコンクリートに近く，しかも施工性や供用開始までの養生時間等はアスファルト混合物に近いという利点がある．

　打換えは，舗装の表面勾配を確保したり，隣接する施設との取付けをしたりするといった，舗装表面の高さに制限のある場合の修繕方法として採用されることが多い．空港施設の長期間にわたる閉鎖が許容されないときは，既設舗装の切削・撤去と打換えの2種類の工事を短期間で実施しなければならず，工事は難しいものとなる．

　いずれの修繕方法においてもコンクリートを用いる場合には，工事が長期間に及ぶことから対象区域の運用条件を十分に考慮することが必要となる．通常はコンクリートの養生期間を長くとる必要があるので，これを短縮するためには早強セメントや超早強セメントといった材料を使用したり，プレキャスト版を用いたりするといった工法を考える必要がある．

6.3.2　コンクリート舗装のオーバーレイ
(1) 構造上問題のない場合のオーバーレイ

　構造上問題がなくても，材料の劣化・老化や交通荷重・環境の作用に起因して発生した舗装表面の荒れや平坦性の悪化等が顕著であれば，コンクリート版表面の摩耗や骨材のはく離・飛散等の破損の進行を防止したり，平坦性を改良したりするために修繕が必要となる場合もある．

　具体的な修繕方法としては，アスファルト混合物によるオーバーレイが一般的である．この場合，既設コンクリート版の目地部への対応が重要である．通常は

リフレクションクラックを防止できるようにオーバーレイを厚くするが，リフレクションクラックを認める方法をとったり，リフレクションクラック防止シートや目地を設けるといった対策を講じて薄いオーバーレイとしたりといった方法も考えられる．

(2) 荷重支持性能を増すためのオーバーレイ

荷重支持性能を増すためのオーバーレイでは，既設舗装の破損の程度，修繕後の施設使用条件等を考慮して，オーバーレイ材料としてアスファルト混合物とコンクリートのどちらかを選択する必要がある．

アスファルト混合物によるオーバーレイは，既設コンクリート舗装の構造健全度が高くて，施工時間を短くする必要がある場合に適している．ただし，目地やひび割れ部のリフレクションクラックを防止するための措置を講ずる必要がある．

コンクリートによるオーバーレイには，既設コンクリート版とオーバーレイ層との間の付着程度に応じて付着オーバーレイと分離オーバーレイの2種類があり，前者のほうがオーバーレイが薄くてすむ．

a. アスファルト混合物によるオーバーレイ

アスファルト混合物によるオーバーレイ厚を算定する場合は，既設コンクリート版に構造上問題となるようなひび割れがほとんどない場合とある場合の2通りの考え方がある．

前者のひび割れがほとんどない場合は，既設コンクリート版が構造的には平板と考えられることから，オーバーレイ後の舗装を既設路盤，既設コンクリート版，オーバーレイアスファルト混合物層からなる3層構造と考え，多層弾性理論を用いてオーバーレイ厚を算定すればよい．具体的には，設計荷重によりオーバーレイ後の既設コンクリート版に生ずるひずみが，コンクリート舗装を新設するとした場合のコンクリート版に生ずるひずみに等しくなるときのオーバーレイ厚を求めればよい．このとき，既設コンクリート版の目地の荷重伝達性能によりオーバーレイ厚が大きく異なることから，必要に応じて事前に目地の修正を行うとよい．

後者のひび割れがある場合は，既設コンクリート版をオーバーレイ後の舗装の上層路盤とみなし，**6.2** で記したアスファルト舗装のオーバーレイとしてその厚さを算定すればよい．この場合の既設コンクリート版の上層路盤としての等価値は**表 6.4** のとおりとする．

オーバーレイ材料については，アスファルト混合物の厚さが表層・基層の標準

表 6.4 既設コンクリート版の上層路盤としての等価値

既設コンクリート版の状況	等価値
鉄筋で補強されており，ひび割れはなく，目地ではポンピングはない	2.5
鉄筋で補強されていないが，ひび割れがなく，目地ではポンピングはない	2.0
ひび割れはあるが，1 m² 以下の小片がなく，目地ではポンピングはない	1.5
その他	1.0

厚以上になる場合にはその超過部分にアスファルト安定処理材を用いてもよいが，オーバーレイ工事の途中段階で舗装を供用しなければならないときには基層用アスファルト混合物を用いる必要がある．また，既設コンクリート版の目地やひび割れ部では，オーバーレイ層にリフレクションクラックが生じないように最小オーバーレイ厚を 150 mm とする必要があるが，リフレクションクラック防止シート等を敷設することによりこれを小さくすることも可能である．なお，目地やひび割れ部にポンピングがみられるときは，オーバーレイに先立って，アンダーシーリング等の処置をしておく必要がある．

b. コンクリートによるオーバーレイ

コンクリートによるオーバーレイには，既設コンクリート版とオーバーレイ層との間の付着程度に応じて付着オーバーレイと分離オーバーレイの 2 種類がある．前者は既設コンクリート版とオーバーレイ層を一体化する方法であり，既設コンクリート版がひび割れもなく構造的に健全な場合に適用可能である．これに対して，後者は既設コンクリート版とオーバーレイ層との間に薄いアスファルト混合物層を設けることにより両者を分離してオーバーレイを施す方法であり，既設コンクリート版に破損が進行している場合にも適用可能である．

オーバーレイの厚さは，オーバーレイを実施する方法の違いにより，式 (6.5) または式 (6.6) のいずれかにより求めることができる．このうち，付着オーバーレイは，既設コンクリート版が**表 6.5** に示す $C = 1.0$ となるような状態のときはそのまま適用可能であるが，$C = 0.75$ となるような状態のときは既設コンクリート版のひび割れを修正したうえで適用可能である．

① 付着オーバーレイの場合

$$h_0 = h_d - h_e \tag{6.5}$$

② 分離オーバーレイの場合

$$h_0 = \sqrt{h_d^2 - C\left[\left(\frac{h_d}{h_{db}}\right)h_e\right]^2} \tag{6.6}$$

表 6.5 分離オーバーレイの厚さ算定式における C

既設コンクリート版の状態	C
構造上問題になるひび割れがない	1.0
目地や隅角部で荷重による初期ひび割れがあるが，進行はしていない	0.75
多くで構造上問題のあるひび割れが見られるが，大部分では初期ひび割れのみが発生している	0.5
大部分で構造上問題のあるひび割れが見られるか，破壊している	0.35

ここに，h_0：オーバーレイ厚
h_d：新設時コンクリート版厚
h_{db}：既設コンクリート版と同じ材料による新設時のコンクリート版厚
h_e：既設舗装のコンクリート版厚
C：既設コンクリート版の状態を表す係数（**表 6.5**）

コンクリートによるオーバーレイの最小厚は付着オーバーレイで 100 mm，分離オーバーレイで 150 mm 程度であるが，前者の場合は 50 mm とした事例も報告されている．なお，分離オーバーレイにおける分離層は中間層に用いるものと同じ規定を満足するアスファルト混合物とし，既設舗装の状態が良好であれば薄くできるが，少なくとも 30 mm 程度は必要である．

付着オーバーレイにおいては，オーバーレイ層と既設コンクリート版との付着を確実にすることが肝要である[4),5)]．そのための方法として，ウォータージェット (WJ) とショットブラスト (SB) を使用するものと，SB と接着剤を使用するものの 2 種類がある[6)]．前者は既設コンクリート版表面に適度な凹凸を設ける方法であり，標準的には WJ 処理を施して，その処理面のきめ深さ 6.5 mm 以上，斜長比[†]1.2 以上を確認し，その後 SB（投射密度 100 kg/m^2）を施すことにより実行される．後者は既設コンクリート版表面に適度な凹凸を設けたうえで接着剤を塗布する方法であり，標準的には SB（投射密度 150 kg/m^2）にて既設コンクリート版表面を研掃してから，エポキシ系接着剤を 1.0 L/m^2（切削面の場合は 1.3 L/m^2）塗布することにより実行される．

以上の方法は，新旧コンクリート版の付着強度として引張強度で 1.6 MPa が必要であるとの室内試験，ならびに数年間にわたる現地試験の結果に基づくものである．具体的には，**図 6.10** に示すように，2 種類の新旧コンクリート版付着方法についていくつかの方法を検討した結果から，付着を確保できるための必要強度がこのように定められている．なお，これ以外の付着方法による場合でも室内試

[†] 既設コンクリート版表面凹凸の高低差の累積値（斜長）を水平距離で除した値

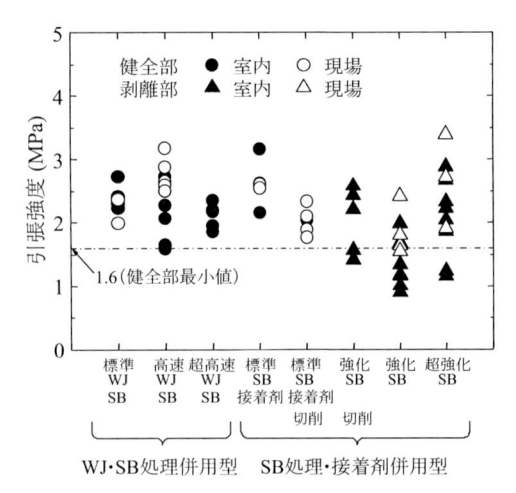

図 6.10 付着方法による新旧コンクリート版付着面の引張強度の違い

験により強度がそれ以上であることを確認できれば使用可能であろう．

　付着オーバーレイでは温度や湿度の変化に対して新旧コンクリート版が一体となって膨張・収縮することができるように，オーバーレイコンクリート層の目地の配置は既設コンクリート版と同一のものとする必要がある．同様に，目地幅も既設コンクリート版と同じか広いものとする必要がある．これに対して，分離オーバーレイの目地配置は既設コンクリート版のものと必ずしも一致させる必要はない．

　オーバーレイコンクリート層の目地にも必要に応じてタイバーもしくはダウエルバーを設置するが，その設計に用いるコンクリート版厚は，次のように，**表 6.5** に示す C の値に応じて異なったものとなる．

① C の値が 0.5 以上，または C の値が 0.5 以下でかつ既設コンクリート版に鉄筋が用いられていて，広いひび割れがない場合はオーバーレイコンクリート層厚とする．

② C の値が 0.5 以下の場合は既設コンクリート版とオーバーレイコンクリート層厚の合計厚とする．

　無筋コンクリートによるオーバーレイ層には，新設の場合と同様に，原則として鉄網を設置する必要があり，鉄筋量算定に用いるコンクリート層厚は上記のバーの設計の考え方を踏襲すればよい．また，ポンピング等によって目地部のコンクリート版と路盤との間に空洞ができている場合には，アンダーシーリング等

を用いて修正をする必要がある．

c. 半たわみ性舗装材料によるオーバーレイ

供用中の空港におけるコンクリート舗装の補修工事は時間的に厳しい制約のある条件のもとで行われなければならないが，工事に伴う施設閉鎖期間をできるだけ短縮したい場合には使用できる材料も限られたものとなる．すなわち，養生時間が極めて短いアスファルト混合物あるいは速硬性セメントコンクリートといったものが用いられるのが一般的である．しかし，前者は耐流動性，後者は施工性の点で問題があるため，供用中のコンクリート舗装の補修はそれを計画すること自体が難しい状況にある．これは，エプロン，誘導路等，交通荷重に対する変形抵抗性が特に求められている箇所にあるアスファルト舗装の場合も同様である．

このような状況下でもオーバーレイが可能となる材料としては，高速道路の料金所等で一部使用されている半たわみ性舗装材料がある．これは最初に開粒度アスファルト混合物を敷設してから，混合物中の空隙にセメントペーストを充填する形式であることから，アスファルト舗装の弱点である流動性の改善を図るとともに，コンクリート舗装の弱点である長期養生期間の短縮化を可能とするものである．また，通常のアスファルト混合物と同じように施工できるため，施工時間が短くてすむばかりでなく，大量施工も可能である．

一般的に用いられている半たわみ性舗装材料の場合は，セメントペーストをアスファルト混合物の温度が 50°C まで低下してから注入することになっているが，施工可能時間がより少ない場合には早期供用型の材料ならびに施工方法を適用すればよい．具体的には，半たわみ性舗装材料層の厚さを 50 mm とすれば，以下の方法により施工後 3 時間程度で供用が可能となる[7]．

① アスファルト混合物としては，改質アスファルトを使用し，空隙率が 23% 程度となるようなものを用いる．
② セメントペーストとしては，製造後 30 分程度の間流動性が確保でき，しかも曲げ強度では材齢 3 時間で 2 MPa に達するような材料を用いる．
③ セメントペーストは，アスファルト混合物の温度が 80°C に低下した時点で注入する．

このような方法のオーバーレイにより荷重支持性能が増加する状況について，設計荷重に対する既設コンクリート版上面の水平ひずみを **図 6.11** に示している．これは，通常型と早期供用型により半たわみ性舗装材料によるオーバーレイを行った舗装に対して，設計荷重による 1 000 回の繰返し走行載荷を行う前後にひずみ測定を行った結果である．この図からオーバーレイによりひずみがかなり減

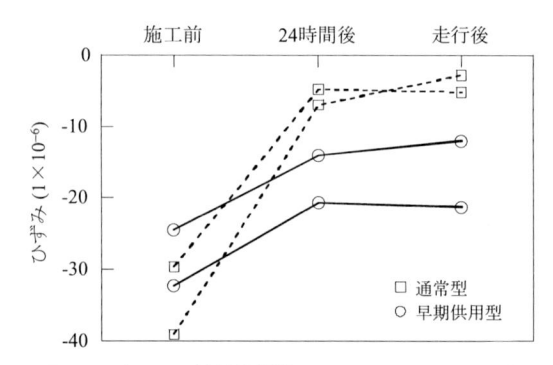

図 6.11 半たわみ性舗装材料のオーバーレイによる既設コンクリート版のひずみの変化

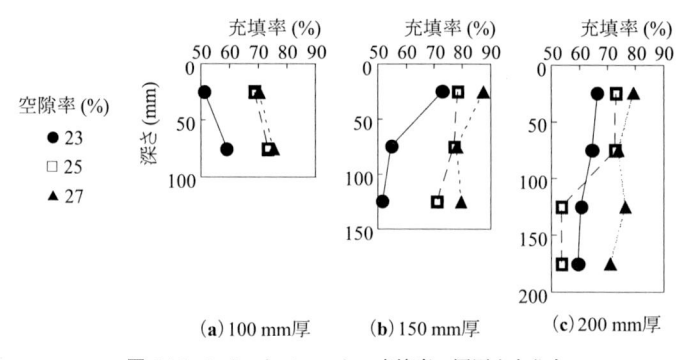

図 6.12 セメントペーストの充填率の層厚方向分布
(a) 100 mm厚　(b) 150 mm厚　(c) 200 mm厚

少したこと，繰返し走行載荷によってもその状況には変化がないことから，早期供用型オーバーレイによりコンクリート舗装の荷重支持性能は増加するとともに，材料自体の耐久性も十分であることがわかる．

50 mm厚の半たわみ性舗装材料によるオーバーレイでは不十分な場合でも，アスファルト混合物，セメントペースト，セメントペースト注入時のアスファルト混合物温度をほとんど変更することなく，これより厚くできることが確認されている．ただし，アスファルト混合物の空隙率はオーバーレイの施工厚に応じて変更すること，すなわち施工厚が大きくなれば空隙率も大きくすることが必要となる．セメントペーストがアスファルト混合物中の空隙を満たす割合を充填率と定義すると，この充填率は**図 6.12**に示すようにアスファルト混合物の空隙率に応じて変化するので，これを参考にしてアスファルト混合物の空隙率を定めるとよい[8]．また，セメントペーストを施工する場合の1層当たりの厚さは標準で

100 mm であり，これを超えるとアスファルト混合物層の下部にはセメントペーストが十分入り込まない恐れが強くなる．そのため，必要オーバーレイ厚がこれを超える場合には 2 層あるいは 3 層に分けて施工すればよい．

オーバーレイの厚さの算定については，第 4 章で記述した複合平板理論によればよい．付着率はこの場合 100% となる．

なお，この半たわみ性舗装材料によるオーバーレイ工法は既設アスファルト舗装を修繕する場合にも使用可能である．この場合，アスファルト混合物を敷設してセメントペーストを注入した後には，半たわみ性舗装材料層に目地を設ける必要がある．これは半たわみ性舗装材料が舗装用コンクリートほどではないにしても，施工後の乾燥収縮が大きいという問題に対処するためである[9]．目地間隔としては 6 m 程度を目安と考えてよい．また，オーバーレイの厚さについては，多層弾性理論により舗装各層のひずみを計算し，目地を考慮するためにそれらの値を 1.1～1.2 倍したものに注目して，これが規準値と一致するときのものを所要厚とすればよい．その場合，設計に用いる半たわみ性舗装材料の弾性係数として 3 GPa を使用すればよい．

6.3.3 空港コンクリート舗装の打換え

既設コンクリート版が著しく破損していて構造的に平板として機能しないと考えられる場合や舗装表面に高さの制限がある場合には，コンクリート版の全厚打換えを行う必要がある．具体的には，既設コンクリート版が次のような状況に陥っている場合が対象である．

① コンクリート版の破損が進行していて，オーバーレイによれば表面排水ができなくなる場合
② コンクリート版の破損が著しく，小片化したコンクリート塊がオーバーレイ層に悪影響を与える場合
③ 破損や開口により目地の荷重伝達性能が大幅に低下し，コンクリート版の破損が進行している場合
④ 路盤以下の不同沈下やポンピングにより目地で段差が生じており，路盤の修正も必要になる場合
⑤ アスファルト混合物によるオーバーレイによれば，著しいわだち掘れが予想される場合

打換えには，コンクリート舗装を用いるのが一般的であるが，アスファルト舗装による場合にはわだち掘れや周囲のコンクリート舗装との接合部における段差

に注意する必要がある．

(1) コンクリート舗装による打換え

　コンクリート舗装による打換えをする場合，その構造設計はコンクリート舗装を新規に建設する場合の方法に準じて行えばよい．

　打換えの規模は版1枚を最小単位とし，航空機の運行条件，破損の進行程度，工事境界部における荷重伝達等を総合的に考えて打換え範囲を決定する必要がある．また，新旧コンクリート版の荷重伝達性能を確保する必要がある．

　現地でコンクリートを打設する場合には舗装を長期間閉鎖しなければならないが，これが不可能な場合には養生時間を短縮できる超早強セメントや早強セメント等を使用するほか，プレキャスト版を用いるとよい．施工に際しての注意点としては，工事区域の端部におけるコンクリートの締固めといった施工を確実に行う必要がある点，養生が必要な場合は養生マットなどの建設資材が航空機のジェットブラストにより飛散しないようにする点があげられる．

(2) プレキャスト版舗装による打換え

　プレキャスト版舗装は，工場等で製作したプレキャスト版を現地に運搬して路盤上に敷設したのち，隣り合う版を接合することにより施工される．プレキャスト版の例を**図 6.13**に示してある．プレキャスト版と路盤との間に必然的に生ずる隙間にはセメントペーストを充填して，プレキャスト版の過大な応力の発生ならびにポンピングの発生を防止する必要がある．プレキャスト版としては，プレ

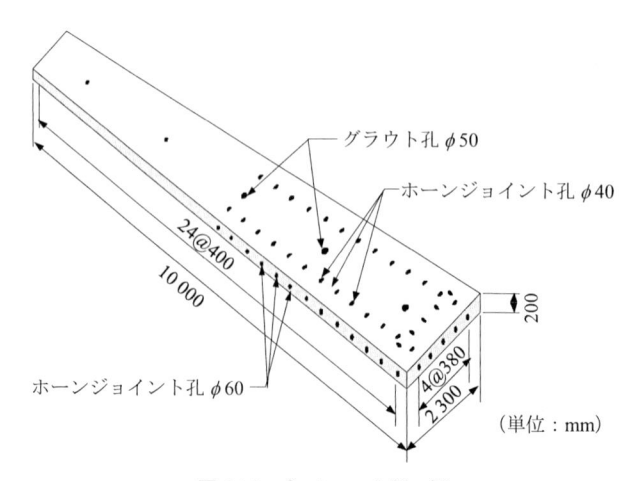

図 6.13 プレキャスト版の例

ストレスコンクリートによるもの (PPC版) と鉄筋コンクリートによるもの (PRC版) の2種類がある．いずれの場合も，製作場所からの運搬が可能となるように，プレキャスト版の大きさ，質量ならびに既設コンクリート舗装の目地間隔といったものを考慮して構造ならびに形状の設計をする必要がある．

a. プレキャストプレストレストコンクリート版舗装

プレキャストプレストレストコンクリート (PPC) 版は，一般的に，その長辺方向がプレテンション方式，短辺方向がポストテンション方式で製作される．PC鋼材の量は，版中央部においてはPPC版の下面にひび割れが発生しないように，縁部においては有害ではないひび割れを許容するとして設計される場合が多い[10]．

PPC版舗装の施工目地には，従来ホーンジョイントや水平ジョイントといった鉄筋による荷重伝達装置が用いられている[11]が，目地部にプレストレスを与える方式の荷重伝達装置（圧縮ジョイント）も開発されている[12]．このような施工目地を少なくするとともに，現地での施工時間を短縮するために，現地において3枚程度を横方向に並べてあらかじめ連結しておくような工夫がなされている．なお，施工目地の幅は10 mm以下を標準とするが，目地からの雨水等の侵入を防止する措置を講ずるとともに，できるだけ目地幅を小さくする必要がある．

周囲の舗装との接合部等に設ける伸縮目地部は縁部載荷状態になっていて，版中央部に比べて大きな応力，たわみが生ずることから，それを防止するためにコンクリート枕板を目地の下に設置する枕板型，PPC版端部を補強する端部補強型，あるいはダウエルバーでPPC版を結合するダウエルバー型の目地構造とすることが一般的である．

目地の隙間にはセメントペーストを充填する必要がある．この場合の配合強度は，PPC版に使用されているコンクリートの圧縮強度以上でかつPPC版舗装供用時に十分な強度（1/2以上の発現強度）が確保されるものを使用する必要がある．また，PPC版と路盤との隙間を確実に充填するためのセメントペーストの配合強度はその層に発生する応力を考慮して決定すればよいが，路盤に使用するセメント安定処理材の強度以上とすることが望ましい．特に，水浸状態における耐久性が要求される．

PPC版舗装の施工は，次のような手順により実施される．
① PPC版を工場等にて製作する．
② 施工対象区域にある既設舗装を部分的に撤去する．
③ PPC版舗装用の路盤を施工し，その上にビニールシートを敷く．

④ PPC 版を搬入・敷設し，高さを調整する（**写真 6.1**）．

写真 6.1 プレキャスト版の敷設状況

⑤ PPC 版と路盤間の隙間をセメントペーストにて充填する．
⑥ 目地を施工する．ホーンジョイントならびに水平ジョイントの場合は PPC 版表面に設けた挿入口から鉄筋を挿し，鉄筋の中心が目地に一致するように位置を調整したあと，鉄筋挿入口からセメントペーストを注入するとともに，PPC 版間の隙間にセメントペーストを充填する（**図 6.14**）．圧縮ジョイントの場合は，PPC 版間の隙間にセメントペーストを充填して養生を終了したあと，PPC 版表面に設けた挿入口から PC 鋼より線を挿入して油圧ジャッキによる緊張作業を行い，挿入口をセメントペーストにより充填する（**図 6.15**）．

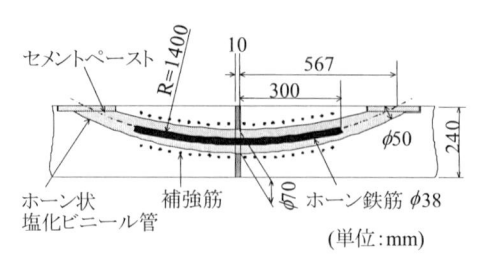

図 6.14 ホーン鉄筋ユニット

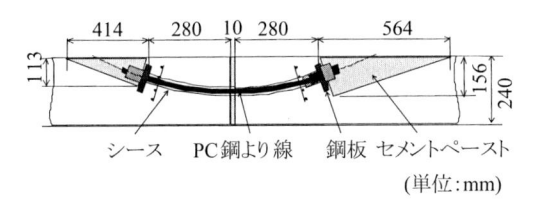

図 6.15 緊張材ユニット（圧縮ジョイント）

なお，長期にわたる供用により PPC 版は構造的には健全であるものの，目地部や路盤に破損が生じた場合には，PPC 版舗装を解体後，PPC 版をそのまま利用して再敷設し，新しい目地部材により再接合することも可能である．ホーンジョイントの場合には，まず PPC 版接合時のホーン鉄筋挿入口の跡埋部分の撤去を行ってから接合部（目地部）をカッターにより切断して，ホーン鉄筋ユニットならびに既存 PPC 版を撤去し，路盤の整正等必要な作業を行って PPC 版を再び敷設・接合したあと，PPC 版下面へのグラウト注入を行う．圧縮ジョイントの場合には，接合部切断に先立って PC 鋼より線の緊張力を解放してから，ホーンジョイントの場合と同様に，接合部の切断・撤去，PPC の撤去・再敷設・再接合，グラウト注入を実施する．

b. プレキャスト鉄筋コンクリート版舗装

プレキャスト鉄筋コンクリート (PRC) 版はその強度・剛性を高めるため，高強度コンクリートを用いて鉄筋を上下 2 段に配置した構造を有している[13]．圧縮鉄筋と引張鉄筋は施工性を考慮してそれらを部分的に接合させたラチストラス鉄筋である．PRC 版の構造は，PRC 版下面に有害なひび割れが発生しないように鉄筋コンクリート構造として設計すればよい．

PRC 版の接合には，**図 6.16** に示すコッター式継手を使用する．コッター式継手の構造は，くさび状の H 型金物②を，あらかじめ PRC 版に設置してある C 型金物①内に圧入し，目地の接合面③に圧縮力を導入するようになっている（**図 6.17**）．H 型金物はボルトで固定することにより，荷重が繰り返し作用した場合でも抜け出さないような構造となっている．

PRC 版舗装の施工方法は，上記の PPC 版舗装で圧縮ジョイントを用いる場合とほぼ同様である．また，再敷設・再接合も容易に行うことが可能である．すなわち，コッター式継手の H 形金物のボルトを緩めてこれを取り外すことにより PRC 版が分離でき，路盤の整正等必要な作業の終了後に PRC 版の再接合が可能である．

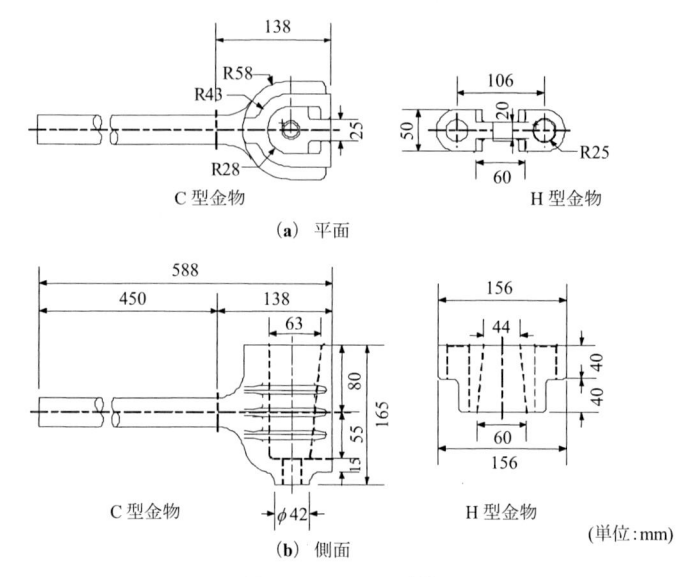

図 6.16 コッター式継手

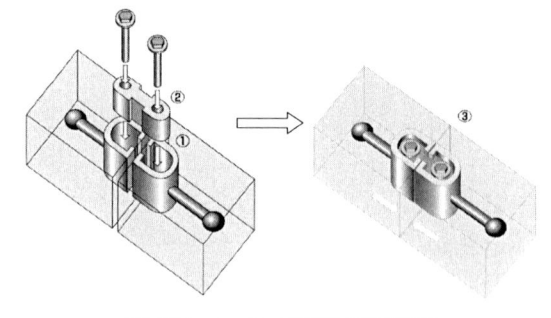

図 6.17 コッター式継手の施工方法

(3) PC 舗装のリフトアップ工法

　埋立地盤や高盛土地盤に空港を建設する場合には，程度の違いはあれ，建設後の地盤沈下や不同沈下が予想され，供用開始後のある時点でこの沈下に対する補修が必要になると考えられる．コンクリート舗装の場合はコンクリートオーバーレイといった補修が可能であるが，これによればオーバーレイコンクリートの養生が必要となるので，この期間中は施設を閉鎖しなければならず，供用中の空港では多大な不便を被る．そこで，空港の運用終了後の夜間にだけ作業して，昼間は施設を供用できる方法として，油圧ジャッキを用いて沈下したコンクリート版

を持ち上げることによりリフトアップする方法が開発された[14]．

補修の必要な区域が比較的小規模な場合には，その周囲に敷設したガーダーを反力として油圧ジャッキを用いてコンクリート版を吊り上げる方法やスクリュージャッキによりコンクリート版を持ち上げる方法が用いられたことがある．しかし，地盤の沈下や不同沈下が広範囲に及ぶ場合にはこれらの方法では対応が難しいことから，上記のように，コンクリート版に多数の油圧ジャッキを直接取り付けてコンピューター制御による遠隔操作にて持ち上げるリフトアップ工法が開発されたのである．なお，このリフトアップ工法が可能なコンクリート舗装は，地盤沈下に対するコンクリート版の追随性やコンクリート版を持ち上げるための油圧ジャッキの容量や間隔等を考慮すると，コンクリート版厚を小さくできるプレストレストコンクリート (PC) 舗装が唯一現実的なものになる．

リフトアップ工法における作業の手順は**図 6.18** に示すようなものである．

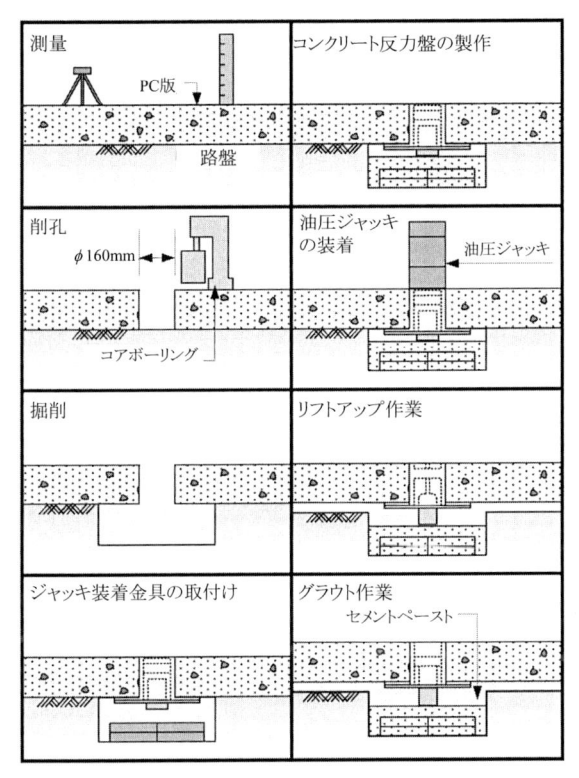

図 6.18 リフトアップ作業の手順

まず，PC版にコアボーリング機を用いて直径160mm程度の削孔を施し，その孔から路盤を掘削して，ジャッキ装着金具をその孔に取り付けるとともに，コンクリートの反力盤を施工する．次に，油圧ジャッキを金具に取り付けて作動させ，反力盤でその反力を受けることにより，PC版を持ち上げる．なお，舗装建設後にリフトアップによる補修作業がかなりの確度で必要になると判断されるときは，舗装の建設時にあらかじめ油圧ジャッキの反力板とジャッキ装着金具を設けておくことも可能である（**4.3.4**で既述）．

リフトアップ作業は，油圧ジャッキの圧力とリフトアップ量を自動制御装置により管理することによって正確かつ迅速にそして安全に実施できる．リフトアップ作業の開始から終了に至るまでの間のリフトアップ量は，油圧ジャッキに取り付けられたセンサーを通してコンピューターによりモニターされる．これにより現在進行中の作業を瞬時に把握することができ，広範な作業域での施工管理も容易にできるシステムとなっている．

PC版をリフトアップしたあとに，PC版と路盤の間にできた隙間にグラウト注入を実施する．この場合は，水頭差1m程度の圧力によりセメントペーストを流し込む自然流下方式を用いればよい．セメントペーストとしては，通常1日程度の養生で交通荷重を支持可能となるような材料が用いられる．

油圧ジャッキの設置間隔は，PC版として一般的な厚さである180mmのものを用いた場合，5m程度が適当であり，また油圧ジャッキ1基当たりの最大荷重は230kN程度が適切である．実際の補修工事においては，事前に解析を行い，PC版にひび割れが生じないような作業工程を定めてからリフトアップ作業を実施するのが一般的である．

この工法の経済性を高めるためには，油圧ジャッキの個数を制限する必要がある．その場合のリフトアップ作業の方法は**図 6.19**に示すようなものである．す

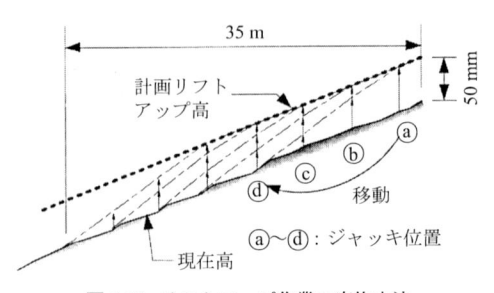

図 6.19 リフトアップ作業の実施方法

写真 6.2 リフトアップ作業の状況

なわち，まずⓐ，ⓑ，ⓒの 3 列にのみ油圧ジャッキを設置して計画高までリフトアップをしたあと，ⓐ列の油圧ジャッキをⓓ列に移動してⓑ～ⓓ列の油圧ジャッキを作動させてリフトアップを行うというように，油圧ジャッキの移動を繰り返してリフトアップを行うといった方法である．リフトアップ作業の状況を**写真 6.2** に示した．

参 考 文 献

1) 八谷好高，梅野修一，佐藤勝久：アスファルトコンクリートの層間付着におけるタックコートの効果，土木学会論文集，No.571/V-36，pp.199-209，1997．
2) 久保　宏，八谷好高，長田雅人，平尾利文，浜　昌志：最近の空港アスファルト舗装の損傷と改良工法について，土木学会，舗装工学論文集，第 9 巻，pp.35-40，2004．
3) 元野一生，村永　努，八谷好高，梶谷明宏，加納孝志：ブリスタリング対策を講じた福岡空港滑走路の大規模補修，土木学会論文集 E，Vol.63，No.4，pp.518-531，2007．
4) 早田修一，八谷好高，佐藤勝久：コンクリートオーバーレイにおける付着工法の改善，土木学会論文集，No.451/V-17，pp.323-331，1992．
5) 喜渡基弘，久川裕史，亀田昭一：完全付着型オーバーレイ工法による既設エプロン舗装の改修，セメントコンクリート，No.635，pp.21-36，2000．
6) 八谷好高，坪川将丈，野田悦郎，中丸　貢，東　滋夫：薄層付着コンクリートオーバーレイ舗装の層間付着方法の合理化，土木学会論文集 E，Vol.64，No.1，

pp.29-41, 2008.
7) 八谷好高, 市川常憲：半たわみ性材料によるコンクリート舗装の急速補修, 土木学会論文集, No. 550/V-33, pp.185-194, 1996.
8) 八谷好高, 坪川将丈, 董 勤喜：半たわみ性材料による空港アスファルト舗装の補修設計, 土木学会, 舗装工学論文集, 第 7 巻, pp.21/1-10, 2002.
9) Silfwerbrand, J.：Whitetoppings—Swedish Field Tests 1993–1995, CBI report 1：95, 77 p., 1995.
10) 国土交通省航空局 監修：空港舗装設計要領及び設計例, (財)港湾空港建設技術サービスセンター, 2008.
11) 佐藤勝久, 犬飼晴雄：ホーンジョイントによる PC プレキャスト版舗装の開発, 土木学会論文集, No.421/VI-13, pp.75-78, 1990.
12) 八谷好高, 野上富治, 横井聰之, 赤嶺文繁, 中野則夫：圧縮ジョイントを用いた空港 PPC 版舗装の建設, 土木学会論文集, No.728/VI-58, pp.51-65, 2003.
13) 八谷好高, 元野一生, 伊藤彰彦, 田中秀樹, 坪川将丈：RC プレキャスト版舗装による空港誘導路の急速補修, 土木学会論文集 F, Vol.62, No.2, pp.181-193, 2006.
14) 八谷好高, 佐藤勝久, 犬飼晴雄：沈下したプレストレストコンクリート舗装版のリフトアップ工法の開発, 土木学会論文集, No.421/VI-13, pp.145-154, 1990.

索　引

【A–Z】

AASHO　66
AASHTO　93
ACN　32
AIP　34
Annex 14　20
APRas　196
CBR　67
CE法　85
D_0　206
ESWL　47
FAA　110, 157
FAARFIELD　113
FWD　204
ICAO　4, 19
IRI　195
K値　69, 132
LCN　32
NOTAM　29, 189
PCA法　115
PCI　182
PCN　32
PC鋼材　145
Pikett　117
PMS　37
PRI　175, 180
Ray　117
SFT　190
SNOTAM　30, 190
TAXI　196
Westergaard　117

【あ】

アスファルト混合物　95
アスファルト舗装　13, 67
圧縮ジョイント　243
安全係数　78
安定処理材料　92

維持　221

ウォータージェット　237
打換え（アスファルト舗装の）　233
　──（コンクリート舗装の）　241
運行安全性　185
運動特性（航空機の）　196

エプロン　10, 19, 23, 28
縁端帯　12
鉛直加速度（航空機の）　198

横断勾配　27
横断方向走行位置　54
凹凸量　201
オーバーレイ（アスファルト舗装の）
　　211, 227
　──（コンクリート舗装の）　234
温度ひび割れ　80

【か】

海上埋立地　44
解体調査　173

改良かぎ型目地　139
改良路床土　71
荷重支持性能　32, 78, 83
荷重伝達性能　216
荷重伝達率　216
下層路盤　93, 99
滑走路　9, 18, 20, 24
滑走路長　20
角欠け修正　224
カバレージ　60
簡易評価（アスファルト舗装の）　207
　──（コンクリート舗装の）　215
換算係数（K値の）　70, 132
　──（カバレージの）　60

基準版厚　120
基準舗装厚　89
基層　90, 94
脚配置　47
緊急点検　170

空港基本施設　9
空港コード　22
空港整備法　4
空港法　4
空港舗装構造設計要領　19, 76
空洞　217
区分（航空機の）　8
グルービング　31, 96, 193

計画サブシステム　38
建設サブシステム　39

高強度コンクリート　121
航空貨物　1
航空機荷重　46
航空法　4
航空旅客　1
鋼繊維補強コンクリート　121
高地下水位　103

国際民間航空機関　4, 19
国際民間航空条約　4, 19
コッター式継手　245
コンクリート版厚　118
コンクリート舗装　15, 69

【さ】

サーフェスフリクションテスター　190
再生アスファルト混合物　100
再生粒状材　101
山岳地　44
サンドイッチ舗装　107

支持力係数　69, 83, 131
湿潤滑走路　189
地盤沈下　44
収縮目地　125
修繕（アスファルト舗装の）　225
　──（コンクリート舗装の）　233
縦断勾配　25, 28
重要度（施設の）　169
巡回点検　168
仕様規定　85, 114
衝撃荷重（航空機の）　52
詳細点検　172
詳細評価（アスファルト舗装の）　208
　──（コンクリート舗装の）　216
上層路盤　93, 97
諸元（航空機の）　8
ショットブラスト　237
伸縮目地　146

すべり　81
すべり抵抗性　28, 188
すべり摩擦係数　29, 188
スポット誘導経路　56

性能（舗装の）　17
　──（空港舗装の）　18, 76
性能規定　76

性能照査（アスファルト舗装の）　78
　　──（コンクリート舗装の）　83
整備（空港の）　7
施工目地　124
設計カバレージ　62
設計基準曲げ強度　120
設計サブシステム　38
設計法（カナダのアスファルト舗装の）
　　108
　　──設計法（カナダのコンクリート舗
　　　装の）　152
　　──設計法（フランスのアスファルト
　　　舗装の）　109
　　──設計法（フランスのコンクリート
　　　舗装の）　154
　　──設計法（米国のアスファルト舗装
　　　の）　110
　　──設計法（米国のコンクリート舗装
　　　の）　157
接着剤　237
雪氷滑走路　190
セメントペースト充填率　240

走行安全性　185
走行安全性能　20, 81
操縦しやすさ　25
操縦性　185
ゾーニング　44
そり拘束応力　117

【た】

耐久性能（表層の）　82
第14付属書（国際民間航空条約の）
　　20
タイバー　124, 128
タイヤゴム　192
ダウエルバー　124, 128
タックコート　231
縦方向鉄筋　136
たわみ　83

たわみ規準　207
段差量　84
端部拘束応力　117
端部増厚　128

地下水位低下　104
着陸回数　2
着陸帯　12
中央帯　12
中温化添加剤　232
調査ユニット　171

継手　138

定期点検　171
テクスチャー　30, 191
点検システム　166

等価単車輪荷重　47
凍結深さ　64
凍上　79
凍上抑制層　64
土質分類　66

【な】

内部応力　117
軟弱地盤　35, 107

乗り心地　27, 185

【は】

排水層　63
剥離　231
パス／カバレージ率　58
破損　166
破損定量化　177
パッチング（アスファルト舗装の）
　　223
　　──（コンクリート舗装の）　224
半たわみ性舗装材料　239

ひずみ規準　209
非破壊調査　174
ひび割れ（PC 舗装の）　142
ひび割れ充填（アスファルト舗装の）
　　　222
　　――（コンクリート舗装の）　223
被膜養生　123
評価サブシステム　39
表層　90, 94
表面性状調査　175
疲労ひび割れ（アスファルト舗装の）
　　　80
　　――（コンクリート版の）　84

複合平板理論　134
付着オーバーレイ（コンクリート舗装の）
　　　236
付着率　135
不同沈下　44, 148
ブリスタリング　231
ブレーキングアクション　30
プレキャスト鉄筋コンクリート版　245
プレキャスト版舗装　242
プレキャストプレストレストコンクリー
　　　ト版　243
プレストレストコンクリート舗装　140
分布（空港の）　6
分離オーバーレイ（コンクリート舗装の）
　　　236
分類（空港の）　4

米国州道路交通運輸担当官協会　93
米国連邦航空局　110, 157
平坦性　24, 196
平面形状　20

膨張目地　126
ホーンジョイント　243
補修　221
補修サブシステム　40
補修必要性　176

ポストテンション方式　140
保全システム　165
舗装区域　11, 51
舗装補修指数　175, 180
舗装マネジメントシステム　37

【ま】

枕板　128

無筋コンクリート舗装　115

目地　123, 139, 145
目地板　130
目地材　130
目地修正　225

【や】

有効プレストレス　142
誘導路　10, 19, 22, 27

要求性能（空港舗装の）　18, 76
　　――（舗装の）　17

【ら】

リフトアップ工法　147, 246
粒度調整砕石　90
理論的設計法（CE による）　87

連続鉄筋コンクリート舗装　133

路床　35, 65
路床改良　66, 71
路床支持力　78, 83
路床土　65
路盤（コンクリート舗装の）　131
路盤支持力　79, 83

【わ】

わだち掘れ　81

著者紹介

八谷 好高（はちや　よしたか）

1979年3月	北海道大学大学院工学研究科土木工学専攻修士課程修了
1979年4月	運輸省入省．港湾技術研究所土質部滑走路研究室研究官
	'85年土質部主任研究官，'92年土質部滑走路研究室長
2001年4月	国土交通省国土技術政策総合研究所空港研究部空港施設研究室長
	'05年空港研究部空港新技術研究官
2006年4月	（独）港湾空港技術研究所特別研究官，'07年地盤・構造部長
2008年4月	（財）港湾空港建設技術サービスセンター審議役
	'09年理事・建設マネジメント研究所副所長　現在に至る

工学博士，技術士（建設部門）

著　書　『ウォーターフロント＆エアフロント』（共著），山海堂，1994
　　　　『舗装工学』（共著），土木学会，1995
　　　　『港湾および空港』（共著），山海堂，1995
　　　　『社会資本マネジメント』（共訳），森北出版，2001

わかりやすい港湾・空港工学シリーズ
空港舗装ー設計から維持管理・補修までー　　定価はカバーに表示してあります

2010年4月20日　1版1刷　発行　　ISBN 978-4-7655-1683-9 C3051

監　修　港湾空港技術振興会
著　者　八　谷　好　高
発行者　長　　　滋　彦
発行所　技報堂出版株式会社
　　　　〒101-0051
　　　　東京都千代田区神田神保町1-2-5
　　　　電　話　営業　(03)(5217)0885
　　　　　　　　編集　(03)(5217)0881
　　　　FAX　　　　 (03)(5217)0886
　　　　振替口座　　　00140-4-10
　　　　http://gihodobooks.jp/

日本書籍出版協会会員
自然科学書協会会員
工学書協会会員
土木・建築書協会会員

Printed in Japan　　　　装幀　冨澤　崇　　印刷・製本　三美印刷

© Yoshitaka Hachiya, 2010

落丁・乱丁はお取り替えいたします．
本書の無断複写は，著作権法上での例外を除き，禁じられています．